AF409435

Jaime R. Pagán Jiménez

•

ALMIDONES

Guía de material comparativo moderno del Ecuador
para los estudios paleoetnobotánicos en el neotrópico

Jaime R. Pagán Jiménez

•

ALMIDONES

Guía de material comparativo moderno del Ecuador
para los estudios paleoetnobotánicos en el Neotrópico

Primera edición, 2015

Pagán Jiménez, Jaime R.
Almidones: guía de material comparativo moderno del Ecuador para los estudios
paleoetnobotánicos en el neotrópico / Jaime R. Pagán Jiménez. - 1a ed. - Ciudad
Autónoma de Buenos Aires: Aspha, 2015.
212 p.; 29 x 21 cm.

ISBN 978-987-3851-07-0

1. Botánica. 2. Etnología. 3. Arqueología. I. Título.
CDD 560

Diseño y maquetación:
Jaime R. Pagán Jiménez

Diseño de cubierta:
Jaime R. Pagán Jiménez
Odlanyer Hernández de Lara

Fotografías
Jaime R. Pagán Jiménez
Charles Clement, pp. 28

Imágenes de la portada: granos de almidón modernos del tubérculo *Dioscorea piperifolia*.
Composisicón central de izquierda a derecha: hojas de oca (*Oxalis tuberosa*), rizoma de
mashua *(Tropaeolum tuberosum)*, fruto y cáscara de la palma de moriche *(Mauritia flexuosa)*,
semillas de maíz racimo de uva *(Zea mays)* y semillas de maíz canguil *(Zea mays)*

Imagen de la contraportada: fruto de bija o achiote (*Bixa orellana*)

Aspha Ediciones
Virrey Liniers 340, 3ro L. (1174)
Ciudad Autónoma de Buenos Aires
Argentina
Telf. (54 11) 4864-0439
asphaediciones@gmail.com
www.asphaediciones.com.ar

Impreso en Argentina / Printed in Argentina

Hecho el depósito que establece la ley 11.723

Agradecimientos

El desarrollo de este trabajo ha sido posible gracias al apoyo logístico y al financiamiento del *Proyecto Prometeo* de la Secretaría Nacional de Educación Superior, Ciencia, Tecnología e Innovación (SENESCYT). La parte técnica fue ejecutada en el Laboratorio de Investigación del Instituto Nacional de Patrimonio Cultural (INPC), entidad pública ecuatoriana que me acogió como investigador Prometeo por los pasados 3 años. En el trabajo oficial de recolección de gran parte del material botánico, expuesto adelante, participaron Martha E. Romero Bastidas, Ana M. Guachamín Tello, Pablo X. Vásquez Ponce, Fernando Espinoza, José Guachamín, Carlos Pacheco y Jaime R. Pagán Jiménez. Algunos productores de maíz del cantón Oña, en la Provincia de Azuay, nos brindaron ejemplares de sus maíces y nos ofrecieron datos importantes acerca de la distribución y la productividad de las distintas razas con las que trabajan. Mi agradecimiento al Sr. Ángel Orellana Armijos, a la Sra. Livia Ramón, al Sr. Ignacio Ramón y al Sr. Félix Ramón. También a quienes hicieron posible llegar a ellos y ellas: Fabián Calle Ramón y Patricio Rodríguez. En Pilahuín, Tungurahua, recibimos la ayuda del Sr. Ángel Soto, quien nos brindó información agronómica sobre sus plantas y nos obsequió varios especímenes de mashua, melloco y oca.

En el trabajo de búsqueda y recolección de más material botánico, esta vez en diversos mercados fuera del área de Quito, participaron mi esposa Arelis Arocho Montes y mis hijos Vera Zoé y Ernesto Pagán Arocho. A veces, por pura curiosidad –pero principalmente por el interés extremo que tengo en las plantas útiles–, cualquier mercado o feria de vegetales que identificamos durante nuestros viajes de exploración por el país fue parada obligada. Le agradezco a mi familia la enorme paciencia que me tuvieron.

Por otra parte, en este trabajo se incorporaron 19 razas de maíz criollo de distintas partes de Sudamérica, de las cuales el Centro Internacional de Mejoramiento de Maíz y Trigo (CIMMyT) me proporcionó muestras de semillas en el año de 2008 a raíz de una propuesta de investigación que sometí en ese entonces. Agradezco al doctor Suketoshi Taba (administrador de la colección de germoplasma de maíz de CIMMyT) y a sus colegas por la cooperación brindada a este tipo de estudios.

El doctor Charles Clement, investigador y experto en palmas del Instituto Nacional de Pesquisas da Amazônia en Brasil, gentilmente compartió para esta publicación las fotos de las plantas y de los frutos de *Bactris gasipaes*. Agradezco mucho su gentileza.

Finalmente quiero resaltar mi agradecimiento a Ana Guachamín y a Martha Romero, ambas del INPC, por su interés en la paleoetnobotánica y por la confianza que depositaron en mí para llevar a cabo éste y otros trabajos relacionados con el desarrollo de la subdisciplina en la institución.

Prefacio

Ecuador ha sido uno de los escenarios de investigación más importantes para la paleoetnobotánica moderna. Aquí se implementaron, desde la década de 1970, novedosos métodos de investigación microbotánica que sirvieron para validarlos internacionalmente, mientras se profundizaba en el conocimiento de las culturas prehispánicas del país. Los estudios pioneros de fitolitos (cristales de sílice) en el Ecuador, llevados a cabo por las reconocidas investigadoras Deborah Pearsall y posteriormente por Dolores Piperno, han sido fundamentales para el desarrollo de la paleoetnobotánica en gran parte del planeta. Sin lugar a dudas, dichos trabajos han sido constante fuente de inspiración y de consulta obligada en las principales investigaciones paleoetnobotánicas del mundo.

Los avances globales de la subdisciplina, más el conocimiento que ahora se tiene de las culturas prehispánicas del Ecuador y de sus interrelaciones con el mundo vegetal, fueron cruciales para que el Laboratorio de Investigación del INPC se propusiera, en el año 2012, la creación de un espacio formal de investigación en estos temas. Sabemos que en la actualidad es necesario abordar el estudio de las culturas prehispánicas de Ecuador con equipamientos teórico-metodológicos multidimensionales, robustos, pues de esta forma se pueden generar nuevos conocimientos sobre el desarrollo y la evolución de las sociedades ecuatorianas pretéritas. Tenemos la certeza de que fue allí, en ese pasado remoto del territorio nacional, donde emergió una buena parte de los elementos que hoy definen el carácter e identidad pluriétnica nacional de Ecuador. Con este trabajo deseamos acceder, pues, a la historia fitocultural del país para conocer cómo las interrelaciones antiguas de los seres humanos con las plantas ayudaron a erigir las vibrantes identidades culturales que hoy caracterizan a esta región sudamericana.

En ese sentido, la paleoetnobotánica procura brindar información científica que ayuda a comprender el rol de las plantas en el tránsito histórico y evolutivo de las sociedades antiguas. Para lograrlo de manera responsable, siendo Ecuador un país que recién se integra formalmente a este campo de estudio, es necesario implementar investigaciones primarias que sean capaces de proporcionar información elemental — de base — con la cual se sustente rigurosamente la actividad científica de interés. Como resultado del proceso investigativo antedicho se ha elaborado esta guía de almidones modernos extraídos de algunas de las plantas económicas más importantes del Ecuador antiguo y contemporáneo. Este trabajo técnico es una de esas fuentes de información elemental para la paleoetnobotánica, ya que sirve como herramienta básica de consulta y de validación de aquellos datos propiamente arqueológicos o paleoetnobotánicos. La información contenida en esta guía de almidones es sencilla. Puede ser utilizada para contrastar, para identificar y para describir los hallazgos de los almidones antiguos que se efectúen con las investigaciones arqueológicas o paleoetnobotánicas formales. Es así que, al correlacionarse los datos de las plantas identificadas por medio de sus almidones con los contextos arqueológicos de interés, se viabiliza luego la generación de interpretaciones variadas acerca de la naturaleza de las interacciones que ocurrieron entre el mundo vegetal y el humano.

Esta guía de almidones es una herramienta de trabajo originalmente creada para utilizar sus datos en las investigaciones paleoetnobotánicas del INPC. No obstante, debido a la evidente escasez de guías o catálogos de almidones modernos en el contexto de las publicaciones paleoetnbotánicas, hemos querido compartir este trabajo con el público interesado en estos temas. El objetivo primordial es que otras personas — ya sean expertos en el campo, o jóvenes que recién se inician en la ciencia que subyace el estudio del mundo fitocultural antiguo — tengan la posibilidad de generar trabajos paleoetnobotánicos noveles y meticulosos, apoyados con información como la que aquí exponemos.

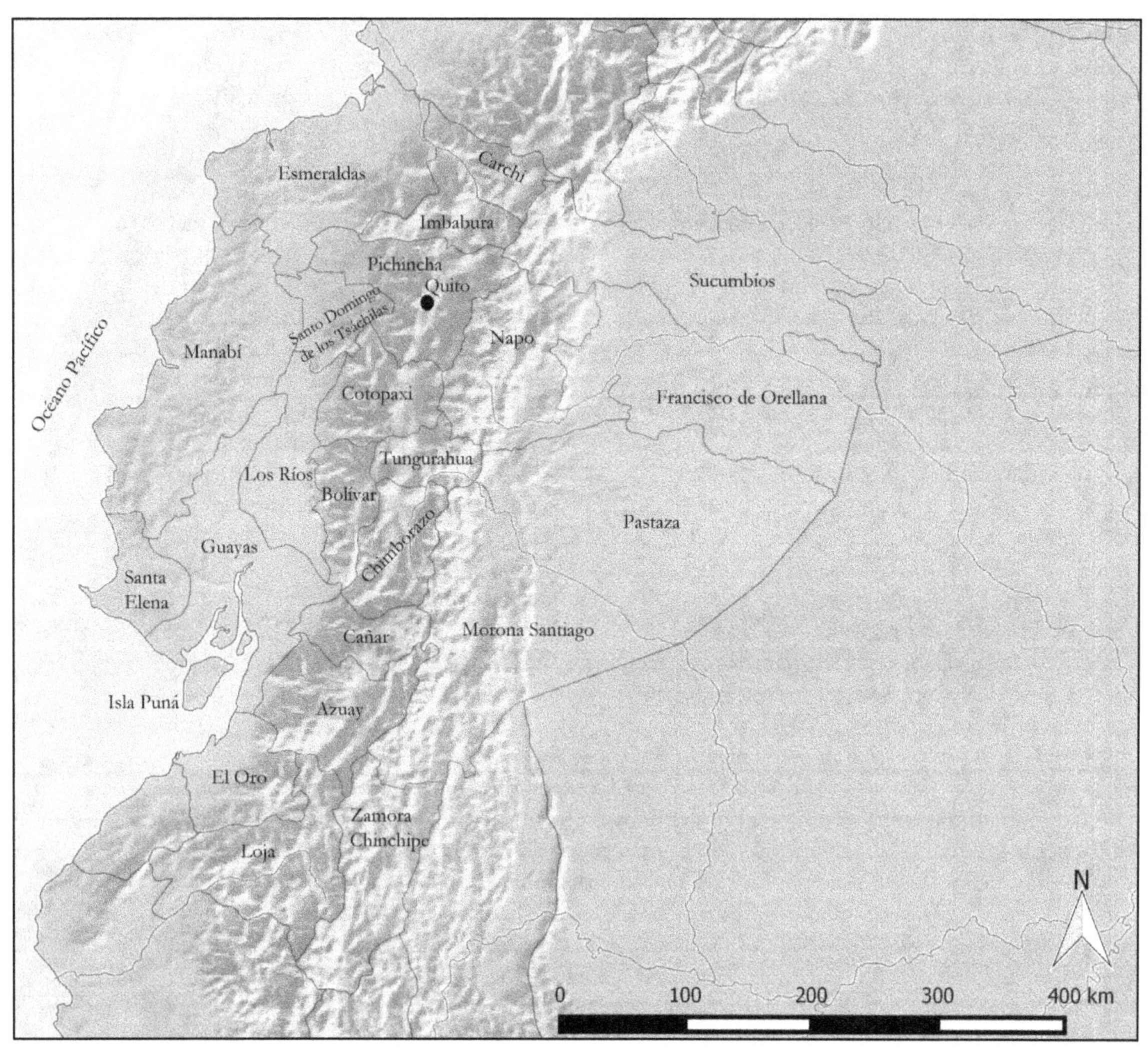

Mapa general de Ecuador y sus provincias. En color azul aqua se distingue la región *Costa*; en color bronce la *Sierra* (cordillera andina) y en color verde el *Oriente* (Amazonia). Consúltese este mapa para conocer las regiones donde se hicieron las recolecciones de material botánico del estudio.

1

Introducción

La paleoetnobotánica es una subdisciplina de frontera ubicada entre otros dos campos del conocimiento: la arqueología y la botánica. Desde sus inicios, su meta principal ha sido estudiar y definir las antiguas interacciones que evidentemente ocurrieron entre los seres humanos y su mundo vegetal. La paleoetnobotánica busca comprender cómo nuestra especie ha recurrido históricamente a las plantas alimenticias. Intenta también entender las condiciones culturales-naturales que propiciaron la selección de unas plantas sobre otras para satisfacer distintas necesidades (alimenticias, medicinales, rituales, etc.), pues de esta manera es posible interpretar cómo algunas de ellas fueron modificadas intencionalmente e insertadas en diversos sistemas de producción para el aprovechamiento humano. En el transcurso de los procesos antes mencionados, algunas plantas útiles fueron investidas con significados mágico-religiosos, supra-terrenales, y se integraron así en la cosmovisión de determinadas culturas. Este es el caso del maíz y las múltiples valoraciones que se le ha dado a esta importante planta en muchas de las culturas mesoamericanas (Bonfil Batalla 2002). Las plantas, en este y en otros ámbitos, dejaron de ser organismos estrictamente naturales para convertirse en seres divinos, en objetos culturales creadores de vida y de identidad cultural. Entonces, ¿cómo nos acercamos desde la paleoetnobotánica a todas las facetas que estudiamos como son el uso alimentario, ritual, religioso y medicinal de las plantas? Recurrimos, en primera instancia, a un conjunto de datos que llamamos genéricamente *arqueobotánicos* para responder los distintos interrogantes que hacemos. Es así que los contextos arqueológicos, revelados casi siempre por medio de la investigación formal, nos permiten generar y aplicar técnicas con las cuales recuperamos restos botánicos antiguos de los objetos arqueológicos, de los suelos naturales y de aquellos suelos y sedimentos modificados de una u otra forma por el propio ser humano. Los restos botánicos referidos son agrupados por los expertos en el campo en dos grandes categorías: restos microbotánicos y restos macrobotánicos. Estos últimos son las semillas, los segmentos de éstas, raquis, pedúnculos, frutos y otros fragmentos que muchas veces se pueden apreciar a simple vista (Pearsall 2000). Entre los restos microbotánicos, por su parte, se encuentran principalmente los granos de polen, los fitolitos y los almidones, siendo los últimos los que han proporcionado nueva información directa y confiable sobre el uso y manejo pretérito de las plantas almidonosas en distintas regiones del mundo que hasta hace poco contaban con una limitada información paleoetnobotánica (Dickau *et al.* 2007; Loy *et al.* 1992; Pagán-Jiménez 2007).

El almidón (Figura 1), recurso de interés paleoetnobotánico y del presente trabajo, es un carbohidrato insoluble que se forma durante la fotosíntesis a raíz de la polimerización de algunos residuos de glucosa (Bello y Paredes 1999). Durante este proceso los almidones se desarrollan como estructuras semicristalinas distribuyéndose luego en determinados órganos de las plantas: las hojas, los tallos, las semillas y las raíces. Los granos (también llamados gránulos) de almidón son el principal reservorio de alimento de las plantas y están constituidos, esencialmente, por dos polímeros: amilosa y amilopectina. La morfología, el tamaño, la composición química y la estructura básica de los almidones son característicos de cada especie, y sus formas en particular dependen de la cantidad de amilosa que contienen (Czaja 1978). Debido a que los azúcares se transportan a través de las plantas —desde las hojas a las raíces, de las hojas a las semillas o de las hojas a los frutos— la producción de almidones puede darse en cualquiera de estos órganos y en otros más (en el tallo). El crecimiento de los granos ocurre a partir de la acumulación de capas o láminas (principalmente de amilosa y amilopectina) en torno a un punto nuclear llamado hilum o *centre*, considerado éste como el centro de los almidones. Dichas capas pueden ser evidentes en los almidones, aunque la visibilidad de éstas varía según la planta u órgano de procedencia de los granos y también de la morfología propia de ellos. Sin embargo, los estudios paleoetnobotánicos en los que se utiliza este recurso microbotánico se han enfocado principalmente en el análisis de los almidones almacenados en los órganos de reserva de las plantas —es decir, en las raíces, los troncos tuberosos, los tubérculos, los rizomas, los cormos y las semillas–, pues dichos órganos han sido históricamente estimados como fuentes o recursos alimenticios y curativos. Los almidones depositados en las hojas, por ejemplo, denominados en la literatura especializada como *transitorios*, han sido considerados en este tipo de estudio únicamente para confirmar las diferencias ya documentadas entre los almidones depositados en los órganos de reserva y aquellos presentes en las hojas o tallos de una misma especie. Los almidones transitorios, al menos morfométricamente, no cuentan con suficientes rasgos diagnósticos que permitan su adscripción taxonómica de manera confiable.

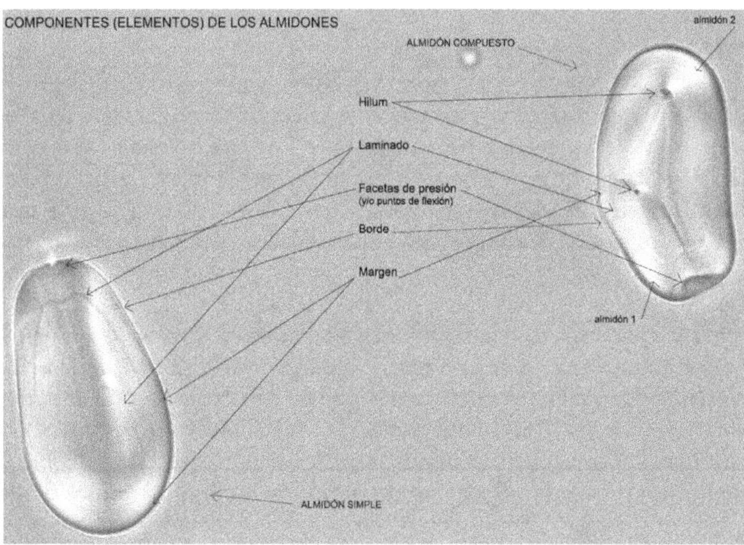

Figura 1. Estructura básica del almidón y sus distintos elementos. Izquierda, almidón simple. Derecha, almidón compuesto por dos gránulos simples. Estos especímenes provienen del tubérculo de un ñame silvestre (*Dioscorea piperifolia*) distribuido esporádicamente en el norte (Colombia, Ecuador) de la cordillera andina.

Es conocido que los estudios modernos de almidones se han enfocado principalmente en el desarrollo de nuevas tecnologías de los alimentos y de otros derivados industriales. En este contexto, desde el siglo XIX se desarrollaron estudios especializados con los cuales se definieron los distintos elementos físico-químicos y morfométricos que constituyen los almidones. De esta forma surgieron trabajos en los cuales se documentaron ciertas características morfométricas diagnósticas que ejemplificaron las cualidades diferenciales de los almidones cuando son producidos por distintas plantas (e.g., Ethnobotanical Leaflets 1998a-1998f; Reichert 1913).

No obstante, fue en la década de 1970 cuando se llevó a cabo uno de los primeros trabajos en los que se reconoció la importancia del estudio de los gránulos de almidón en la arqueología (véase Briuer 1976). Estudiando concretamente algunos residuos orgánicos presentes en las herramientas líticas arqueológicas, Briuer pudo detectar la presencia de almidones, así como otros residuos inorgánicos característicos de las plantas (oxalato de calcio y sílice). El trabajo de Briuer sentó las bases para que años más tarde se comenzaran a programar estudios formales encaminados a integrar sistemáticamente el análisis de los almidones antiguos en la paleoetnobotánica y en la arqueología. En la década de 1980, se desvelaron los primeros resultados concretos de la aplicación de la nueva técnica microbotánica en varias partes del mundo (cfr., Fullagar 1986; Ugent *et al.* 1982, 1986, 1987), pero fue en la década de 1990 cuando se reconoció la importancia tangible del estudio de almidones en la arqueología (véanse, e.g., Barton *et al.* 1998; Berman y Pearsall 2000; Cortella y Pochettino 1994; Fullagar (ed.) 1998; Loy *et al.* 1992; Piperno y Holst 1998; Piperno y Pearsall 1998; Piperno *et al.* 2000).

Si bien, la proliferación de trabajos relacionados con los almidones antiguos es evidente a partir de la década de 1990, en la actualidad son pocas las investigaciones arqueológicas en las cuales se utiliza este análisis. En la mayoría de los casos se ha aplicado el estudio de almidones en la interpretación de los aspectos funcionales de las herramientas de piedra, aunque se ha demostrado también su utilidad en los estudios paleoambientales (Lentfer *et al.* 2002) y más recientemente en las investigaciones que reconstruyen la dieta humana antigua (Hardy *et al.* 2009). Es necesario mencionar algunos investigadores que han demostrado la validez del estudio de almidones en la arqueología y en la paleoetnobotánica, pero se debe aclarar que al día de hoy la mayoría de estos trabajos se han implementado, principalmente, en determinadas áreas tropicales o subtropicales de América y de Oceanía (e.g., Barton *et al.* 1998; Berman y Pearsall 2000; Dickau *et al.* 2007; Fullagar 1986; Iriarte *et al.* 2004; Loy *et al.* 1992; Pagán-Jiménez 2007; Pearsall *et al.* 2004; Perry *et al.* 2007; Piperno y Holst 1998; Piperno *et al.* 2009; Zarrillo *et al.* 2008) y también en la zona andina (Ugent *et al.* 1982, 1986; Ugent, Dillehay y Ramírez 1987). Destacan, por ejemplo, las investigaciones de Thomas Loy *et al.* (1992) en las islas Salomón, las de Dolores Piperno y colegas en Panamá (1998, 2000) y las de Donald Ugent y colegas (1982, 1986, 1987) en la zona andina. En los dos primeros casos se aplicó el análisis de gránulos de almidón en implementos líticos relacionados con el procesamiento de plantas y se logró identificar restos pertenecientes a varias plantas de importancia económica (e.g., *Araceae* [*Colocassia* spp.] para las islas Salomón y *Zea mays*, *Phaseolus* spp., etc. en Panamá). En los casos estudiados por Ugent y colegas en la zona andina, se utilizó el análisis de almidones para corroborar la identificación de restos disecados de yuca (*Manihot* spp.), de papa (*Solanum* spp.) y de otras plantas más que habían sido recuperados en contextos arqueológicos con un excelente nivel de preservación.

Como se ha podido apreciar, el estudio de los gránulos de almidón en el contexto de la arqueología es un medio de aproximación directo a los interrogantes planteados al inicio de esta sección, pues como ha sido establecido antes (e.g., Berman y Pearsall 2008; Dickau *et al.* 2007; Pagán Jiménez 2007; Pearsall *et al.* 2004; Perry *et al.* 2007; Piperno *et al.* 2009), este tipo de residuo puede preservarse por largos periodos en el sarro dental, en las heces fecales humanas, pero también en las superficies imperfectas (i.e., con grietas, fisuras y poros) de las herramientas líticas, cerámicas o de concha relacionadas con el procesamiento de órganos vegetales almidonosos. Cabe destacar que de todos los restos microbotánicos que se estudian en la paleoetnobotánica, parece ser que los gránulos de almidón son los únicos que pueden correlacionarse de manera directa con el uso y con el procesamiento de las plantas almidonosas por parte de los seres humanos. Asimismo, por sus cualidades morfométricas intrínsecas, han probado ser restos microbotánicos altamente confiables como instrumento de identificación taxonómica. Por ende, si los gránulos de almidón pueden ser extraídos de las imperfecciones de los objetos arqueológicos de interés (consúltese Mickleburgh y Pagán-Jiménez 2012; Pearsall *et al.* 2004; Zarrillo *et al.* 2008 para conocer los protocolos de extracción en distintos objetos arqueológicos) y adjudicados de manera confiable a una fuente taxonómica conocida y al órgano vegetal de origen, entonces se posibilita el establecimiento de un vínculo directo entre los objetos arqueológicos y las plantas ricas en almidón que fueron procesadas o consumidas con ellos.

Los diversos estudios de almidones realizados hasta el presente en el contexto de la arqueología han revelado la importancia de su aplicación especialmente en las regiones tropicales del mundo, sobre todo porque los restos botánicos que tradicionalmente se estudian desde la paleoetnobotánica (macrorestos, polen, fitolitos), generalmente confrontan problemas diferenciales de preservación en los contextos enterrados debido a las características climáticas inestables de los trópicos (e.g., excesiva humedad, variabilidad de temperaturas en periodos cortos de tiempo, etcétera). En este sentido, el estudio de los gránulos de almidón recuperados en los contextos arqueológicos sirve como una herramienta de investigación útil y novedosa, con la cual es posible expandir el espectro de datos arqueobotánicos y proponer interpretaciones más completas de las culturas prehispánicas que se estudian. Los estudios pioneros Briuer (1976), Ugent y colegas (1982), Fullagar (1986), Loy *et al.* (1992) y Piperno y Holst (1998), entre otros, mostraron que esta herramienta de análisis paleoetnobotánico no sólo es útil para comprender con mayor detalle algunos aspectos de las interacciones entre las poblaciones humanas pretéritas y sus plantas, sino que resulta necesaria y a veces imprescindible para estudiar regiones geográficas que tradicionalmente cuentan con limitada información paleoetnobotánica.

El presente trabajo es una guía comparativa de almidones modernos e inalterados que corresponden a un selecto grupo de plantas económicas tropicales, tanto de las tierras bajas como de las tierras altas sudamericanas, las cuales pudieron ser importantes para las culturas prehispánicas del noroeste sudamericano y de otras regiones continentales vecinas. Esta guía, que es una herramienta operativa elemental para abordar posteriormente problemas arqueológicos y paleoetnobotánicos concretos, fue desarrollada como primera fase de una investigación básica en el marco del *Proyecto Prometeo* de la *Secretaría Nacional de Educación Superior, Ciencia, Tecnología e Innovación* del Ecuador (SENESCYT), intitulada "Paleoetnobotánica de las culturas ancestrales del Ecuador: estudio de almidones en contextos arqueológicos". Es indispensable, para cualquier estudio paleoetnobotánico que contemple el análisis de almidones antiguos en esta región, contar con colecciones comparativas modernas de éstas y otras plantas de interés económico. Algunos de los recursos vegetales que aquí se muestran fueron igualmente relevantes para otras regiones y periodos en el hemisferio americano; por lo tanto, esta guía es de utilidad en otras áreas geográficas y culturales de nuestra América. Las descripciones que se exponen en las siguientes secciones de este trabajo se dirigen exclusivamente al análisis morfológico y bidimensional de los gránulos de almidón mediante microscopía óptica y polarizada. Debe quedar claro que este trabajo no es un estudio de sistemática o de fisiología de plantas; tampoco es un tratado que aborda las propiedades físico-químicas de los almidones (ver Torres *et al.* 2011).

La mayoría de plantas seleccionadas son alimenticias, aunque algunas pudieron ser utilizadas y procesadas para otros fines (i.e., medicinal, ritual, constructivo). Como se podrá ver adelante, ésta es una guía visual y de rápida consulta que cuenta, además, con descripciones morfométricas básicas de los almidones de interés para los estudios paleoetnobotánicos del Ecuador. Existen muchas otras plantas almidonosas del Ecuador que no fueron incluidas en este volumen, aunque se espera puedan ser consideradas en posteriores publicaciones.

En la *Sección 2* de este volumen se presentan los procedimientos empleados en la creación de la colección comparativa moderna de almidones. El conjunto de plantas seleccionadas tiene una distribución natural, o humanamente inducida, que sitúa los especímenes obtenidos en las tierras bajas y altas tropicales, con condiciones climáticas múltiples y contrastantes. Por lo mismo, se presenta un resumen de las bases en las cuales se sustenta la creación de la colección comparativa moderna de almidones y la recolección de los especímenes botánicos. Asimismo, se presenta el listado de las plantas escogidas con información básica de ellas. La selección de plantas y de sus órganos vegetales de interés ha sido (y sigue siendo) cuidadosamente analizada. Se ha pretendido acceder a especímenes de posible importancia económica y/o simbólica de origen nativo o endógeno, pero también a plantas americanas exógenas que han sido introducidas por el ser humano en el territorio ecuatoriano a través de la historia fitocultural prehispánica. Luego, se describen los procedimientos de laboratorio empleados en la extracción de los almidones modernos de los órganos de interés y se ofrece una somera exposición del procedimiento de montaje de las muestras frescas en los portaobjetos. También se describen aquellos aspectos generales relacionados con la revisión y el registro microscópico de los almidones. Culmina esta sección con la definición del conjunto de variables utilizado para describir morfométricamente los almidones de los distintos especímenes botánicos, mientras se exponen algunos ejemplos gráficos de éstas. Las variables empleadas en esta guía se basan en los trabajos previos del autor (Pagán-Jiménez 2007), pues aunque otros han intentado crear una nomenclatura universal para el estudio de los almidones en arqueología (ICSN 2011), la misma no ha logrado ser consensuada entre los expertos del campo, ni utilizada consistentemente en la literatura especializada.

Finalmente, en la *Sección 3* se describen las principales características cualitativas y cuantitativas observadas en los almidones de los órganos vegetales seleccionados, apoyándose con microfotografías selectas de éstos. Tales descripciones deben ayudar a robustecer los resultados de los estudios paleoetnobotánicos especializados que implementen todas aquellas personas interesadas en el estudio de los almidones arqueológicos. Empero, esta guía no reemplaza la creación de colecciones comparativas de almidones modernos extraídos de aquellas plantas silvestres o cultivadas distribuidas en la región o área de estudio. Debe quedar claro que siempre será necesario la creación de colecciones comparativas con las plantas almidonosas de las localidades arqueológicas de interés o de sus periferias. Esperamos que este volumen complemente las investigaciones paleoetnobotánicas no solo del Ecuador, sino de otras regiones importantes del hemisferio. Es nuestro deseo que este esfuerzo inspire a otros(as) investigadores(as) de la paleoetnobotánica en América y en otros confines del planeta a difuminar, mediante publicaciones de fácil acceso, sus colecciones comparativas modernas. Así, estaremos beneficiando no solo a la paleoetnobotánica y a la arqueología, sino también al mundo social y cultural del presente que se identifica con las milenarias historias fitoculturales que pretendemos reconstruir.

Elaboración de la colección comparativa moderna de almidones

Para recuperar y luego interpretar los almidones que antiguamente se acumularon en los objetos arqueológicos relacionados con el procesamiento, la cocción o el consumo de plantas, primero es necesario elaborar una colección comparativa de almidones modernos (véase Cuadro 1). La variedad de plantas que va a ser documentada depende de la región, área o sector geográfico que se estudia, pero depende, sobre todo, de las plantas silvestres o domesticadas que pudieron tener importancia tanto alimenticia, medicinal, ritual, como por materia prima, para las culturas prehispánicas allí circunscritas. Para el presente trabajo se han seleccionado plantas tuberosas y aquellas que producen semillas y frutos de importancia alimenticia, medicinal o por otros usos y que han sido históricamente valoradas en las economías agrícolas andinas o de los bosques tropicales. Es imprescindible también tomar en cuenta las posibles dinámicas de interacción inter- y panregional que pudieron experimentar las sociedades humanas del pasado, ya que en este escenario se pudieron crear las condiciones socioculturales necesarias para la dispersión humana a larga distancia de algunas plantas de valor alimenticio, medicinal o simbólico. En este sentido, para iniciar la colección comparativa de almidones modernos ha sido necesario obtener aquellas plantas americanas de interés económico, sean endógenas o exógenas, y en distintas áreas geográficas del país. A la misma vez se ha optado por seleccionar algunas plantas almidonosas silvestres, de uso desconocido, ya que por sus cualidades intrínsecas o por su parentesco con ciertas especies cultivadas, pudieron ser susceptibles al consumo humano.

Criterios empleados en la selección de plantas

Han sido utilizadas varias fuentes que sirven para delimitar o definir los criterios utilizados en la selección de plantas para la colección comparativa. En primer lugar, fueron consultadas diversas fuentes etnohistóricas del Ecuador con el propósito de identificar aquellas plantas que pudieron ser de importancia económica, medicinal y/o ritual durante el periodo colonial temprano (e.g., Carvajal 1894; Cieza 1994; López de Velazco 1894; Wolf 1892). A pesar de que en algunos de los textos antes citados se señalan las principales plantas utilizadas por algunas etnias indígenas durante el periodo colonial temprano de la región, se le ha dado énfasis sólo a la identificación de ellas.

En segundo lugar, se han utilizado como referentes algunas fuentes históricas secundarias (e.g. Espinoza 1999; Salomon 1997: Santos Granero 1992) y etnográficas del Ecuador y de otras regiones de Sudamérica (e.g., Trujillo y Correa 2010; van der Hammen 1992). La intención ha sido conocer de qué forma se han interpretado los sistemas agrícolas u otras formas de manejo de plantas y sus diversos componentes en diversos periodos y regiones.

En tercer lugar, han sido consultados diversas investigaciones y reportes arqueológicos, botánicos y agronómicos directamente relacionados con las plantas útiles de diversas regiones del Ecuador y países cercanos. De este modo se ha buscado conocer las posibles plantas aprovechadas en distintos momentos antes y después de la irrupción europea en la región (e.g., Bennett 1990; de la Torre et al. 2008; Espinosa *et al.* 1996; Jørgensen y León-Yánez 1999; Oliver 2001; Pearsall *et al.* 2004; Piperno y Pearsall 1998; Piperno *et al.* 2000; Sánchez *et al.* 2006: Tapia y Fries 2007; Timothy *et al.* 1963; Villacrés y Ruiz 2002; Zarrillo 2012).

Por último, se ha recurrido también a los testimonios de campesinos o vendedores de vegetales en varias regiones del país donde se hicieron las recolecciones de plantas. La información provista ha permitido conocer las condiciones actuales de manejo y de producción de algunas plantas cuando han sido insertadas en sistemas de producción de pequeña y gran escala.

Cuadro 1. *Plantas y órganos de interés recolectados en distintas regiones del Ecuador u obtenidos de otras áreas neotropicales en América.*

Familia	Género	Especie	Nombre común	Partes utilizadas	Formas de procesam.	Tipo consumo	Formas de preparación	Material recolec.	Material pocesado	Lugar de colecta y observaciones
Alismataceae	*Sagittaria*	*latifolia*	desconocido	tubérculo	desconocido	alimento	desconocida	hojas, tubérc. y flores	tubérc.	Ulba-Baños (Tungurahua)
Amaranthaceae	*Chenopodium*	*quinoa*	kínua, quinua	semillas	secado, molido	alimento	hervido, tostado	semillas	semillas	Mercado de Santa Clara (Quito)
Amaryllidaceae	*Phaedranassa*	*dubia*	desconocido	desconocido	desconocida	desconocido	desconocida	planta y bulbos	bulbos	Ulba (Tungurahua)
Araceae	*Xanthosoma*	*sp.(2.1)*	sango gigante	tubérculo	pelado, maceramiento, raspado	alimento	hervido	tallo tuberoso	tallo tuberoso	Río Verde (Tungurahua)
Araceae	*Xanthosoma*	cf. *daguense*	sango 2	tubérculo	desconocido	desconocido	desconocida	planta y tubérc.	tubérculo	Río Verde (Tungurahua)
Araceae	*Xanthosoma*	*sp. (2.3)*	sango 3	tubérculo	desconocido	desconocido	desconocida	planta y tubérc.	tubérculo	Río Verde (Tungurahua)
Arecaceae	*Bactris*	*gasipaes*	chonta	palmito, fruto	pelado, raspado (pulpa), fermentación (pulpa fruto), filtración (pulpa fruto)	alimento y bebida	hervido, fermentación	frutos	frutos, mesocarpio	Chiritza (Sucumbíos)
Arecaceae	*Astrocaryum*	*chambira*	chambira	mesocarpo, endospermo	pelado, raspado	bebida	en crudo, fermentación	frutos	frutos, mesocarpio	Feria de El Coca (Orellana)
Asteraceae	*Hypochaeris*	*sessiliflora*	achicoria	raíz	lavado	medicinal	decocción	raíces	raíces	Mecado de San Roque (Quito) y reserva del volcán Cayambe (Pichincha)
Basellaceae	*Ullucus*	*tuberosus*	melloco var. amarillo moteado con fucsia	rizoma	pelado	alimento	cocido	tubérc.	tubérc.	Mercado de Santa Clara (Quito)
Basellaceae	*Ullucus*	*tuberosus*	melloco var. Fucsia	rizoma	pelado	alimento	cocido	tubérc.	**tubérc.**	Feria libre de Cotocollao (Quito)
Basellaceae	*Ullucus*	*tuberosus*	melloco var. Rosado	rizoma	pelado	alimento	cocido	tubérc.	tubérc.	Mercado de Otavalo (Imbabura)
Basellaceae	*Ullucus*	*tuberosus*	melloco var. Rojo	rizoma	pelado	alimento	cocido	tubérc., hojas	tubérc.	Pilahuín (Chimborazo)
Basellaceae	*Ullucus*	*tuberosus*	melloco, var. blanca-verde redond.	rizoma	pelado	alimento	cocido	rizomas	rizomas	Mercado de Pelileo (Tungurahua)
Basellaceae	*Ullucus*	*tuberosus*	melloco, var. blanca-verde alarg.	rizoma	pelado	alimento	cocido	rizomas	rizomas	Feria indígena de Guamote (Chimborazo)
Basellaceae	*Ullucus*	*tuberosus*	melloco, var. moteado rojo gde.	rizoma	pelado	alimento	cocido	rizomas	rizomas	Feria indígena de Guamote (Chimborazo)
Cannaceae	*Canna*	*indica (syn. edulis)*	achera, achira	hoja, rizoma	raspado, maceramiento	alimento, envoltura	cocido	rizomas	rizomas	Quiroga-Cotacachi (Imbabura)
Cannaceae	*Canna*	*jaegeriana*	achera silvestre	posiblem. hoja, rizoma	desconocido	desconocido	desconocida	rizoma, hojas	rizomas	Río Verde-Río Negro (Tungurahua y Pichincha)
Cannaceae	*Canna*	*tuerckheimii*	desconocido	posiblem. hoja, rizoma	desconocido	desconocido	desconocida	rizoma	rizoma	Parque de La Carolina (Quito)
Convolvulaceae	*Ipomoea*	*batatas*, var. púrpura	camote	tubérculo	pelado, maceramiento	alimento	desconocida	tubérc.	tubérc.	Feria libre de Cotocollao (Quito)
Convolvulaceae	*Ipomoea*	*batatas*, var. naranja	camote	tubérculo	pelado, maceramiento	alimento	desconocida	tubérc.	tubérc.	Feria libre de Cotocollao (Quito)
Dioscoreaceae	*Dioscorea*	*piperifolia*	¿?	tubérculo	desconocido	desconocido	desconocida	tubérc.	tubérc.	Parque Arqueológico Rumipamba (Quito)
Dioscoreaceae	*Dioscorea*	*2 (15)*	ñame	tubérculo	desconocido	desconocido	desconocido	tubérc., hojas	tubérc.	Alluriquín (Santo Domingo de los Tsáchilas)
Dioscoreaceae	*Dioscorea*	*3 (26)*	ñame	tubérculo	desconocido	desconocido	desconocido	tubérc., hojas	tubérc.	Alluriquín (Santo Domingo de los Tsáchilas)
Dioscoreaceae	*Dioscorea*	*4 (29)*	ñame	tubérculo	desconocido	desconocido	desconocido	tubérc., hojas	tubérc.	Alluriquín (Santo Domingo de los Tsáchilas)
Dioscoreaceae	*Dioscorea*	*5 (36)*	ñame	tubérculo	desconocido	desconocido	desconocido	tubérc., hojas	tubérc.	Car. E20 (Pichincha)
Euphorbiaceae	*Manihot*	*esculenta*	yuca	tubérculo	pelado, raspado, maceramiento	alimento	desconocida	tubérculos	tubérc.	Mercado de Santa Clara (Quito)
Fabaceae	*Phaseolus*	*lunatus*	fréjol marrón	semilla	maceramiento	alimento	hervido, macerado	semillas	semillas	Mercado de Otavalo (Imbabura)
Fabaceae	*Phaseolus*	*lunatus*	fréjol pinto	semilla	maceramiento	alimento	hervido, macerado	semillas	semillas	Agricultor (Loja)
Fabaceae	*Phaseolus*	*vulgaris*	fréjol boca negra blanco	semilla	maceramiento	alimento	hervido, macerado	semillas	semillas	Agricultor (Loja)
Fabaceae	*Phaseolus*	*vulgaris*	fréjol boca negra negro	semilla	maceramiento	alimento	hervido, macerado	semillas	semillas	Agricultor (Loja)
Fabaceae	*Phaseolus*	*vulgaris*	fréjol boca negra rojo	semilla	maceramiento	alimento	hervido, macerado	semillas	semillas	Agricultor (Loja)
Fabaceae	*Phaseolus*	*vulgaris*	fréjol boca negra marrón	semilla	maceramiento	alimento	hervido, macerado	semillas	semillas	Agricultor (Loja)
Fabaceae	*Phaseolus*	*vulgaris*	fréjol negro	semilla	maceramiento	alimento	hervido, macerado	semillas	semillas	Mercado de Otavalo (Imbabura)
Fabaceae	*Canavalia*	cf. *brasiliensis*	haba silvestre	semilla	desconocido	alimento	desconocida	semillas	semillas	Sector La Pólvora, Isla Puná
Fabaceae	*Canavalia*	*spp.*	haba silvestre	semilla	desconocido	alimento	desconocida	ramas, vainas y semillas	semillas	Comunidad La Prosperina, vía a Tambo (Santa Elena)
Heliconiaceae	*Heliconia*	*latispatha*	heliconia	rizoma	desconocido	desconocido	desconocida	planta y rizomas	rizomas	Orilla carretera, Pedro Vicente Maldonado (Santo Domingo de los Tsáchilas)
Hypoxidaceae	*Hypoxis*	*decumbens*	Desconocido	tubérculo	desconocido	alimento?	crudo, hervido	tubérc.	tuberc.	Río Verde-Baños (Tungurahua)
Malvaceae	*Theobroma*	*cacao*	cacao	semilla	secado	bebida, alimento	tostado, molido	planta y fruto	semillas	Mercado, Guayaquil (Guayas)
Marantaceae	*Calathea*	*sp. (27)*	desconocido	rizoma	raspado	desconocido	desconocida	planta y rizomas	rizoma	Camino al Bosque Protector (Santo Domingo de los Tsáchilas)
Marantaceae	*Maranta*	*arundinacea*	Maranta variegada	rizoma	raspado, maceramiento	alimento	hervido, asado	planta y rizomas	**rizomas**	Same (Esmeraldas)
Oxalidaceae	*Oxalis*	*tuberosa*	oca var. Amarillo	rizoma	pelado	alimento	cocido	rizomas	**rizomas**	Mercado de Santa Clara (Quito)
Oxalidaceae	*Oxalis*	*tuberosa*	oca var. Amarillo púrpura	rizoma	pelado	alimento	cocido	rizomas, hojas, flores	**rizomas**	Mercado de Otavalo (Imbabura)
Poaceae	*Zea*	*mays*	maíz cf. Sapón	semilla	maceramiento	alimento	tostado, hervido, asado	mazorcas-semillas	mazorcas-semillas	Mercado de Otavalo (Imbabura)
Poaceae	*Zea*	*mays*	maíz cf. Tusilla	semilla	maceramiento	alimento	tostado, hervido, asado	mazorcas-semillas	mazorcas-semillas	Agricultor (Loja)
Poaceae	*Zea*	*mays*	maíz Arizona	semilla	maceramiento	alimento	tostado, hervido, asado	mazorcas-semillas	mazorcas-semillas	Agricultor (Loja)
Poaceae	*Zea*	*mays*	maíz Morocho	semilla	maceramiento	alimento	tostado, hervido, asado	mazorcas-semillas	mazorcas-semillas	Mercado de Otavalo (Imbabura)
Poaceae	*Zea*	*mays*	maíz Canguil	semilla	maceramiento	alimento	tostado	mazorcas-semillas	mazorcas-semillas	Lago San Pablo (Imbabura)
Poaceae	*Zea*	*mays*	maíz Racimo de Uva	semilla	maceramiento	alimento	tostado, hervido, asado	mazorcas-semillas	mazorcas-semillas	Feria libre de Cotocollao (Quito)
Poaceae	*Zea*	*mays*	maíz Chulpi	semilla	maceramiento	alimento	tostado, hervido	mazorcas-semillas	mazorcas-semillas	Lago San Pablo (Imbabura)

Familia	Género	Especie	Nombre común	Partes utilizadas	Formas de procesam.	Tipo consumo	Formas de preparación	Material recolec.	Material pocesado	Lugar de colecta y observaciones
Poaceae	*Zea*	*mays*	maíz cf. Blanco Blandito Puntiagudo	semilla	maceramiento	alimento	tostado, hervido, asado	mazorcas-semillas	mazorcas-semillas	Feria indígena de Guamote (Chimborazo)
Poaceae	*Zea*	*mays*	maíz cf. Blanco Blandito Redondo	semilla	maceramiento	alimento	hervido	mazorcas-semillas	mazorcas-semillas	Feria indígena de Guamote (Chimborazo)
Poaceae	*Zea*	*mays*	maíz Morochillo	semilla	maceramiento	alimento	hervido	semillas	semillas	Mercado de Otavalo (Imbabura)
Poaceae	*Zea*	*mays*	maíz Trueno	semilla	maceramiento	alimento	hervido, asado	mazorcas-semillas	semillas	Orilla Car. E20, cerca de la Comuna 24 de Mayo (Orellana)
Poaceae	*Zea*	*mays*	maíz Sangay (cf. Enano Gigante)	semilla	maceramiento	alimento	hervido, asado	mazorcas-semillas	semillas	Car. Riobamba a Maca (Riobamba)
Poaceae	*Zea*	*mays*	maíz Triunfo	semilla	maceramiento	alimento	hervido, asado	mazorcas-semillas	semillas	Agricultor (Loja)
Poaceae	*Zea*	*mays*	maíz Sapón Amarillo	semilla	maceramiento	alimento	hervido, asado	mazorcas-semillas	semillas	Agricultor, Oña (Azuay)
Poaceae	*Zea*	*mays*	maíz Sapón Pinto/Naranja	semilla	maceramiento	alimento	hervido, asado	mazorcas-semillas	semillas	Agricultor, Oña (Azuay)
Poaceae	*Zea*	*mays*	maíz Yuma	semilla	maceramiento	alimento	hervido, asado	mazorcas-semillas	semillas	Agricultor, Oña (Azuay)
Poaceae	*Zea*	*mays*	maíz Pintado	semilla	maceramiento	alimento	hervido, asado	mazorcas-semillas	semillas	Agricultor, Oña (Azuay)
Poaceae	*Zea*	*mays*	maíz Morochillo Pintado	semilla	maceramiento	alimento	hervido, asado	mazorcas-semillas	semillas	Agricultor, Oña (Azuay)
Poaceae	*Zea*	*mays*	maíz Tusilla Dentado	semilla	maceramiento	alimento	hervido, asado	mazorcas-semillas	semillas	Agricultor, Pedro Vicente Maldonado (Santo Domingo de los Tsáchilas)
Poaceae	*Zea*	*mays*	maíz Yunga (Arizona)	semilla	maceramiento	alimento	hervido, asado	mazorcas-semillas	semillas	Agricultora, Oña (Azuay)
Poaceae	*Zea*	*mays*	maíz Sabanero (Id. #9050)	semilla	maceramiento	alimento	hervido, asado	semillas	semillas	Venezuela-Colombia (CIMMyT, México)
Poaceae	*Zea*	*mays*	maíz Amagaceño (Id. #3166)	semilla	maceramiento	alimento	hervido, asado	semillas	semillas	Colombia (CIMMyT, México)
Poaceae	*Zea*	*mays*	maíz Ancashino (Id. # 9164)	semilla	maceramiento	alimento	hervido, asado	semillas	semillas	Perú (CIMMyT, México)
Poaceae	*Zea*	*mays*	maíz Alazano (Id. #8955)	semilla	maceramiento	alimento	hervido, asado	semillas	semillas	Perú (CIMMyT, México)
Poaceae	*Zea*	*mays*	maíz Cabuya (Id. #3152)	semilla	maceramiento	alimento	hervido, asado	semillas	semillas	Colombia
Poaceae	*Zea*	*mays*	maíz Chaparreño (Id. #8922)	semilla	maceramiento	alimento	hervido, asado	semillas	semillas	Perú (CIMMyT, México)
Poaceae	*Zea*	*mays*	maíz Chococeño (Id. #3214)	semilla	maceramiento	alimento	hervido, asado	semillas	semillas	Colombia (CIMMyT, México)
Poaceae	*Zea*	*mays*	maíz Confite Morocho (Id. #8381)	semilla	maceramiento	alimento	hervido, asado	semillas	semillas	Perú (CIMMyT, México)
Poaceae	*Zea*	*mays*	maíz Confite Puntiagudo (Id. #21504)	semilla	maceramiento	alimento	hervido, asado	semillas	semillas	Perú (CIMMyT, México)
Poaceae	*Zea*	*mays*	maíz Enano (Id. #9025)	semilla	maceramiento	alimento	hervido, asado	semillas	semillas	Perú (CIMMyT, México)
Poaceae	*Zea*	*mays*	maíz Güirua (Id. #3121)	semilla	maceramiento	alimento	hervido, asado	semillas	semillas	Colombia (CIMMyT, México)
Poaceae	*Zea*	*mays*	maíz Imbricado (Id. #3140)	semilla	maceramiento	alimento	hervido, asado	semillas	semillas	Colombia (CIMMyT, México)
Poaceae	*Zea*	*mays*	maíz Mochero (Id. #8933)	semilla	maceramiento	alimento	hervido, asado	semillas	semillas	Perú (CIMMyT, México)
Poaceae	*Zea*	*mays*	maíz Montaña (Id. #3155)	semilla	maceramiento	alimento	hervido, asado	semillas	semillas	Colombia (CIMMyT, México)
Poaceae	*Zea*	*mays*	maíz Negrito (Id. #3375)	semilla	maceramiento	alimento	hervido, asado	semillas	semillas	Colombia/Costa Rica (CIMMyT, México)
Poaceae	*Zea*	*mays*	maíz Pira (Id. #3108)	semilla	maceramiento	alimento	hervido, asado	semillas	semillas	Colombia (CIMMyT, México)
Poaceae	*Zea*	*mays*	maíz Puya (Id. #3201)	semilla	maceramiento	alimento	hervido, asado	semillas	semillas	Colombia (CIMMyT, México)
Poaceae	*Zea*	*mays*	maíz Puya Grande (Id. #14719)	semilla	maceramiento	alimento	hervido, asado	semillas	semillas	Colombia/Venezuela (CIMMyT, México)
Poaceae	*Zea*	*mays*	maíz Rienda (Id. #8969)	semilla	maceramiento	alimento	hervido, asado	semillas	semillas	Perú (CIMMyT, México)
Polypodeaceae	*Polypodium*	*aureum*	calaguala	rizoma	maceramiento	medicamento	decocción, crudo	rizomas	rizomas	Mercado de Santa Clara (Quito)
Polypodeaceae	*Polypodium*	*decumanum*	rabo de mono	rizoma	pelado	medicamento	decocción	rizomas	hojas-rizomas	El Coca (Orellana)
Smilacaceae	*Smilax*	cf. *officinalis*	zarzaparrilla	rizoma	pelado, raspado, maceramiento	medicamento	decocción	rizoma	rizoma	Feria de El Coca (Orellana)
Smilacaceae	*Smilax*	sp. 2 (PY-18)	zarzaparrilla	rizoma	pelado, raspado, maceramiento	medicamento	decocción, emplasto	rizoma	planta-rizoma	El Coca (Orellana)
Tropaeolaceae	*Tropaeolum*	*tuberosum*, var. amarilla	mashua	rizoma	pelado	alimento	cocido	rizomas	rizomas	Mercado de Santa Clara (Quito)
Urticaceae	*Urera*	*caracasana*	ortiga	raíz	raspado	medicamento	decocción	raíz	raíz	Mercado de San Roque (Quito)

Utilizadas a manera de conjunto, todas las fuentes antes señaladas sirven para poder realizar una positiva discriminación de plantas con el fin de determinar, preliminarmente, cuáles de ellas pudieron ser útiles en el contexto de las economías prehispánicas del Ecuador y de países limítrofes. Desde esta perspectiva, se tiene la confianza de que algunas de las plantas seleccionadas pudieron ser invariablemente utilizadas en diversos periodos, teniendo en cuenta que la importancia de algunas de ellas sobre otras pudo ser fluctuante a través del tiempo.

Criterios empleados en la selección de órganos

Una vez identificadas o seleccionadas las plantas de interés para la colección comparativa, se procedió con la elección de los órganos de ellas que pudieron ser utilizados para diversos propósitos por las sociedades prehispánicas del país. La información cruzada de las diversas fuentes consultadas permitió dilucidar qué órganos pudieron ser utilizados en la amplia época prehispánica del Ecuador.

Se considera relevante la información que proporcionan los estudios de gránulos de almidón en arqueología (Torrence *et al.* 2004) y de fisiología de plantas (Buléon *et al.* 1998), en el sentido de los señalamientos que se hacen en referencia a los gránulos depositados en las distintas partes de las plantas. Como fue mencionado en la introducción de esta guía, los almidones pueden encontrarse en las hojas, en los tallos, en las semillas y en las raíces de las plantas, pero es sobre todo en los órganos de almacenamiento de energía de las plantas (principalmente raíces y semillas), donde se encuentran los gránulos de almidón que pueden ser diagnósticos o característicos de determinado taxón. Es así que se optó por excluir, por el momento, los gránulos de almidón denominados *transitorios* que se encuentran esencialmente en las hojas y tallos, ya que éstos por lo general tienen dimensiones menores a 5μm y cuentan con muy pocas características morfológicas diferenciables entre la gama de taxones considerada. En cambio, en este volumen se le otorga énfasis a los órganos de almacenamiento de almidones en las plantas seleccionadas, puesto que las raíces, los tubérculos, las raíces tuberosas, los rizomas, los troncos tuberosos, los cormos, los cormelos o las semillas de dichas plantas posiblemente fueron los órganos más aprovechados por las distintas sociedades prehispánicas del Ecuador.

Obtención del material botánico moderno

Teniendo como antecedentes las cuestiones discutidas en las secciones anteriores, se procedió con la recolección de plantas u órganos necesarios para la etapa de elaboración de la colección comparativa de almidones modernos. Para desarrollar esta tarea, se realizaron los siguientes tipos de colecta: 1) "in situ"; y 2) en mercados de vegetales de Quito y de otras localidades provinciales del Ecuador. Adicionalmente, Pagán Jiménez proporcionó una cantidad considerable de muestras de maíz que proceden de distintas regiones de América (Cuadro 1). Estas muestras fueron obtenidas mediante una propuesta de requerimiento de semillas sometida por el autor en el año 2008 al Centro Internacional de Mejoramiento de Maíz y Trigo (CIMMyT) en México, uno de los principales bancos mundiales de germoplasma de maíz.

Tratamiento del material botánico moderno en el laboratorio

Para extraer los almidones de los órganos de interés se utilizó el siguiente protocolo:

- El material fresco de las plantas (tubérculos, rizomas, raíces tuberosas, semillas, frutas) se lavó a conciencia y se descascaró;
- los rizomas, los tubérculos y las raíces tuberosas fueron rallados delicadamente con ralladores metálicos o de plástico intensamente lavados entre uno y otro espécimen. El material rallado fue colocado en recipientes de vidrio limpios con agua destilada y por una hora con el propósito de facilitar la separación de los almidones;
- las semillas fueron colocadas en agua y luego, al cabo de las 12 o 24 horas, fueron abiertas con un bisturí que fue delicadamente lavado entre cada espécimen. Se rasparon suavemente las áreas donde se concentra el almidón con el mismo bisturí y el material raspado fue colocado en agua destilada por una hora con el propósito de facilitar la separación de los almidones;
- la pulpa de las frutas fue separada de la cáscara y del endospermo, posteriormente fue lavada con agua destilada y luego fue macerada en agua destilada con el propósito de facilitar la separación de los almidones;
- el extracto de cada espécimen se filtró con trozos nuevos de tela de lino que habían sido previamente lavados y muestreados en busca de almidones extraños. Con el filtrado del extracto se separó la pulpa y otros tejidos vegetales de los gránulos de almidón que interesan al estudio;
- el material remanente (almidón) se secó en ambiente natural y posteriormente se guardó cada espécimen en recipientes de vidrio estériles y con tapa.

Montaje de almidones modernos en portaobjetos

El montaje de los portaobjetos con almidones consistió en colocar una gota del extracto obtenido de los órganos, ya con agua, sobre el portaobjeto de análisis. Posteriormente, se agregó media gota de glicerol líquido en cada portaobjeto y se mezcló cuidadosamente la solución con un palillo de madera estéril. Luego se colocó el cubreobjeto sobre la solución y se procedió con el análisis y registro de los almidones antes del sellado final. Gracias a la viscosidad que produce el glicerol en la solución, se pudo presionar ligeramente el cubreobjeto para hacer rotar los almidones mientras fueron observados con el microscopio. De esta forma fue posible ver detenidamente las variaciones morfológicas y otras características presentes en ellos.

Revisión, registro y análisis de los gránulos de almidón modernos

Equipamiento

Los microscopios ópticos utilizados en la fase de revisión, registro, análisis y descripción de los almidones modernos han sido dos: *Olympus BX53* y *Zeiss Scope A1*, ambos con contraste de fases y polarización. Estos microscopios cuentan con sus cámaras digitales (*Olympus DP26* y *AxioCam ICc 3*, respectivamente) y con el software del fabricante que permite un registro gráfico y métrico de excelente calidad. Durante la revisión y el registro de los almidones se utilizó en todo momento la polarización en campo claro y en campo oscuro. Los oculares cuentan con aumentos de 10X y el objetivo empleado en todo momento fue de 40X.

Registro

Los portaobjetos, ya montados con el material fresco, fueron inspeccionados extensamente con el fin de contar con una noción general de las características morfométricas de los almidones. Una vez familiarizados con esas características de los almidones de cada planta se procedió con la toma de microfotografías (con polarización en los campos claro y oscuro) de varios conjuntos de almidones representativos de las plantas. Posteriormente se inició el registro individual de las dimensiones de 20 almidones seleccionados al azar. Con estos datos se estableció el rango mínimo y máximo de tamaño de los almidones por especie o espécimen, así como la media y las desviaciones estándar de la media. El registro de las demás variables creadas se basó en el análisis cualitativo luego de revisar más de 300 almidones seleccionados al azar. Hubo casos en los que no fueron abundantes los almidones extraídos, sobre todo porque es bajo el número de almidones almacenados de forma natural en algunos órganos seleccionados.

Variables

Las variables utilizadas en el análisis y descripción de los almidones se crearon para documentar las características de éstos según son observadas en los dos planos o dimensiones visibles con nuestros microscopios. Algunas de las variables empleadas tienen su origen en otras creadas previamente por varios investigadores (e.g., Ethnobotanical Leaflets 1998a-1998f; Lentfer *et al.* 2002; Loy *et al.* 1992; Piperno y Holst 1998; Reichert 1913). El conjunto de variables fue previamente propuesto y empleado exitosamente por Pagán Jiménez (2007), aunque en este trabajo algunas de ellas han sido readecuadas o excluidas. En este trabajo, las variables consideradas son las siguientes: *forma, hilum, facetas de presión* (y puntos de flexión), *posición de hilum, laminado, largo, ancho, diámetro, estructura, cavidad o fisura, margen, borde* y *cruz de extinción*.

Hay que aclarar que éstas, así como los resultados obtenidos, corresponden exclusivamente a una de las modalidades que actualmente se utiliza para estudiar y describir almidones en el contexto de la paleoetnobotánica. Es decir, las variables, los datos obtenidos y las descripciones logradas se circunscriben a la modalidad de estudio basada en el uso de microscopía óptica con polarización. Aunque existen otros métodos de análisis y descripción de almidones modernos y arqueológicos, éstos se fundamentan en el uso de otro tipo de microscopios (e.g., microscopio electrónico de barrido) que ofrecen información distinta de la que puede ser apreciada con un microscopio óptico.

A continuación se hace una descripción general de las variables y se ilustran algunos ejemplos de sus variantes mediante imágenes. Debe tomarse en cuenta que en la exposición que se hace de los almidones modernos (*Sección 3*), ciertas variables o características presentes son referidas a su ubicación respecto a alguna de las secciones de los gránulos, a saber: a) sección proximal, y b) sección distal (ver siguiente ilustración).

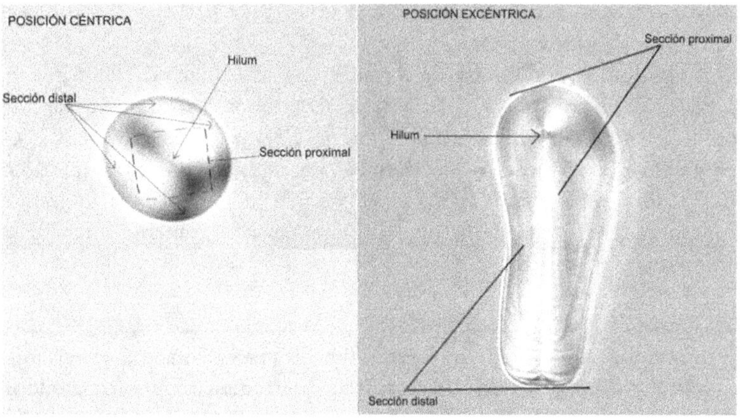

Forma

Prácticamente todos los autores que han trabajado el tema coinciden en que la forma de los gránulos de almidón es característica de cada especie, aunque a veces puedan existir múltiples variantes (por la posición variada en que se pueden encontrar éstos). Debido a que en cada especie pueden haber múltiples formas de gránulos (ya que aquí no se considera la vista céntrica o excéntrica *per se*), se crearon una serie de variantes combinando estándares de formas geométricas no angulares y angulares utilizadas en el análisis de polen (Moore *et al.* 1991:73), de fitolitos y de almidones (Loy *et al.* 1992; Piperno 1988). Esta combinación de formas permite captar la mayor cantidad de variantes que pueden existir en los almidones de los distintos especímenes botánicos estudiados.

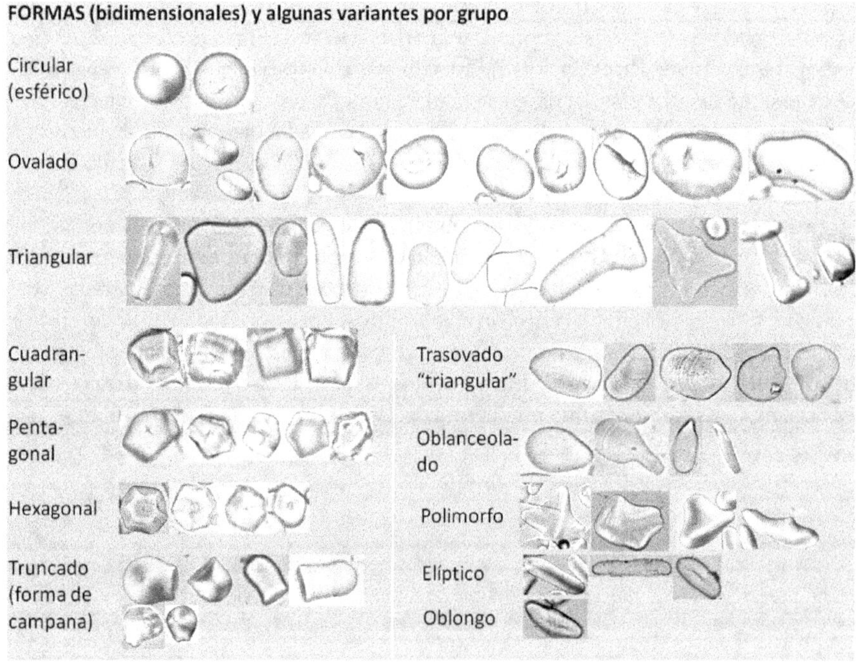

Hilum

El hilum (hylium) o *centre* (centro) ha sido definido por algunos investigadores como el punto de inicio de crecimiento de los gránulos (Loy *et al.* 1992: 904) y se considera de igual importancia que la variable "forma" para la identificación de almidones. Esta variable resulta ser diagnóstica cuando, al combinarse con otras variables más, posibilita la distinción entre aquellas plantas que producen almidones con hilum visible y otras que por lo general no cuentan con este rasgo.

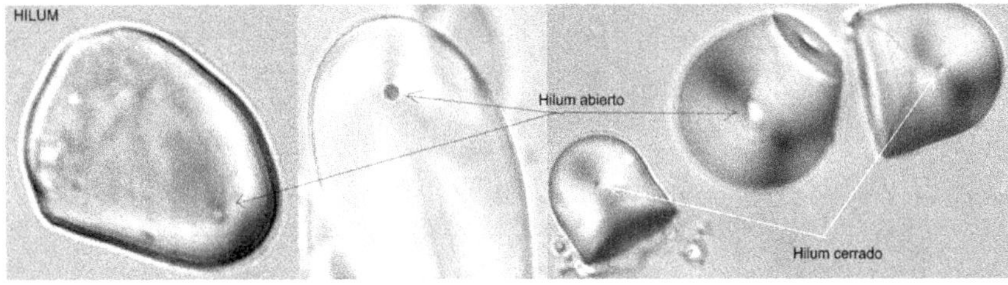

Facetas de presión (o puntos de flexión)

Se utilizan distintas variantes para caracterizar algunos planos que se observan en ciertos gránulos, principalmente cuando son poligonales. Es decir, en los gránulos irregulares a veces es posible observar facetas de presión (o líneas de flexión) en las vistas céntrica o excéntrica. Las facetas de presión, tal y como se muestra en la siguiente figura, pueden ser evidentes o aparentes. Las características observadas con estas variantes pueden ser elementos de interés en la descripción y caracterización de determinadas especies analizadas ya que no todos los gránulos muestran esta variable. Cuando sí se registra, resulta ser bastante homogénea en los almidones de una misma especie.

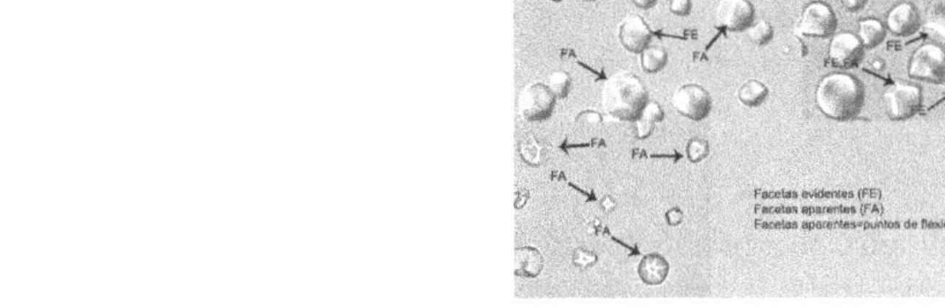

Posición de hilum

Con esta variable se señala la ubicación del hilum respecto al centro del plano observado en el gránulo analizado. Es céntrico cuando se ubica en el mismo centro del gránulo y excéntrico si se encuentra fuera del centro del gránulo y plano observado.

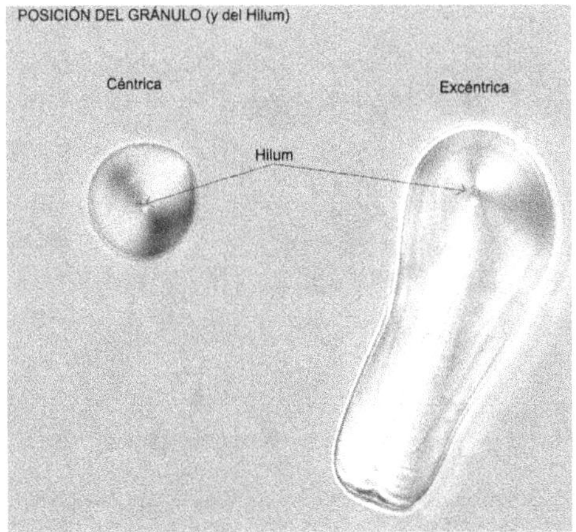

Laminado

Con esta variable y sus variantes se caracteriza el patrón de crecimiento de los anillos o láminas relacionadas con las moléculas de amilosa y amilopectina de los gránulos. Se debe mencionar que no en todas las especies el laminado es visible. Asimismo, debido a que los almidones de las distintas especies cuentan con características moleculares distintas, el arreglo de los anillos o láminas de crecimiento se puede proyectar de manera desigual entre ellos.

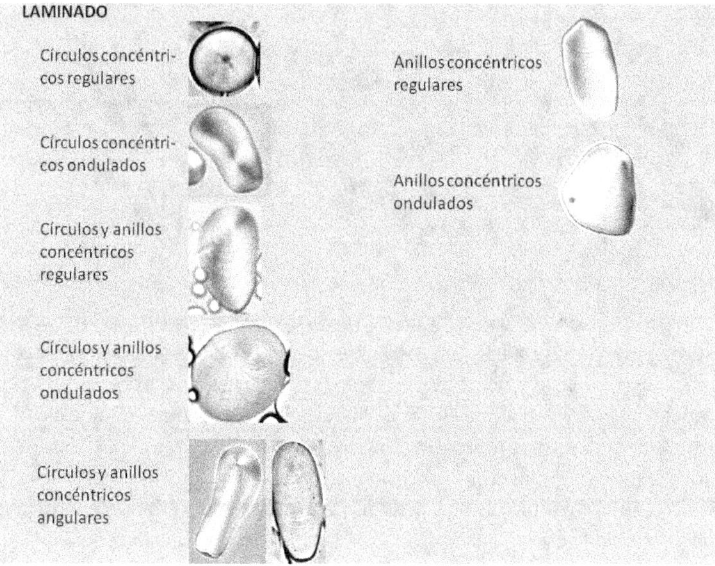

Largo, ancho y/o diámetro

Esta característica provee información valiosa ya que algunos géneros, o especies de un mismo género, parecen diferenciarse de otras únicamente por las dimensiones de los gránulos (e.g., *Phaseolus* spp.). Esta variable se reporta con la unidad *micras* (=μm o una millonésima parte de un metro). Los gránulos esféricos son documentados por la medida de su diámetro mientras que el resto de formas se miden en largo y ancho con base en la medida mínima y máxima en gránulo.

Estructura

Consiste únicamente de dos variantes. Estas son: estructura compuesta o estructura simple. Los gránulos observados pueden ser estructuras simples que poseen formas más o menos regulares dentro de cada especie, o pueden ser estructuras que unidas conforman un almidón compuesto. Es necesario aclarar que muchos gránulos que se registran como simples son cuerpos o fragmentos que pueden formar estructuras compuestas. Por lo tanto, para efectos de este trabajo se consideran como gránulos simples aquellos que están constituidos por un sólo cuerpo aun cuando éstos posean múltiples facetas de presión como en el género *Xanthosoma*. Los gránulos compuestos deben estar necesariamente constituidos por dos o más gránulos simples.

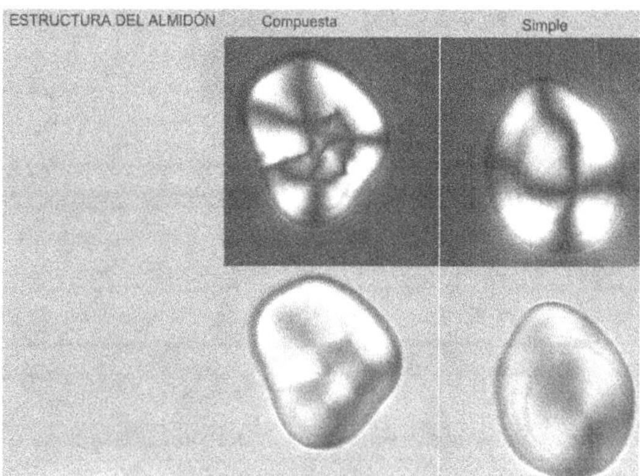

Cavidad o fisura

En la mayoría de las especies los gránulos pueden presentar esta variable, la cual resulta ser diagnóstica en algunos casos. Generalmente se ubica donde se encuentra el hilum. Aunque no todos los gránulos analizados presentan este elemento, sí puede ser muy frecuente en algunas especies. En ciertos especímenes, las fisuras son marcadamente homogéneas, pero en otros puede haber relativa variabilidad.

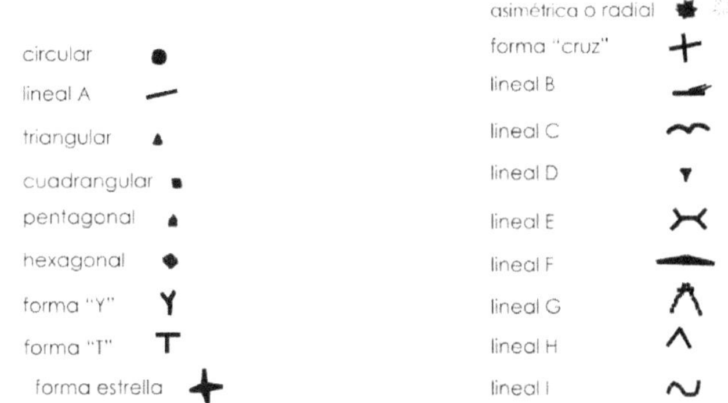

Margen

Con esta variable se busca registrar el efecto visual de las facetas de presión cuando se encuentran en los márgenes de algunos gránulos, principalmente cuando los gránulos son cuerpos simples. Se utiliza también para describir las características del margen en almidones regulares como son las formas circulares, ovaladas, elípticas, etc. Este elemento, al combinarse con otras variables, puede ser diagnóstico en algunas especies.

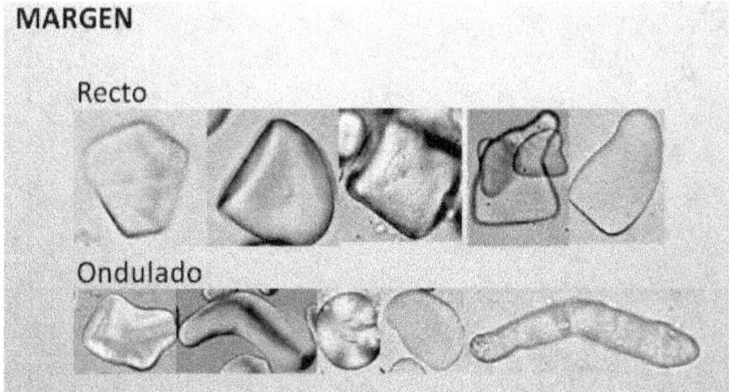

Borde

Esta variable fue creada para registrar diferencias en las líneas externas que delimitan los gránulos, principalmente entre especies de un mismo género o razas y variedades dentro de una misma especie.

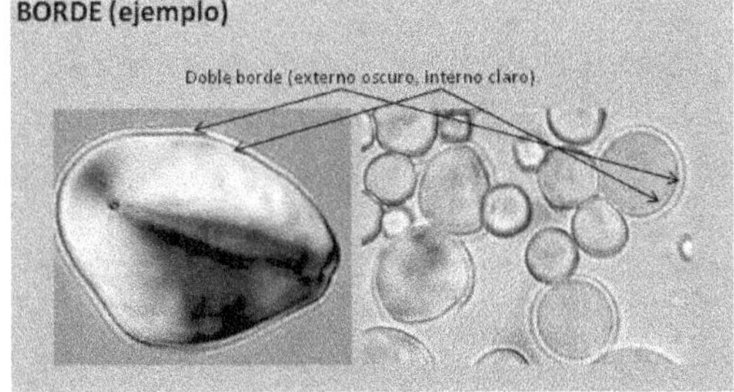

Los almidones son cuerpos semicristalinos y su estructura molecular es altamente ordenada. Por lo tanto, los gránulos son birrefringentes cuando son observados con microscopía polarizada (Gott et al. 2006). En estas condiciones, los almidones se proyectan de color blanco brillante generando dos bandas (o brazos) oscuras que conforman lo que se conoce como cruz de extinción (i.e., cruz de malta, cruz de polarización, cruz de interferencia). La mayoría de los gránulos de almidón cuentan con estas propiedades de polarización generando cruces de extinción que en ocasiones son características o representativas del género o especie del órgano vegetal de origen. Se han creado variantes de cruces de extinción céntrica y excéntrica otorgándole énfasis a las características de las bandas o brazos que las conforman.

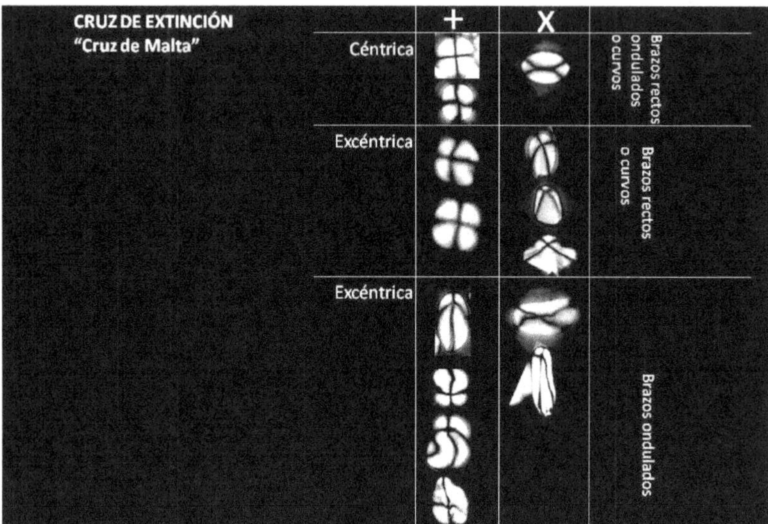

Descripción morfométrica de los almidones modernos

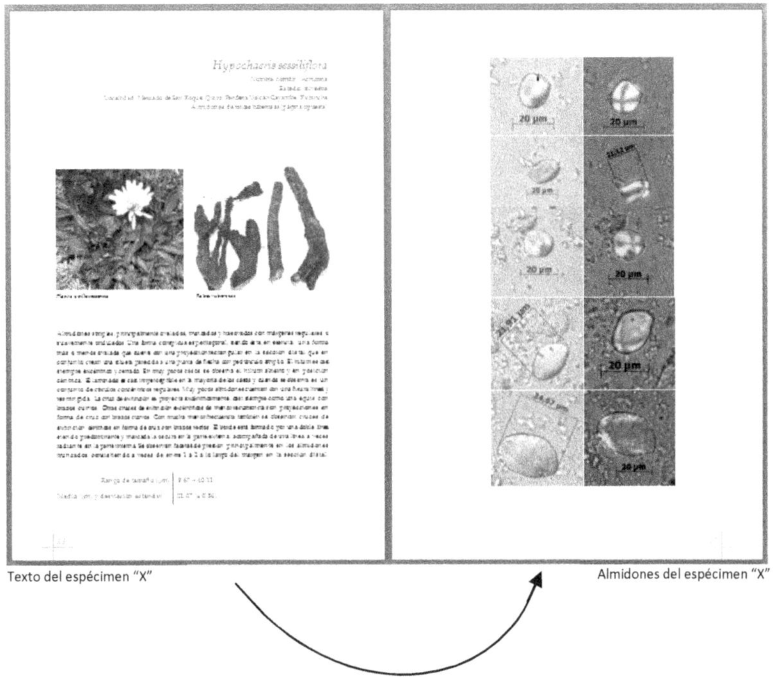

Texto del espécimen "X"   Almidones del espécimen "X"

Las páginas de esta sección se han organizado como se muestra en el ejemplo de arriba. Al abrir la guía, el lector podrá apreciar la información textual y microfotográfica de un mismo espécimen. Los distintos especímenes que se describen han sido colocados en orden alfabético según el nombre de las familias a las que corresponden. Siempre que ha sido posible, en la página del lado izquierdo se han colocado imágenes originales de las plantas y de los órganos de interés. Los nombres comunes de las plantas, o de los órganos, fueron asignados según las formas en que los agricultores o los vendedores con quienes se trabajó las conocen. En otros casos, ante la ausencia de nombres comunes, se recurrió a la literatura botánica del Ecuador o de países limítrofes para buscar el nombre común más aceptado de los especímenes.

En la página del lado derecho, las microfotografías de los almidones se han organizado en dos columnas. La columna izquierda exhibe los almidones en luz polarizada y en campo claro, mientras que la columna derecha muestra los mismos almidones en luz polarizada, pero en campo oscuro. En aquellos casos en los que todas las microfotografías son en campo claro, debe entenderse que los almidones no reflejaron cruz de extinción, o que se le dio énfasis al campo claro por brindar información visual relevante. Las escalas de las microfotografías son en micras (µm). Cuando alguna de estas imágenes no tenga escala entiéndase que la microfotografía contigua cuenta con una escala que podrá utilizarse como referencia.

Alismataceae

Hojas

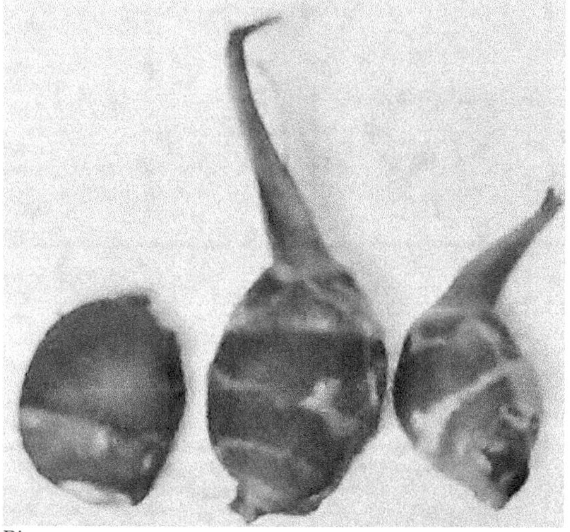

Rizomas

Almidones principalmente ovalados con márgenes ondulados suaves. Otras formas son trasovadas con la sección distal redondeada. Minoritariamente se encuentra la forma truncada con margen recto en la sección distal. Los almidones son predominantemente estructuras simples, aunque un porcentaje muy bajo consiste en almidones compuestos por hasta dos gránulos. El hilum es mayormente abierto, pocas veces es cerrado y casi siempre es excéntrico. El laminado es generalmente tenue y consiste, en la mayoría de los casos, de un conjunto de círculos concéntricos regulares. En menor medida es un conjunto de círculos concéntricos ondulados. Muy pocos almidones cuentan con fisuras, siendo la principal una fina línea transversal sobre el hilum. Se observan con poca frecuencia las fisuras en forma de H o en forma de T. La cruz de extinción se proyecta excéntricamente, casi siempre como una cruz con brazos ondulados. Otras cruces de extinción céntricas se proyectan como equis con brazos ondulados. Con poca frecuencia también se observan cruces de extinción en forma de equis y en posición excéntrica. El borde de los almidones está formado por una doble línea, siendo oscura la externa y radiante la interna. Estos almidones no cuentan con facetas de presión.

Rango de tamaño (μm)	4.62 – 26.83
Media (μm) y desviación estándar	14.75 (± 5.8)

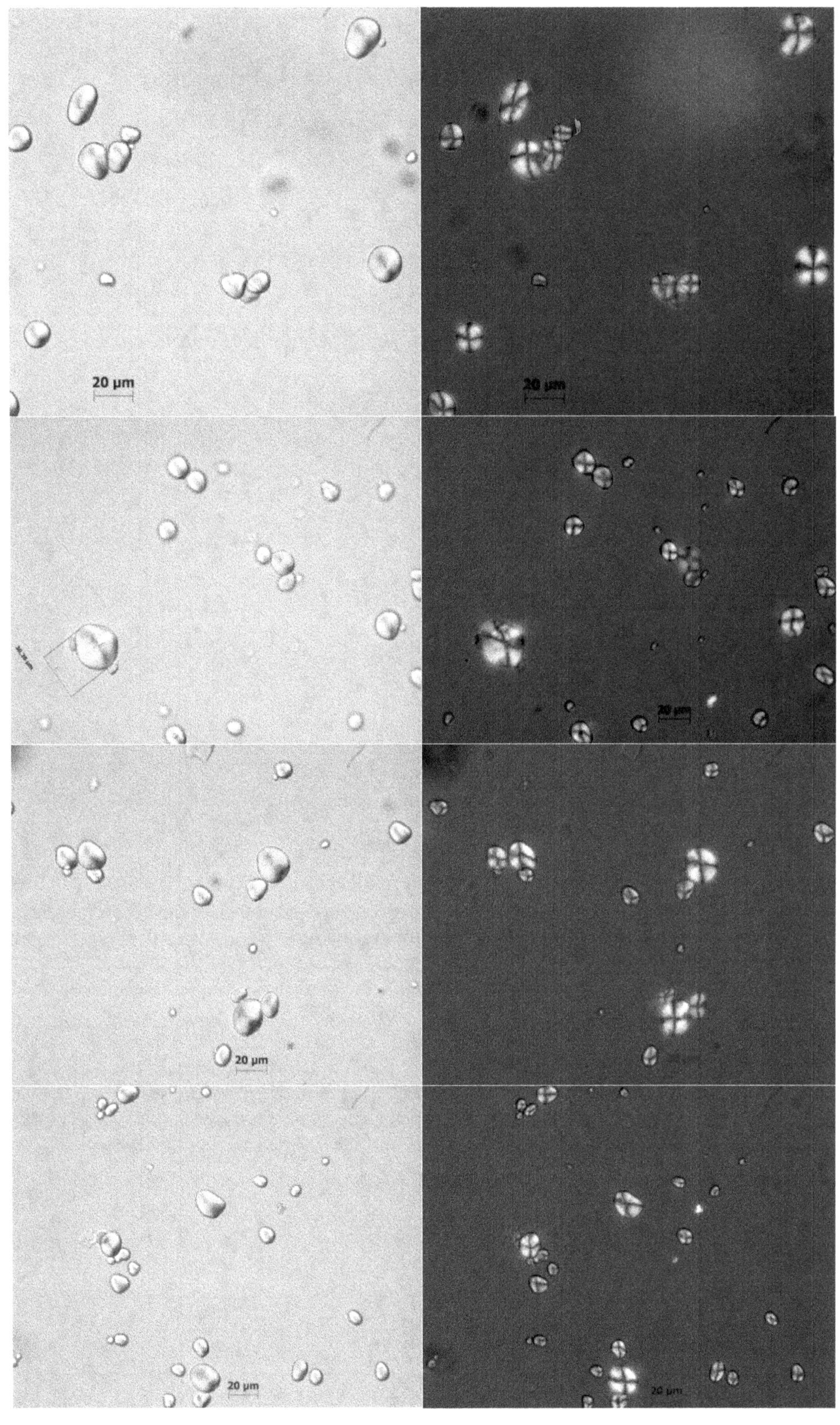

Amaranthaceae

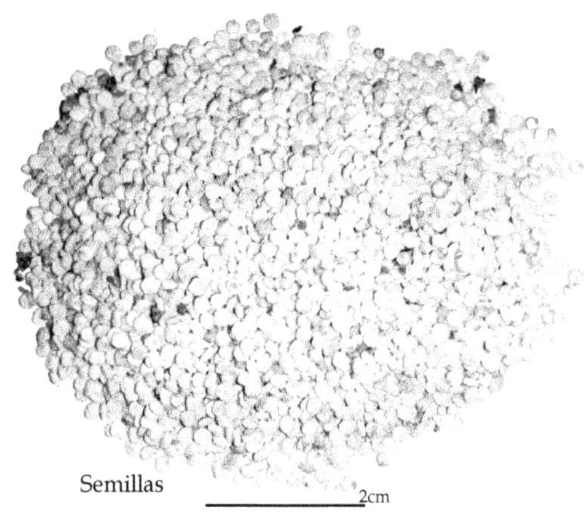

Cuando son cuerpos simples, las formas de los almidones son típicamente irregulares, entre ellas truncadas, pentagonales ovaladas irregulares. La mayoría de las veces los almidones son estructuras compuestas y complejas formadas por entre uno y cinco pequeños gránulos unidos. Esta característica es muy marcada y consistente, siendo posiblemente un rasgo distintivo de los almidones de la especie. Por el pequeño tamaño de los almidones, el hilum pocas veces es perceptible, aunque al observarse es mayormente abierto y céntrico. No se observa laminado y las fisuras son generalmente líneas transversales ubicadas en el área del hilum. La cruz de extinción es casi siempre una cruz céntrica con brazos rectos en los cuerpos individuales. En ocasiones la cruz es céntrica o ligeramente excéntrica con dos brazos curvos. El borde es una doble línea y predomina una oscura en la parte externa acompañada de una línea clara, aunque poco visible, en la parte interna. Son frecuentes 1 o 2 pequeñas facetas de presión en aquellos almidones truncados o pentagonales simples. Abajo, el rango de tamaño une almidones simples y compuestos, aunque el tamaño más común de los almidones compuestos (los más frecuentes en la muestra) oscila entre las 7 y 12μm.

Rango de tamaño (μm)	4.2 – 13.8
Media (μm) y desviación estándar	9.25 (± 2.36)

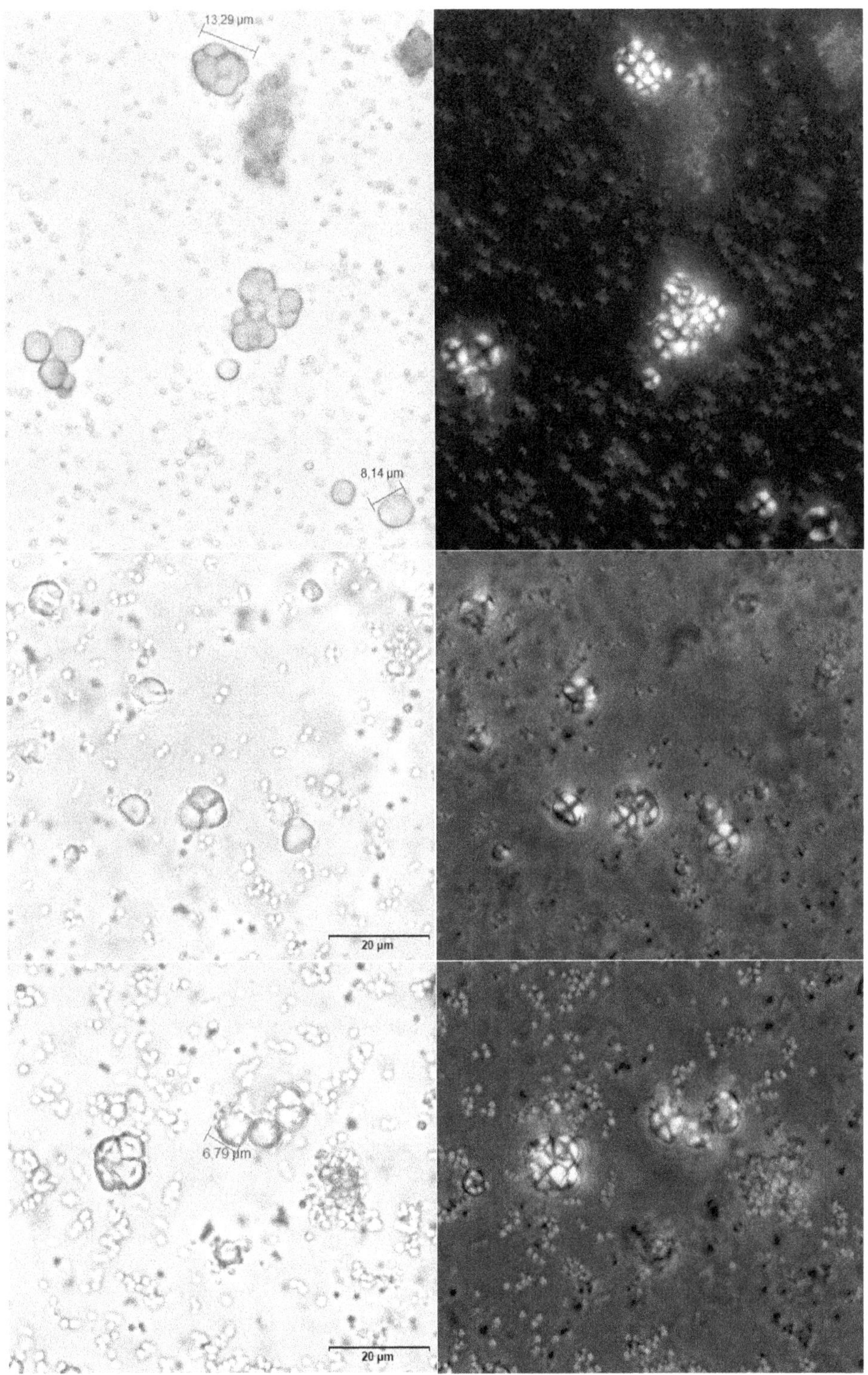

Amaryllidaceae

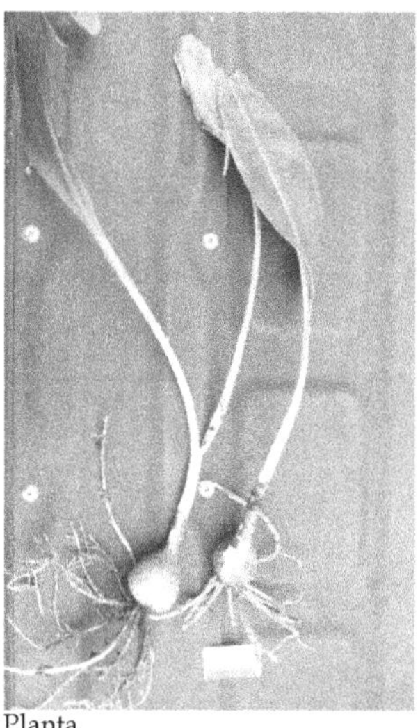

Planta

Bulbos

Almidones principalmente ovalados con márgenes ondulados suaves. Entre las variantes ovaladas, una de las más conspicuas es la ovalada "oruga". Otra forma recurrente es la circular y con mucha menor frecuencia se distinguen formas trasovadas y triangulares de ángulos obtusos. Estos almidones son tanto estructuras simples como compuestas, siendo las estructuras compuestas las menos frecuentes, aunque relativamente comunes en las cuales se agrupan hasta tres gránulos para constituir un almidón. El hilum es casi siempre imperceptible y excéntrico, y en los pocos casos observados es mayormente cerrado; infrecuentemente abierto. El laminado es muy marcado y consiste generalmente en conjuntos de círculos concéntricos regulares y en conjuntos de círculos concéntricos ondulados. Muy pocos almidones cuentan con fisuras, siendo la principal una fina línea transversal o longitudinal sobre el hilum, o en la unión de dos granos que se constituyen como almidones compuestos. La cruz de extinción se proyecta excéntricamente, casi siempre como una equis con brazos curvos. Otras cruces de extinción excéntricas menos representadas son las proyectadas en forma de equis con brazos ondulados y con brazos rectos. Con mucha menor frecuencia también se observan cruces de extinción céntricas en forma de equis con brazos rectos u ondulados. El borde está formado por una doble línea, siendo predominante y marcada la oscura en la parte externa, acompañada de una línea a veces radiante en la parte interna. No se observan facetas de presión, ni asociadas a los almidones compuestos.

Rango de tamaño (μm)	6.18 – 70.17
Media (μm) y desviación estándar	29.47 (± 14.34)

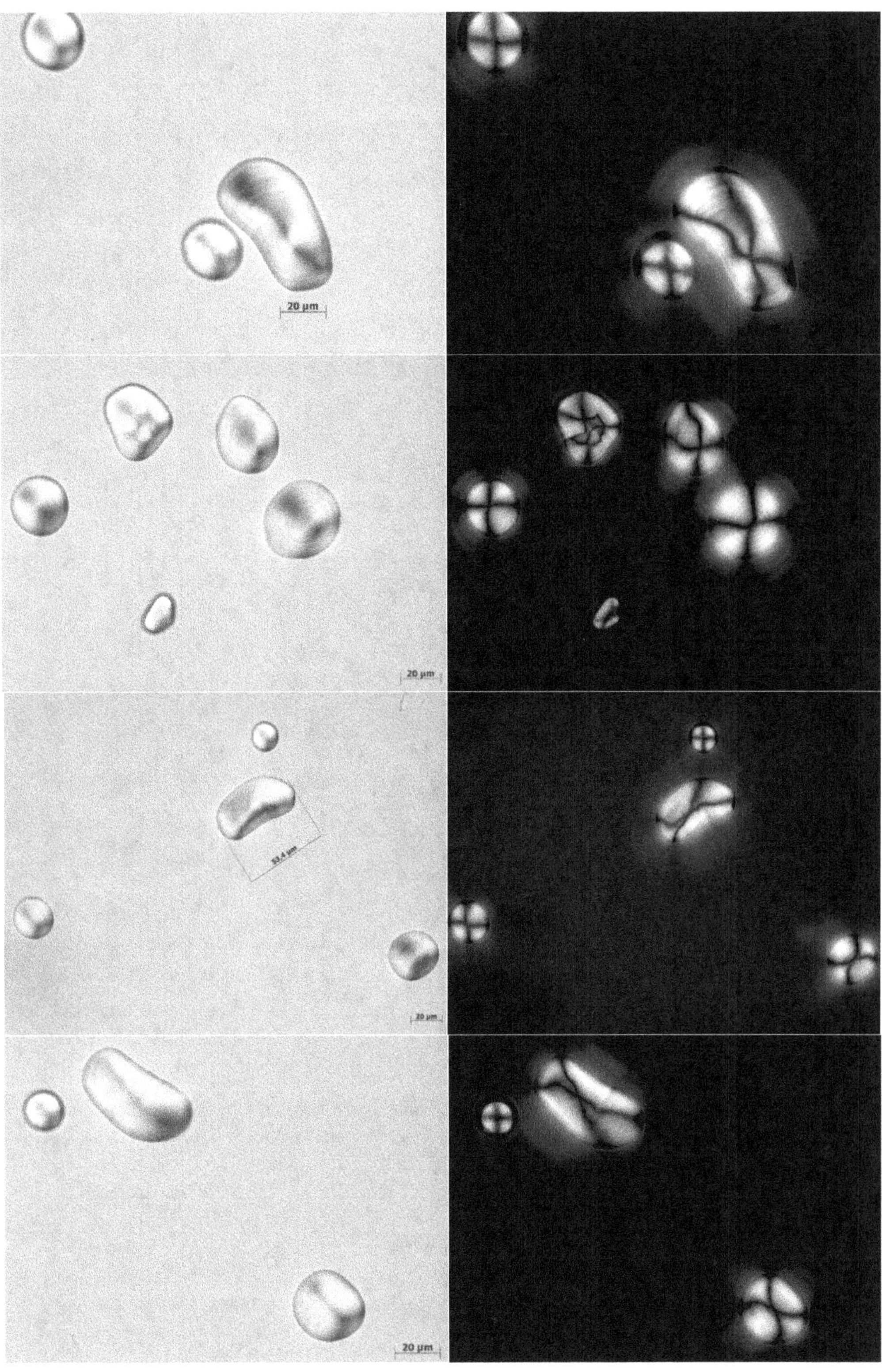

Araceae

Hojas

Inflorescencia

Fragmento de cormo

Almidones casi siempre simples (muy pocos son compuestos), típicamente elípticos y oblanceolados muy estrechos, con márgenes ligeramente ondulados. Formas pocas veces ovaladas o triangulares con ángulos obtusos. El hilum es excéntrico, poco visible y cerrado. El laminado, consistente en anillos concéntricos regulares, es visible en los almidones de mayor tamaño. No se observan fisuras. La cruz de extinción es excéntrica en forma de equis y con brazos ondulados. En menor frecuencia se observan cruces de extinción excéntricas, en forma de cruz y con brazos ondulados. El borde es una doble línea, oscura en la parte externa y clara en la interna, aunque resalta siempre la línea oscura. Son infrecuentes las facetas de presión y se observan, principalmente en unos pocos almidones oblanceolados y triangulares.

Rango de tamaño (µm)	6.02 – 28.25
Media (µm) y desviación estándar	15.92 (± 6.63)

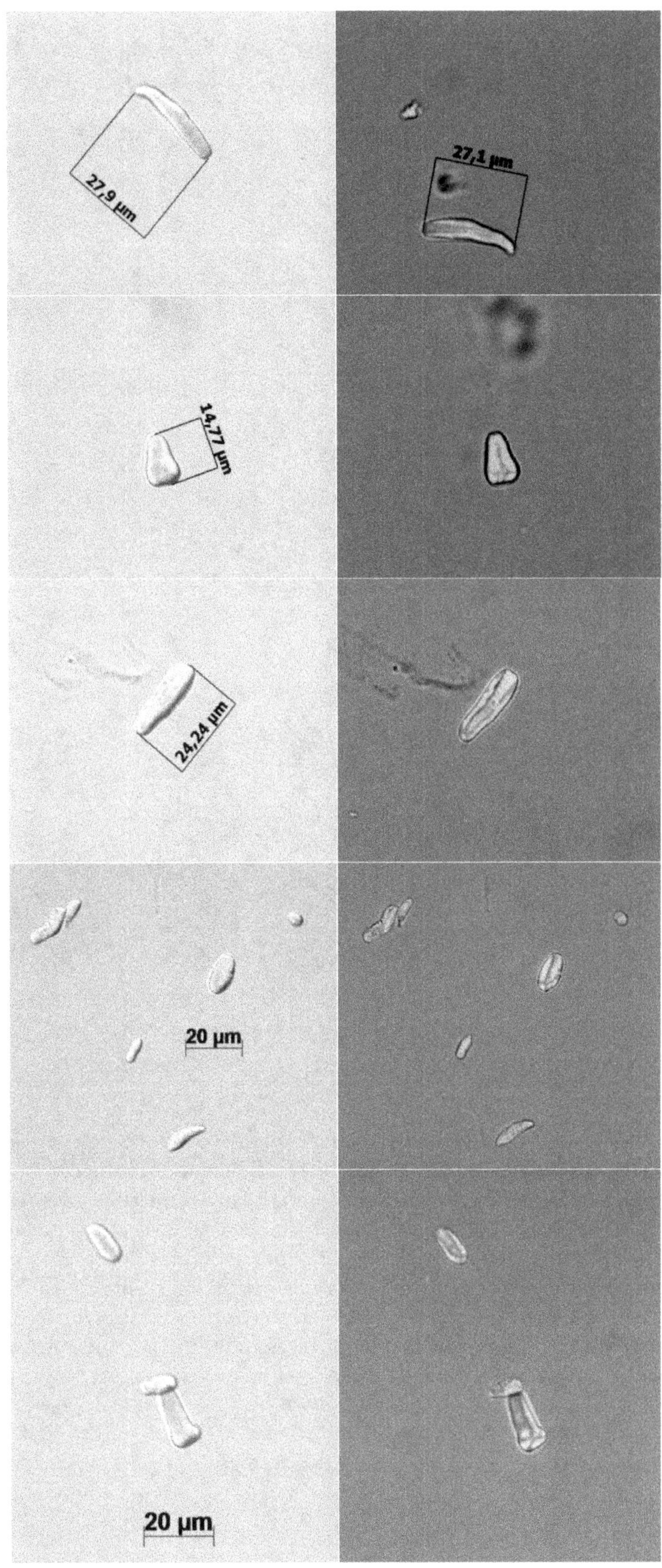

27,9 µm
27,1 µm
14,77 µm
24,24 µm
20 µm
20 µm

Araceae

Xanthosoma cf. *daguense* (2.2)

Nombre común: sango
Estado: silvestre
Localidad: Río Verde, Tungurahua
Almidones de cormos

Planta y cormos   Cormos

Almidones marcadamente poligonales, predominando las formas truncadas, triangulares, pentagonales y cuadrangulares. Muy pocas veces ovalados o circulares. El hilum es céntrico, abierto y frecuentemente visible en cualquiera de las formas observadas. No hay laminado visible y las fisuras son casi inexistentes. Se observa en muy pocos casos diminutas líneas transversales o longitudinales sobre el hilum. La cruz de extinción es mayormente céntrica, en forma de cruz y con brazos tanto rectos, como ondulados. En menor frecuencia se observan cruces de extinción excéntricas en forma de equis o cruz con brazos rectos y ondulados. El borde consiste en una doble línea, siendo oscura la externa y clara, radiante, la interna. Son muy comunes las facetas de presión (facetas evidentes) y los puntos de flexión (facetas aparentes) en la sección distal, notándose entre 1 a 4.

Rango de tamaño (µm)	4.51 – 15.85
Media (µm) y desviación estándar	11.13 (± 2.87)

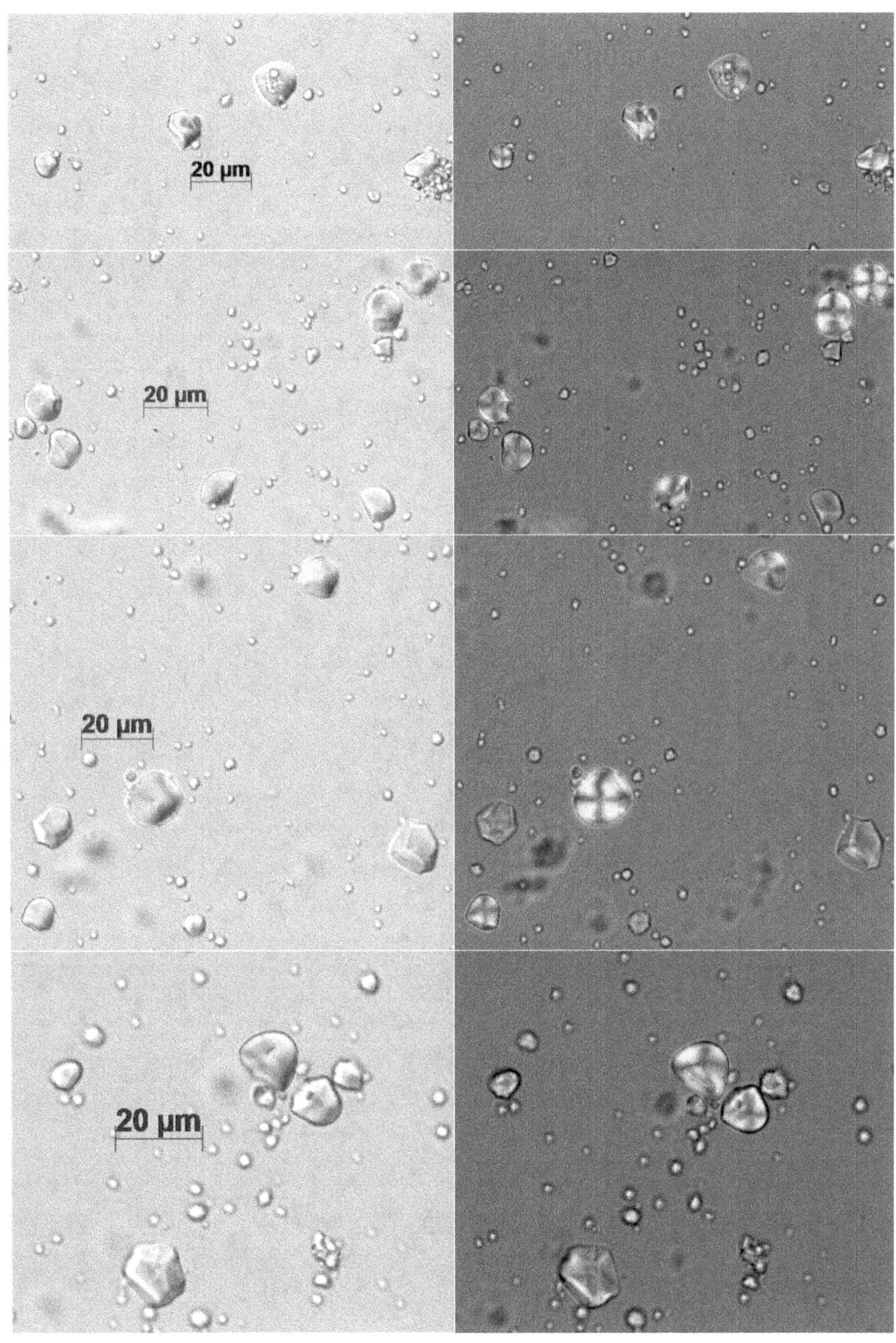

20 µm
20 µm
20 µm
20 µm

Araceae

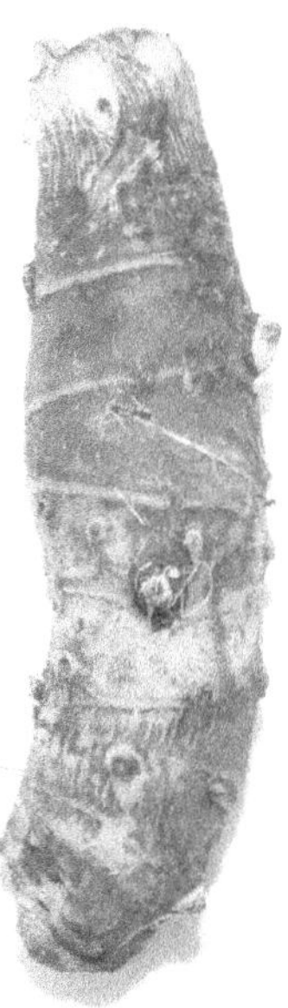

Almidones predominantemente simples (muy pocos almidones compuestos), principalmente ovalados tipo oruga, ovalados regulares, trasovados y elípticos con márgenes ondulados suaves. El hilum es imperceptible, aunque por la cruz de extinción observada en muy pocos casos éste es casi siempre excéntrico. No hay laminado visible, ni fisuras. La cruz de extinción es mayormente excéntrica, en forma de equis y con los brazos ondulados. El borde consiste en una doble línea, oscura la externa y clara la interna, aunque resalta siempre la línea externa oscura. No se observan facetas de presión.

Rango de tamaño (µm)	3.91 – 16.76
Media (µm) y desviación estándar	11.19 (± 3.78)

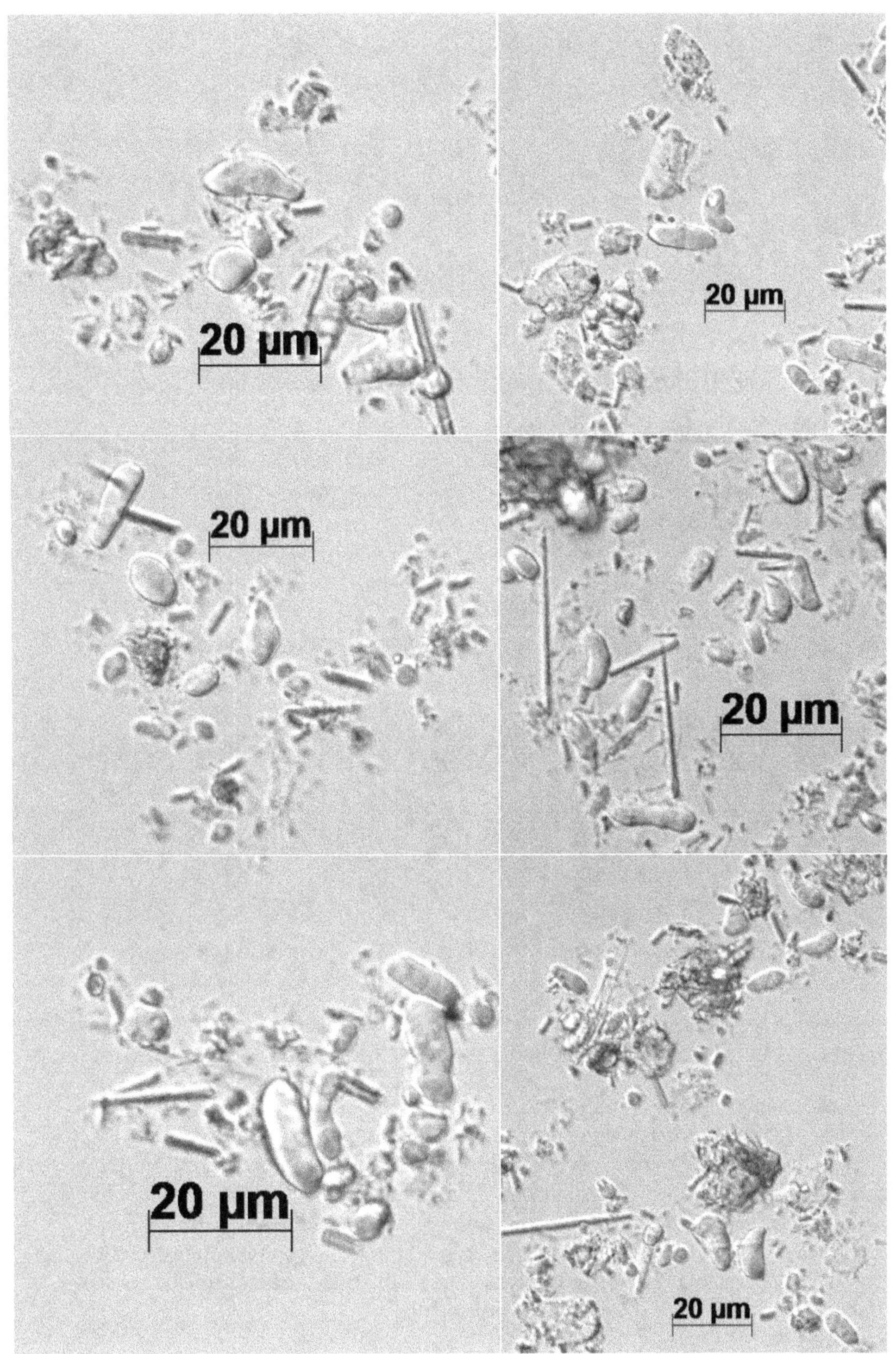

Arecaceae

Plantas (poblado indígena Tacana, Colombia). Cortesía del Dr. Charles Clement.

Frutos (los pequeños [medio] son de *B. gasipaes* var. *chichagui* tipo 3. Los demás frutos son de variedades domésticas de *B. gasipaes*). Cortesía del Dr. Charles Clement.

Almidones simples, mayormente circulares, truncados y ovalados con alguna presencia de formas poligonales simples (triangulares, cuadrangulares) que indican la posible existencia de almidones compuestos. El hilum es abierto y muy común, encontrándose invariablemente en posición céntrica y excéntrica. No son evidentes, ni el laminado, ni las fisuras. La cruz de extinción es muy difusa siendo imposible distinguir las variantes presentes. El borde es una doble línea, oscura en la parte externa y clara en la interna; a veces es prominente. Las facetas de presión, entre 1 a 2, son comunes, aunque solo en algunos pocos almidones triangulares, cuadrangulares y truncados. Se observan también puntos de flexión (facetas aparentes) en pocos almidones poligonales.

Rango de tamaño (µm)	2.32 – 10.11
Media (µm) y desviación estándar	6.1 (± 2.55)

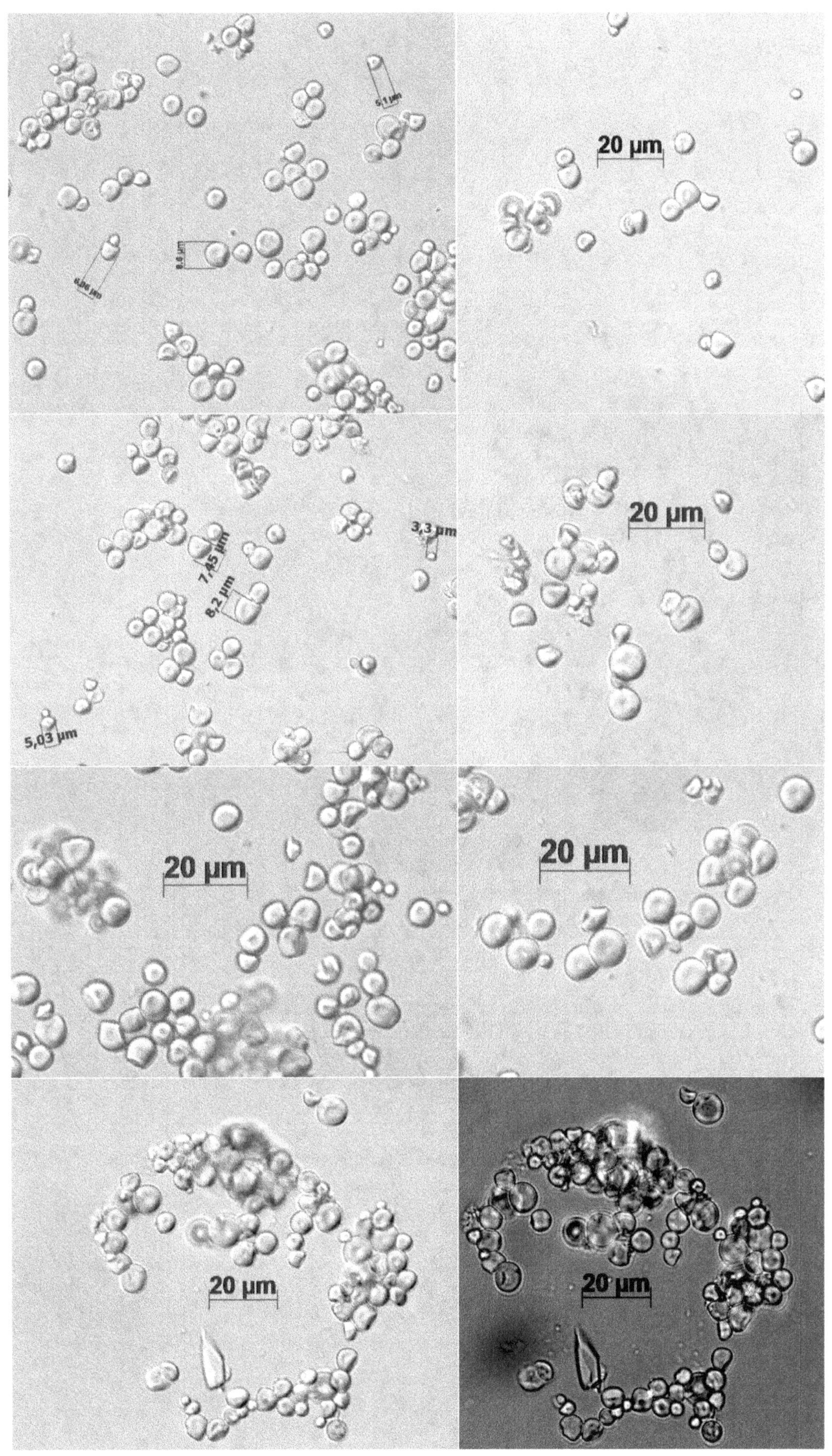

Arecaceae

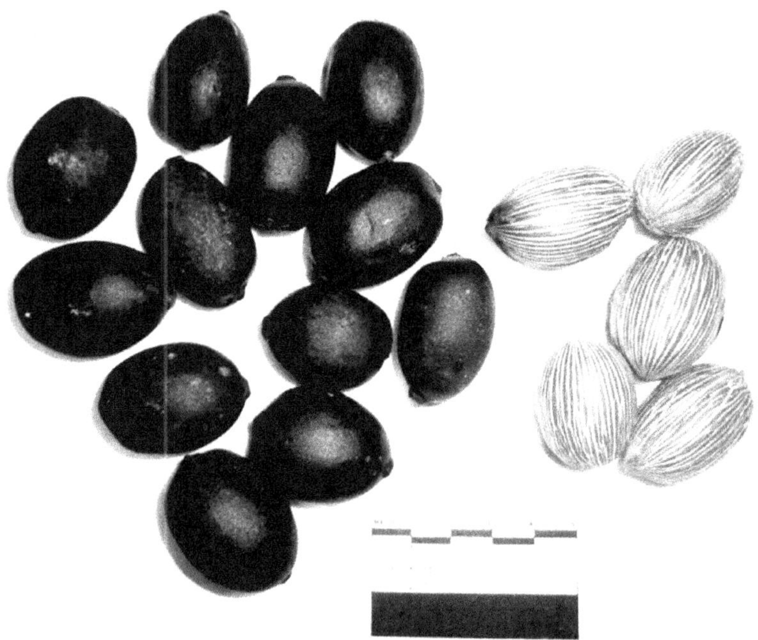

Frutos

Almidones simples, mayormente circulares, truncados y ovalados con hilum abierto y recurrentemente excéntrico. Laminado visible en los cuerpos de mayor tamaño, siendo un conjunto de círculos concéntricos regulares en el cual una lámina, más cerca de la región distal, resalta más que las otras. Casi ningún almidón muestra fisuras, excepto unos pocos almidones ovalados que cuentan con una pequeña y fina línea transversal en la región proximal. La cruz de extinción es radiante, excéntrica en forma de cruz y en forma de equis, con brazos rectos. El borde es una doble línea, oscura en la parte externa y clara en la interna, resultando a veces en una proyección prominente de este rasgo. Solo algunos pocos almidones truncados muestran una simple faceta de presión en la sección distal.

Rango de tamaño (μm)	4.89 – 15.49
Media (μm) y desviación estándar	9.15 (± 2.28)

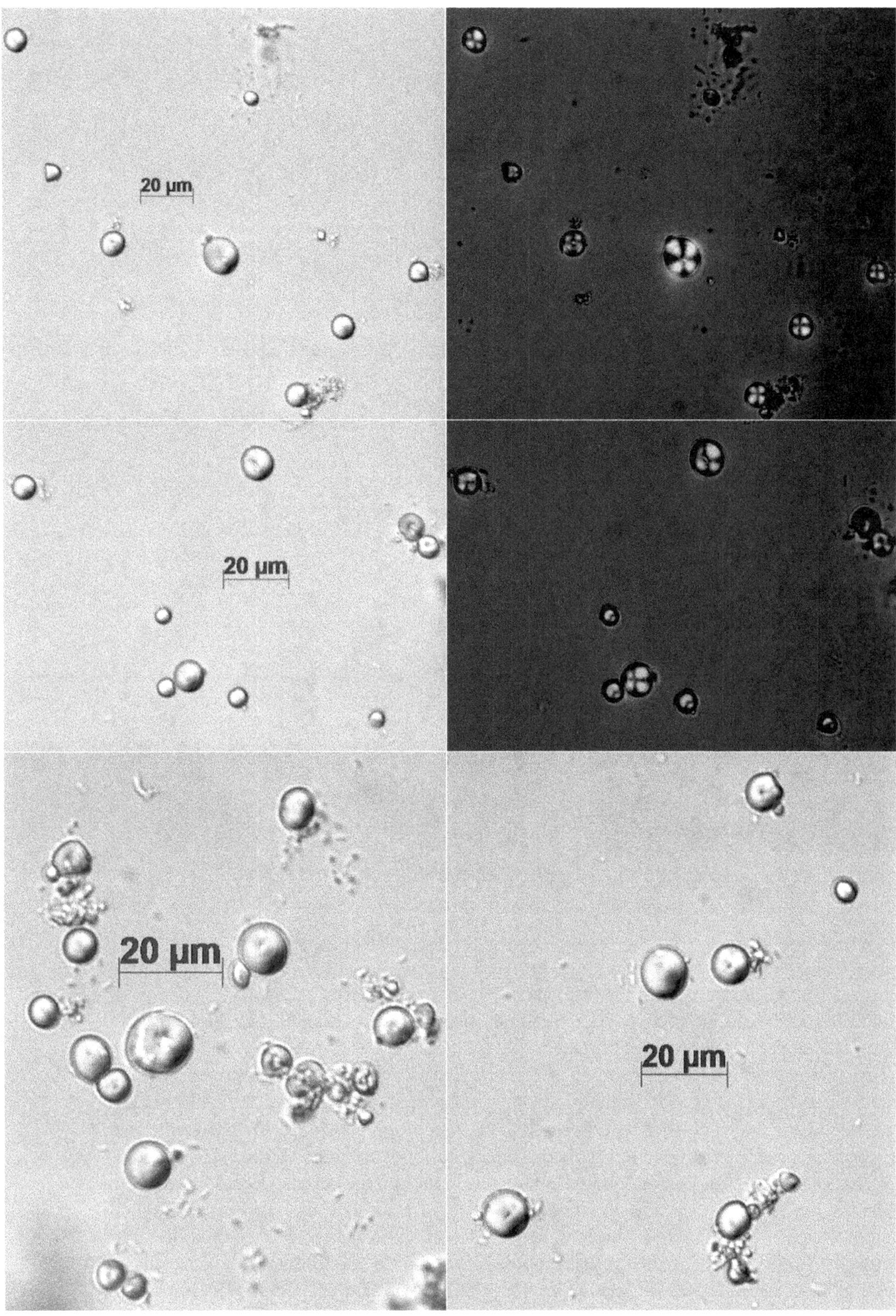

20 µm
20 µm
20 µm
20 µm

Asteraceae

Planta e inflorescencia

Raíces tuberosas

Almidones simples, principalmente ovalados, truncados y trasovados con márgenes regulares o suavemente ondulados. Una forma conspicua es pentagonal, siendo ésta, en esencia, una forma más o menos ovalada que cuenta con una proyección rectangular en la sección distal que en conjunto crean una silueta parecida a una punta de flecha con pedúnculo amplio. El hilum es casi siempre excéntrico y cerrado. En muy pocos casos se observa el hilum abierto y en posición céntrica. El laminado es casi imperceptible en la mayoría de los casos y cuando se observa es un conjunto de círculos concéntricos regulares. Muy pocos almidones cuentan con una fisura transversal y restringida. La cruz de extinción se proyecta excéntricamente, casi siempre como una equis con brazos curvos. Otras cruces de extinción excéntricas de menor recurrencia son proyecciones en forma de cruz con brazos curvos. Con mucha menor frecuencia también se observan cruces de extinción céntricas en forma de cruz con brazos rectos. El borde está formado por una doble línea, siendo predominante y marcada la oscura en la parte externa, acompañada de una línea a veces radiante en la parte interna. Se observan facetas de presión principalmente en los almidones truncados, consistiendo a veces de entre 1 a 2 a lo largo del margen en la sección distal.

Rango de tamaño (µm)	9.67 – 40.11
Media (µm) y desviación estándar	21.07 (± 8.86)

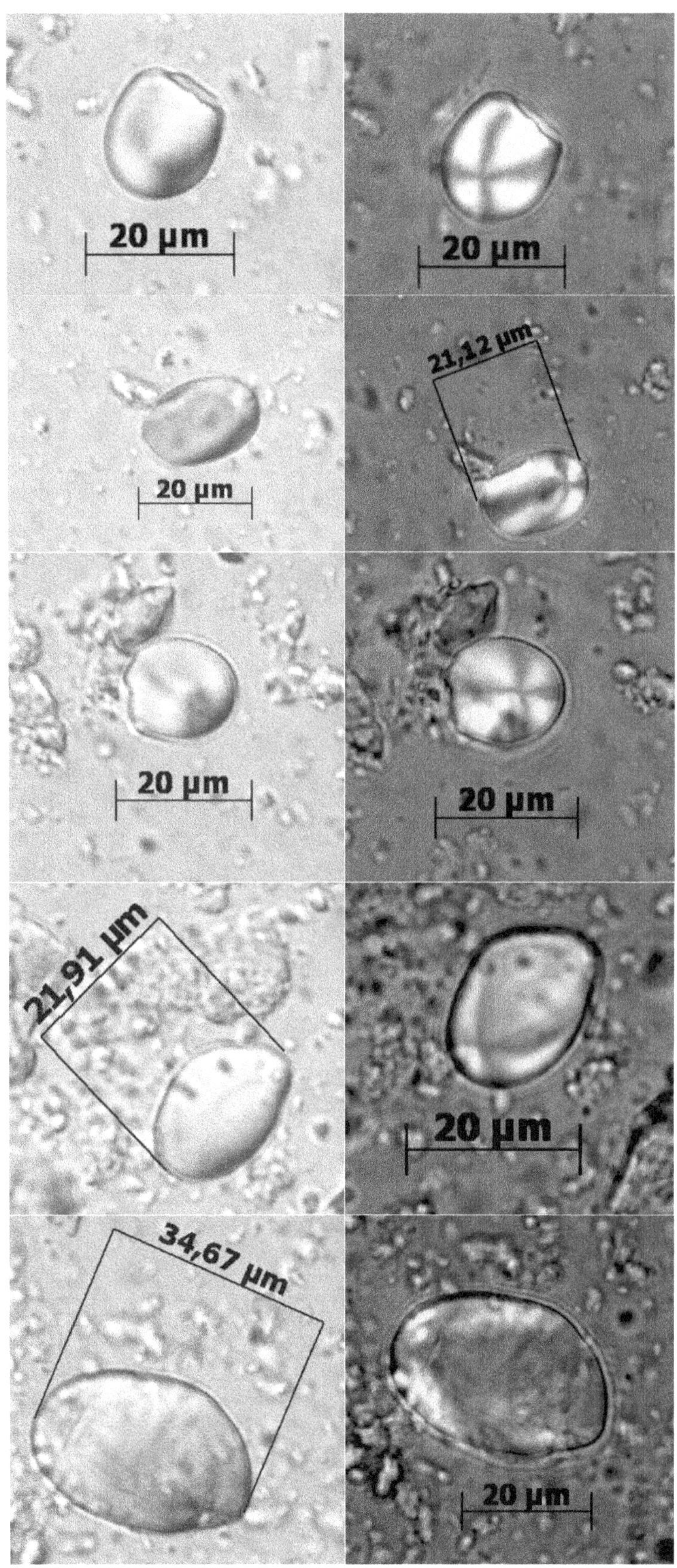

20 µm
20 µm
20 µm
21,12 µm
20 µm
20 µm
21,91 µm
20 µm
34,67 µm
20 µm

Basellaceae

Ullucus tuberosus, a

Nombre común: Melloco (amarillo moteado con fucsia)
Estado: cultivado
Localidad: Mercado de Santa Clara, Quito
Almidones de tubérculos

Tubérculos

Almidones simples, muy pocas veces compuestos, principalmente ovalados con margen ondulado abrupto en uno de sus lados. Otras formas son ovaladas regulares, con margen ligeramente ondulado y las formas triangulares y trasovadas regulares, con ángulos obtusos suaves. Muy pocos casos, sobre todo los almidones más pequeños, son de formas circulares. Algunos pocos almidones ovalados con margen ondulado abrupto son estructuras compuestas por más de un gránulo, siendo uno de ellos de gran tamaño y al cual otro gránulo pequeño, a veces dos, se le adhiere en su sección distal. El hilum es casi siempre excéntrico, y mayormente cerrado. El laminado, junto a las formas de almidón ovaladas con margen ondulado abrupto, es característico de la especie, siendo la variante de círculos y anillos concéntricos ondulados recurrente en la totalidad de los almidones con este rasgo visible. Algunos pocos almidones, principalmente los de mayor tamaño, pueden ostentar una fina y pequeña fisura lineal (longitudinal o transversal) en la sección proximal. La cruz de extinción es conspicua, siendo la variante excéntrica en forma de equis con brazos ondulados la que predomina. En este caso al menos dos de los brazos, en su sección más lejana del hilum, proyectan una fuerte ondulación. Otra variante documentada es la excéntrica en forma de cruz con brazos ondulados. El comportamiento de dos de los brazos en su sección más lejana al hilum es similar a lo descrito anteriormente. El borde es una doble línea, oscura la externa y clara la interna, aunque a veces el microscopio puede refractar tres líneas brillantes, dos oscuras y una radiante entre ellas. No se observan facetas de presión.

Rango de tamaño (µm)	4.66 – 58.72
Media (µm) y desviación estándar	32.23 (± 13.13)

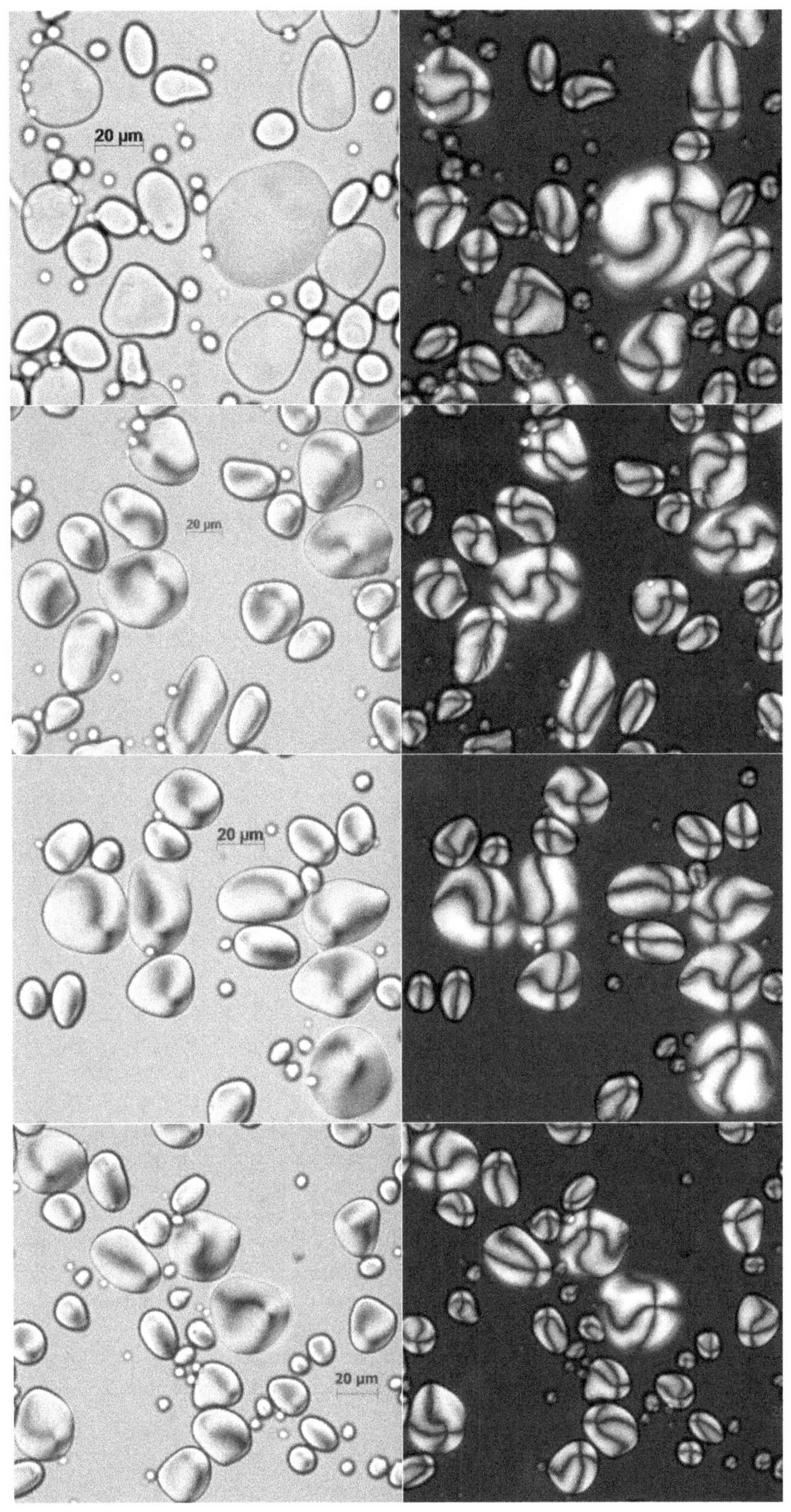

Basellaceae

Tubérculos

Almidones simples (la mayoría) y compuestos, principalmente ovalados, con margen ligeramente ondulado. Otras formas menos frecuentes son ovaladas con margen ondulado abrupto. Existen pocos almidones con formas triangulares, truncadas y ovaladas, contando con ángulos muy suaves y obtusos. Los almidones más pequeños generalmente son circulares. Algunos almidones ovalados, trasovados o triangulares grandes están constituidos por más de un gránulo, uno grande y otro pequeño adherido a su región distal, o en uno de sus ejes longitudinales. El hilum es cerrado, casi imperceptible y se ubica excéntricamente. El laminado es tenue y a veces no se distingue en algunos almidones grandes. Cuando se le observa son indistintamente conjuntos de círculos y anillos concéntricos regulares o círculos y anillos concéntricos ondulados. En muy pocos casos es perceptible una fina y pequeña fisura lineal (transversal o longitudinal) en la sección proximal. La cruz de extinción es generalmente excéntrica en forma de equis y con brazos suavemente ondulados. En pocos casos los brazos son fuertemente ondulados en la sección más lejana (distal) del hilum. Otras variantes menos frecuentes son la forma de cruz excéntrica con brazos ondulados o rectos. El borde es una doble línea, oscura la externa y clara la interna. Estas dos líneas tienden a ser radiantes. Existen pocos casos donde se observan facetas de presión (1 a 2) en el margen de la sección distal, principalmente en almidones con formas truncadas o triangulares.

Rango de tamaño (µm)	3.14 – 43.24
Media (µm) y desviación estándar	22.93 (± 8.5)

Basellaceae

Ullucus tuberosus, c

Nombre común: Melloco (rosado)
Estado: cultivado
Localidad: Mercado de Otavalo, Imbabura
Almidones de tubérculos

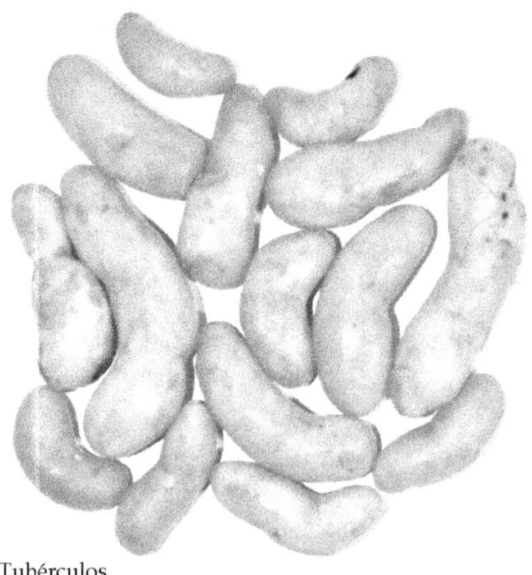

Tubérculos

Almidones simples (la mayoría) y compuestos, principalmente ovalados o trasovados expandidos (hinchados) con margen distal ondulado. Otras formas comunes, aunque poco recurrentes, son la truncada, la triangular y la oblanceolada, siendo ellas formas expandidas o "hinchadas" en su sección proximal. Algunos pocos almidones pequeños son de forma circular. Pocos almidones grandes truncados o trasovados están compuestos por más de un gránulo, siendo ambos de similar tamaño. En algunos casos, dos gránulos truncados están unidos en sus respectivas secciones distales. El hilum es casi siempre cerrado, a veces es imperceptible y es mayormente excéntrico. El laminado es tenue, aunque constante en casi todos los almidones consistiendo en conjuntos de círculos y anillos concéntricos ondulados, algo típico de la especie. Casi nunca se observan fisuras en los almidones; cuando algo parecido ocurre, se observa una línea no relacionada con el hilum (área proximal), siendo ésta común en la unión de dos gránulos que constituyen un almidón compuesto. La cruz de extinción es casi siempre excéntrica en forma de equis, con dos de los brazos fuertemente ondulados en su sección más lejana (distal) al hilum. Otros casos muestran cruces de extinción también excéntricas en forma de cruz con brazos suave o fuertemente ondulados en la sección distal. El borde es una línea doble, oscura la externa y clara la interna. Ocasionalmente el borde puede ser radiante. Se observa una faceta de presión únicamente en los pocos almidones de forma truncada "hinchada".

Rango de tamaño (µm)	7.78 – 46.06
Media (µm) y desviación estándar	24.53 (± 8.14)

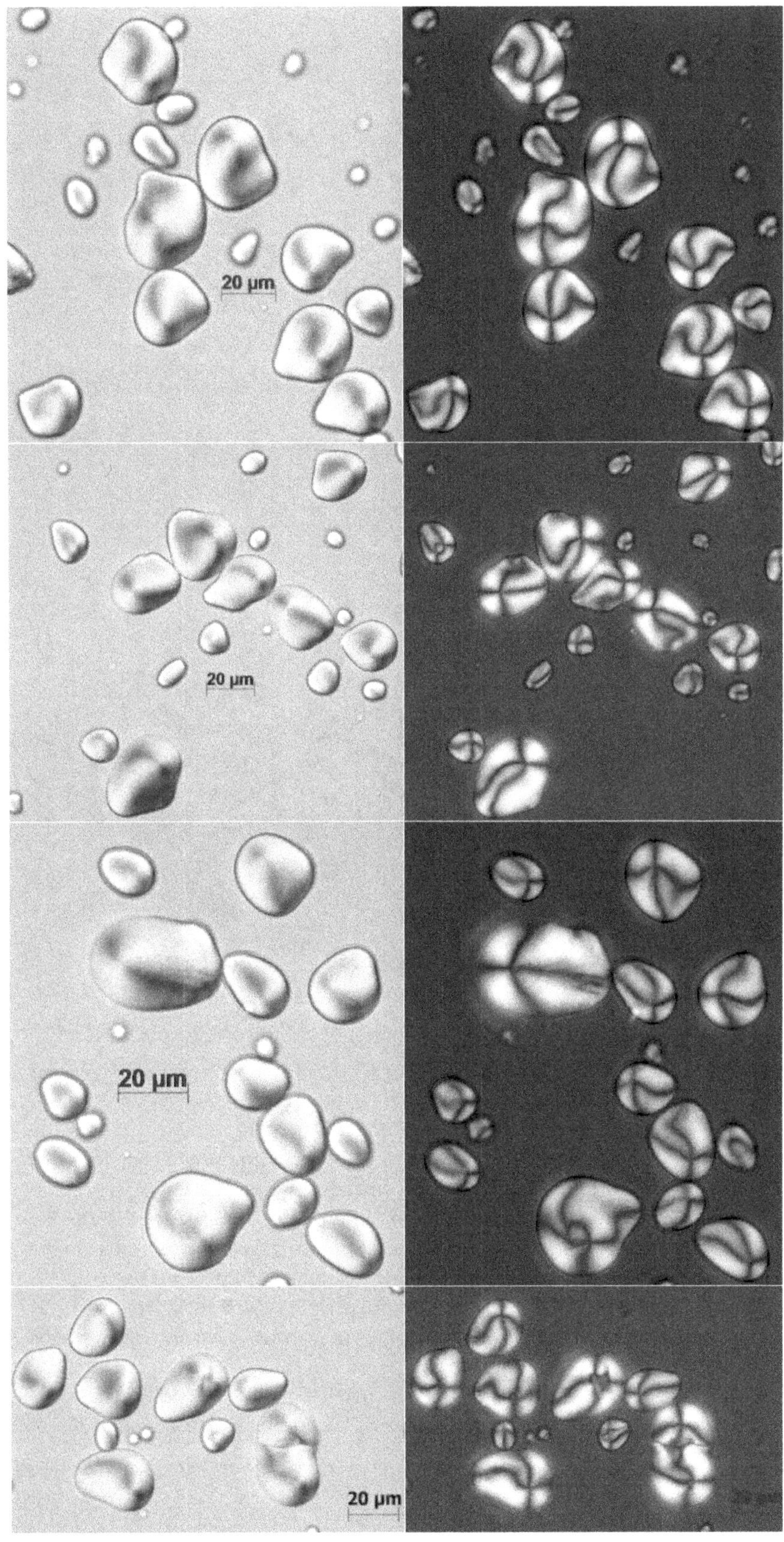

Basellaceae

Plantas

Tubérculos

Almidones mayormente simples, principalmente ovalados anchos, ovalados tipo oruga y trasovados con uno de sus márgenes ligera o abruptamente ondulado; muy pocas veces formas elípticas o triangulares con ángulos suaves obtusos. Algunos almidones simples cuentan con otro gránulo de menor tamaño adherido, siendo los almidones ovalados anchos y tipo oruga en los que ocasionalmente ocurre. El almidón adherido es generalmente truncado y se encuentra en la sección más angosta y distal del almidón grande. No se observan almidones truncados individuales, únicamente adheridos a un gránulo de mayor tamaño. El hilum es tanto cerrado como abierto, es excéntrico y muchas veces imperceptible. El laminado es tenue y constante en la mayoría de los almidones, siendo conjuntos de círculos y anillos concéntricos ondulados. No se observan fisuras reales en la región proximal (sobre el hilum). La cruz de extinción es mayormente excéntrica en forma de equis con brazos ligera o fuertemente ondulados en la sección distal. Otras variantes de cruz de extinción son la excéntrica en forma de cruz o equis con brazos curvos y rectos, respectivamente. El borde consiste en una doble línea, oscura la externa, clara la interna. Predomina la línea oscura. No se observan facetas de presión.

Rango de tamaño (µm)	4.81 – 60.28
Media (µm) y desviación estándar	24.48 (± 14.7)

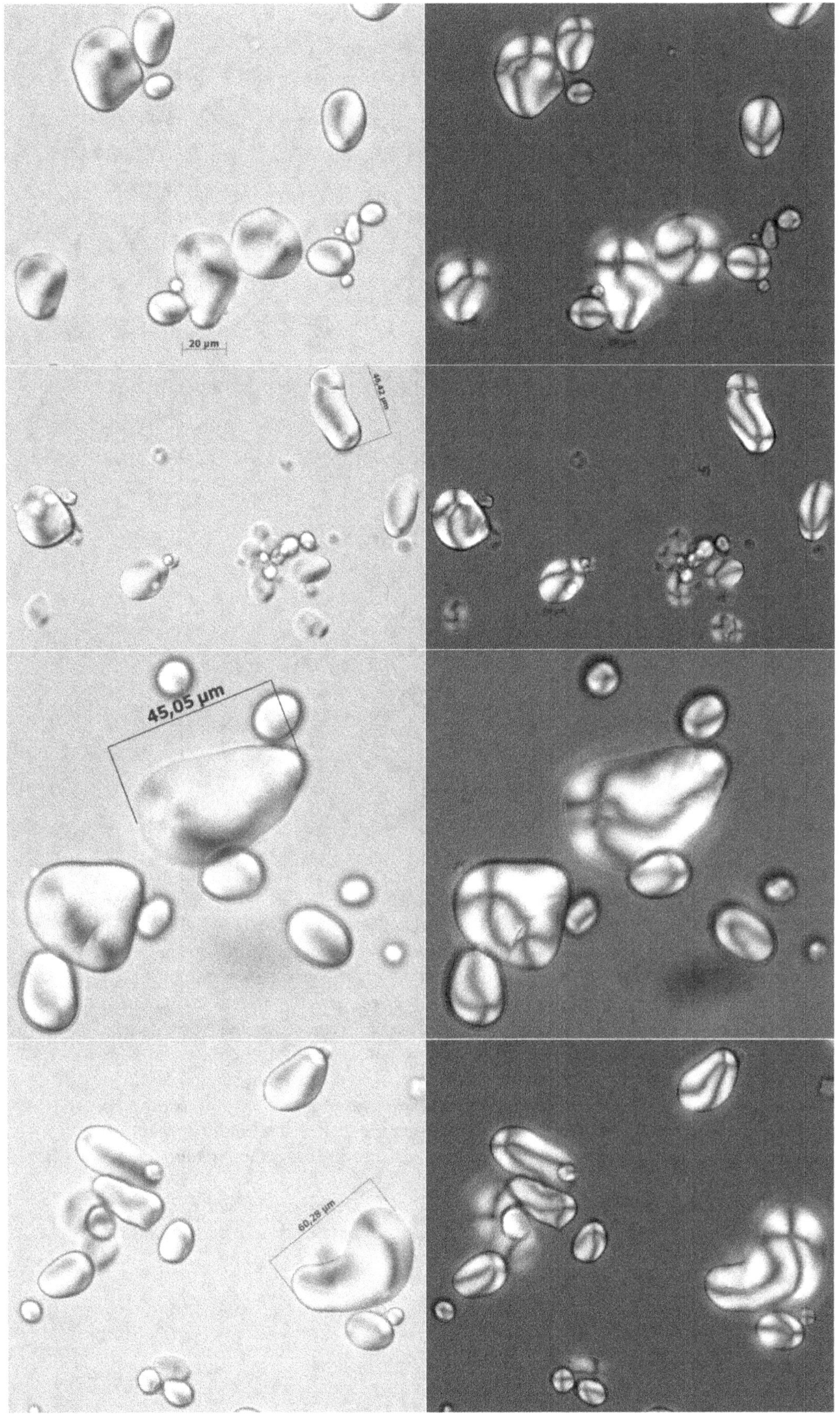

Basellaceae

Ullucus tuberosus, e

Nombre común: Melloco (blanco verdoso redondeado)
Estado: cultivado
Localidad: Mercado de Pelileo, Tungurahua
Almidones de tubérculos

Tubérculos

Almidones mayormente simples, recurrentemente ovalados y con uno de los márgenes ligera o fuertemente ondulado. Otras formas frecuentes son la oblanceolada y la trasovada, igualmente con márgenes ondulados. Las formas triangulares y truncadas son infrecuentes. Pocos almidones son estructuras compuestas. Cuando ocurre, son dos gránulos ovalados unidos por sus márgenes longitudinales. En el caso de los almidones truncados compuestos, éstos se encuentran unidos en sus secciones distales. El hilum es usualmente cerrado y excéntrico; muy pocas veces abierto. El laminado es consistente con otras variedades analizadas, siendo el conjunto de círculos y anillos concéntricos ondulados el más frecuente. Otras variantes de laminado, bastante frecuentes también, son los círculos y anillos concéntricos regulares o los anillos concéntricos regulares. Casi ningún almidón cuenta con fisuras, excepto muy pocos truncados, siendo pequeñas líneas longitudinales que discurren sobre el hilum. Líneas similares a una fisura son observadas en la unión de los almidones compuestos. La cruz de extinción tiende a ser excéntrica en forma de equis con brazos ligera o fuertemente ondulados en la sección distal del almidón. En esta variedad de melloco, distinto a las otras variedades observadas, los brazos de la cruz de extinción pueden ser frecuentemente poco ondulados llegando a ser, en algunos casos, brazos rectos. El borde es una doble línea, oscura la externa y clara la interna. En muy pocos casos, sobre todo en almidones truncados y con la sección proximal hinchada, puede observarse una faceta de presión en la sección distal.

Rango de tamaño (μm)	4.65 – 63.17
Media (μm) y desviación estándar	28.15 (± 15.63)

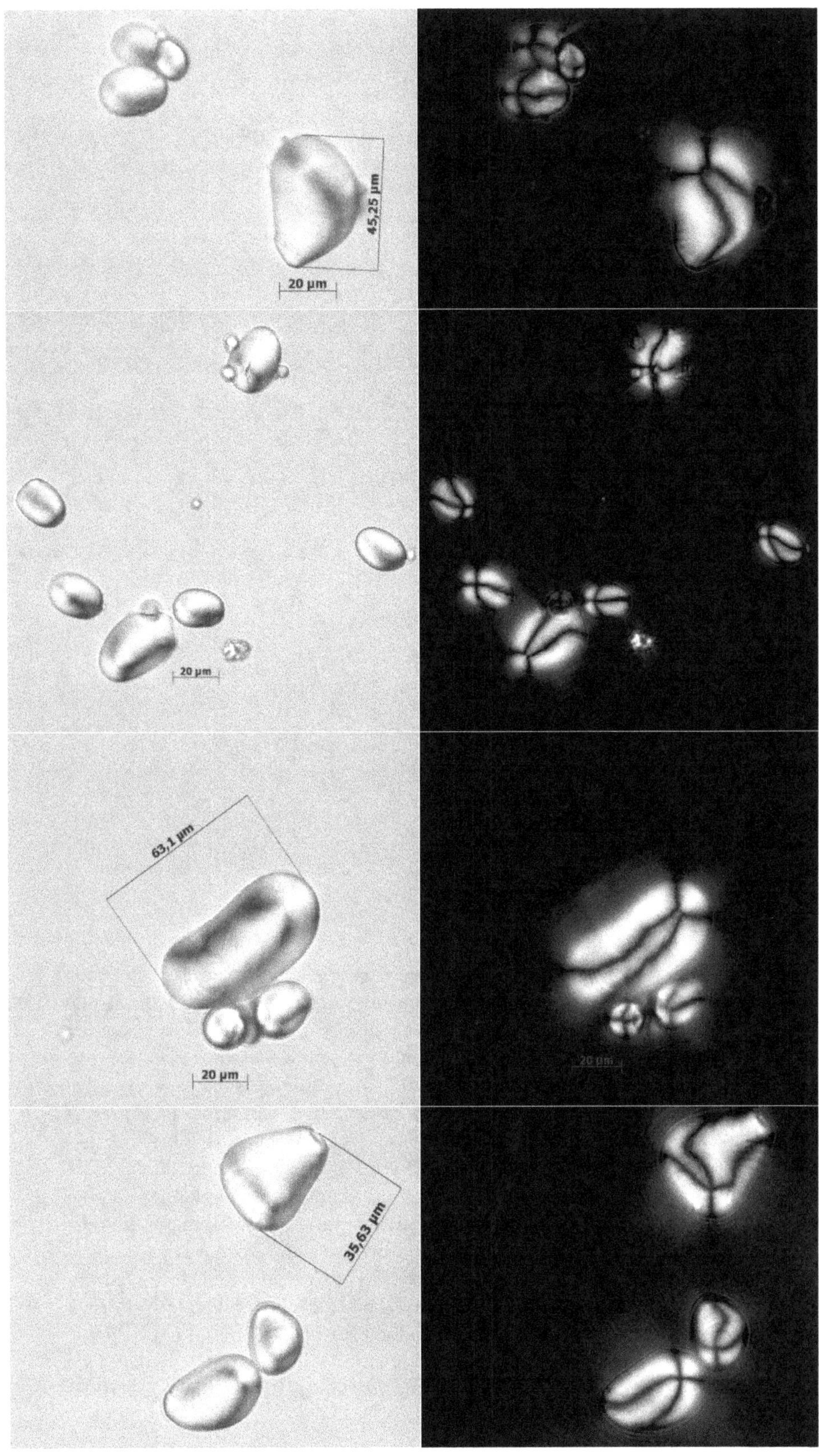

Basellaceae

Ullucus tuberosus, f

Nombre común: Melloco (blanco verdoso alargado)
Estado: cultivado
Localidad: Feria de Guamote, Chimborazo
Almidones de tubérculos

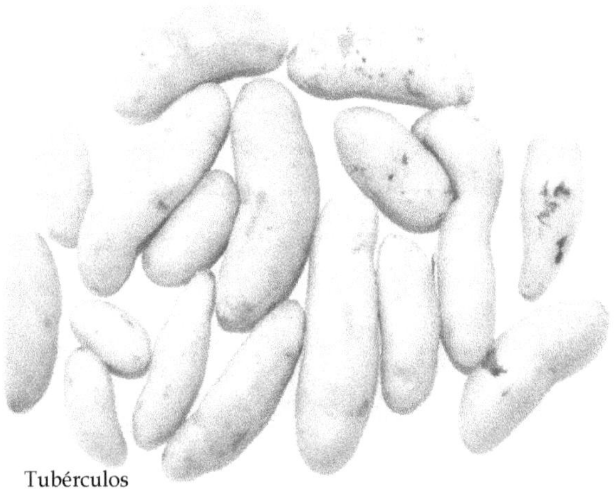

Tubérculos

Almidones tanto simples como compuestos; almidones simples y unidos superficialmente son muy comunes. Formas principalmente trasovadas con márgenes regulares; también ovaladas con uno de los márgenes marcadamente ondulado. Otras formas menos frecuentes son la truncada y la triangular con ángulos obtusos. Los almidones compuestos, o los almidones simples unidos, son cuerpos grandes, generalmente ovalados o trasovados, a los cuales se le adhieren uno o dos gránulos ovalados o truncados de menor tamaño en el extremo distal. En algunos casos existen almidones compuestos por tres gránulos de similar tamaño, truncados u ovalados. El hilum es excéntrico, tanto abierto como cerrado cuando puede apreciarse. El laminado presente en casi todos los almidones es un conjunto de círculos y anillos concéntricos ondulados. En muy pocos casos, principalmente en almidones de gran tamaño, puede observarse una pequeña fisura en forma de "T", o transversal, sobre el hilum. La cruz de extinción es generalmente excéntrica en forma de equis y con brazos ondulados en la parte distal del almidón, aunque más suaves que las ondulaciones observadas en otras variedades. Ocurren también cruces excéntricas en forma de cruz con brazos ligeramente ondulados en la sección distal. Pocos casos muestran cruces excéntricas en forma de equis con brazos rectos. El borde es una doble línea, siendo oscura la externa y clara la interna. Distinto a los almidones de otras variedades de melloco, en esta variedad son bastante comunes las facetas de presión (entre 1 y 3) en la región distal de algunos almidones ovalados, trasovados o truncados.

Rango de tamaño (µm)	5.21 – 48.82
Media (µm) y desviación estándar	29.49 (± 12.59)

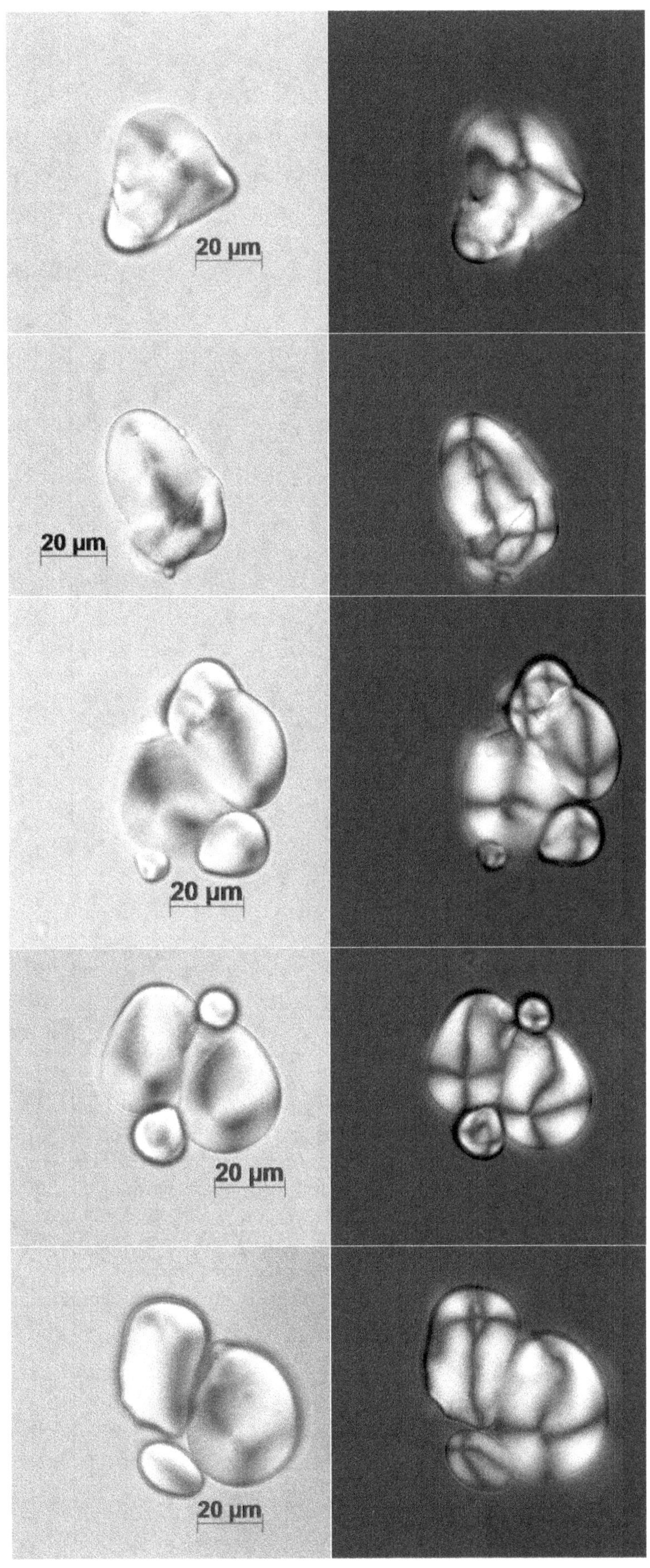
20 µm
20 µm
20 µm
20 µm
20 µm

Basellaceae

Tubérculos

Almidones casi siempre individuales, algunos compuestos, de formas ovaladas regulares o con márgenes ligeramente ondulados. Almidones trasovados y triangulares de ángulos obtusos son relativamente comunes. Aquellos almidones compuestos tienden a ser de formas trasovadas donde un gránulo relativamente pequeño y casi siempre truncado se encuentra adherido al grande en la sección distal. Otros almidones de formas ovaladas son dos gránulos ovalados angostos unidos en sus márgenes longitudinales. El hilum, cuando es visible, es mayormente abierto y excéntrico; existe el hilum abierto. El laminado es un conjunto de círculos y anillos concéntricos ondulados. No se observan fisuras, solo líneas finas en la unión de los almidones compuestos o unidos. La cruz de extinción es excéntrica, tanto en forma de equis como en forma de cruz y con sus brazos usualmente ondulados en la sección distal. Muy pocos casos cuentan con cruz excéntrica en forma de equis con brazos rectos. El borde es una doble línea, oscura la externa y clara la interna, y comúnmente es radiante. No se observan facetas de presión.

Rango de tamaño (µm)	7.26 – 65.44
Media (µm) y desviación estándar	30.97 (± 14.21)

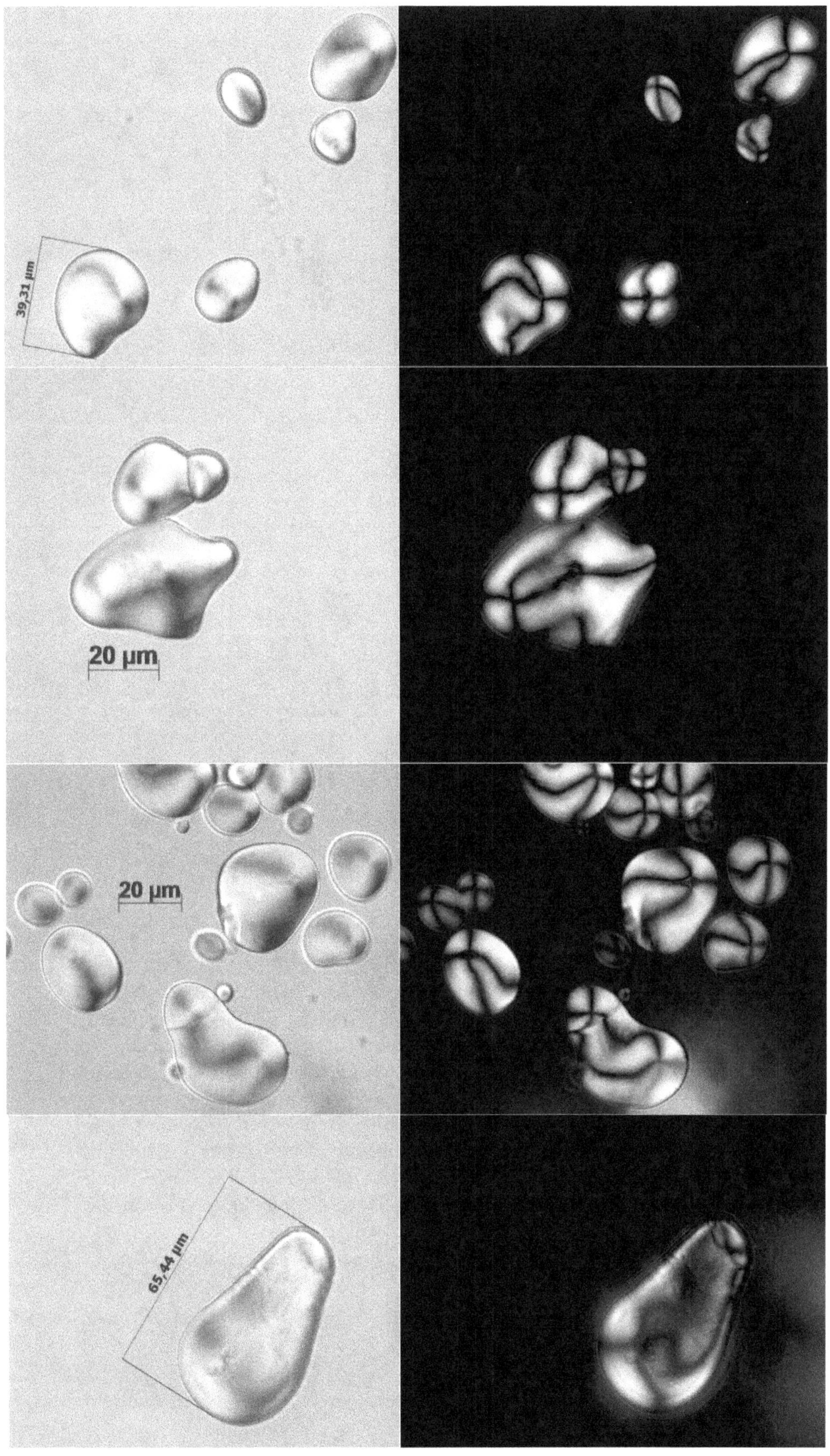

39.31 µm
20 µm
20 µm
65.44 µm

Cannaceae

Canna indica (syn. edulis)

Nombre común: Achera, Achira, Atchera
Estado: cultivado
Localidad: Quiroga, Cotacachi, Imbabura
Almidones de rizomas

Planta

Rizomas

Almidones mayormente simples, con variantes diversas de formas trasovadas, ya sean alargadas o hinchadas. Otras formas menos frecuentes son la ovalada, la elíptica y la oblanceolada. Existen pocos casos de almidones compuestos generalmente por almidones de formas elípticas u ovaladas unidos en sus ejes longitudinales. El hilum es excéntrico, cerrado, casi nunca es evidente. El laminado recurrente consiste en conjuntos de círculos y anillos concéntricos regulares y, en menor medida, en conjuntos de anillos concéntricos regulares. En una ínfima parte de los almidones se observan pequeñas fisuras lineales (longitudinales, transversales), o en forma de cruz justo sobre el hilum. La cruz de extinción es casi siempre excéntrica y en forma de cruz con brazos ligeramente ondulados en la región distal. Otras proyecciones de este elemento son excéntricas en forma de equis con brazos suavemente ondulados en la región distal, y también excéntricas en forma de equis con brazos rectos. El borde consiste en una doble línea, oscura la externa y clara la interna, aunque la línea oscura es la más evidente. No se observan facetas de presión.

Rango de tamaño (µm)	21.46 – 107.91
Media (µm) y desviación estándar	55.77 (± 23.39)

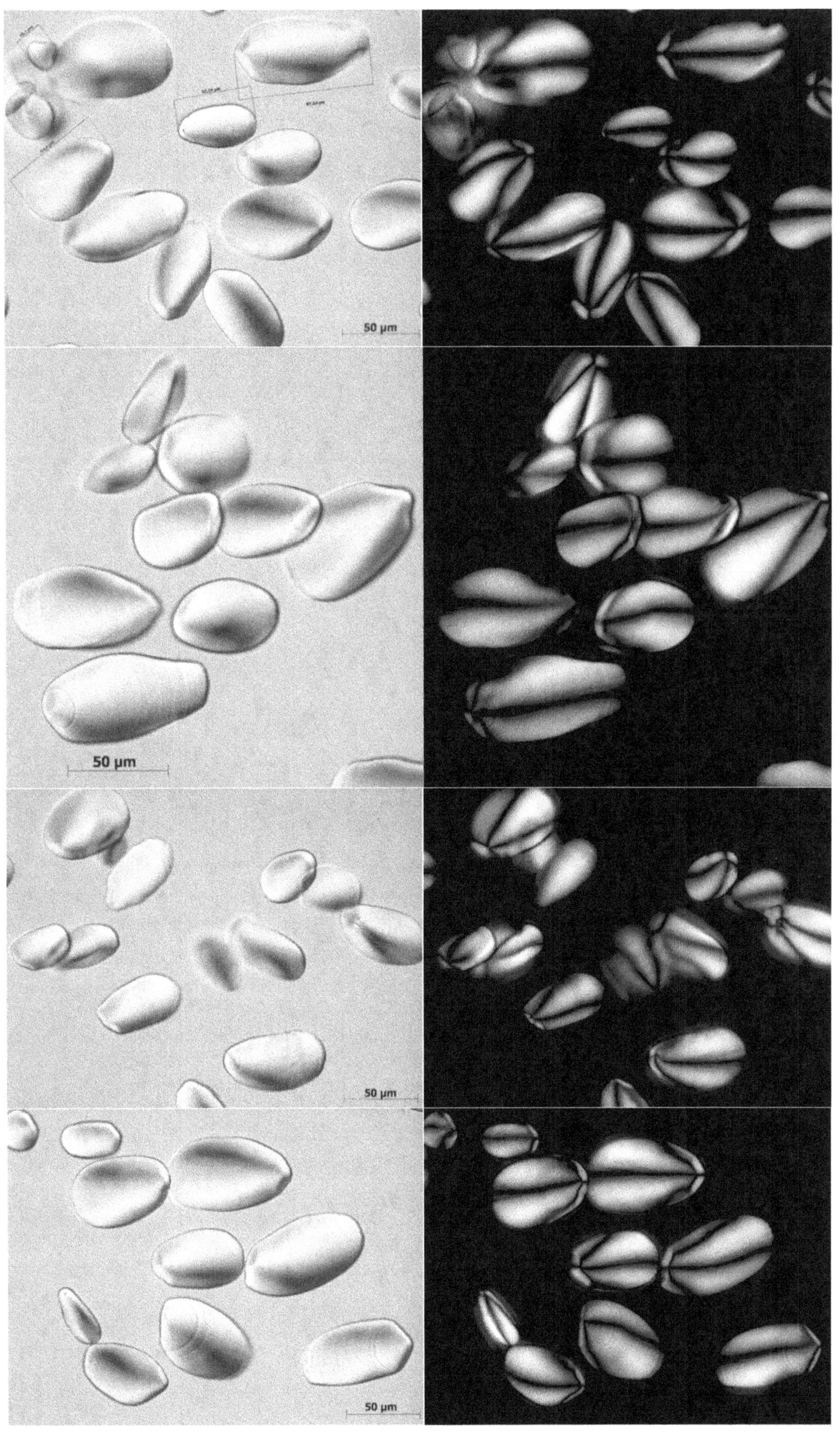

Cannaceae

Planta

Inflorescencia

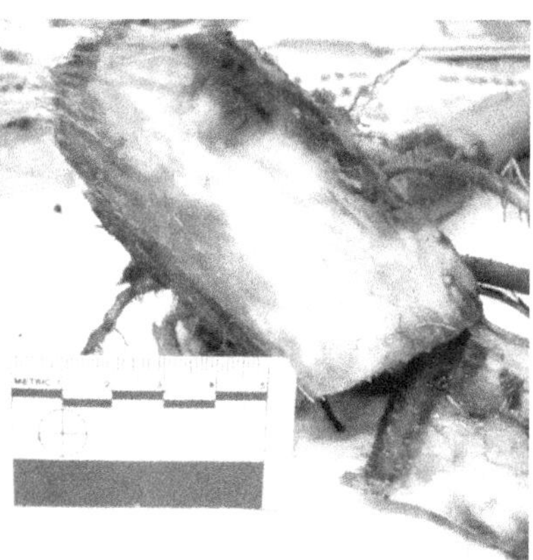

Rizoma

Almidones casi siempre simples, principalmente elípticos o triangulares alargados con ángulos obtusos y márgenes ondulados. Existen también algunas variantes oblanceoladas, sobre todo angostas en la sección proximal. Un rasgo conspicuo de las formas triangulares alargadas o elípticas es que en algunos casos la sección proximal es chata. Distinto a *Canna indica*, la forma trasovada es poco frecuente. El hilum, cuando puede apreciarse, es cerrado y excéntrico. El laminado más común es el de anillos concéntricos regulares, y en menor medida, el conjunto de círculos y anillos concéntricos regulares. No se observan fisuras. La cruz de extinción es generalmente excéntrica en forma de equis y con brazos ligeramente ondulados en la sección distal. Usualmente se observan también cruces excéntricas en forma de cruz con brazos ligeramente ondulados. El borde es una doble línea, oscura la externa y clara la interna, resaltando la línea oscura. No se documentan facetas de presión.

Rango de tamaño (µm)	15.39 – 54.47
Media (µm) y desviación estándar	38.04 (± 8.93)

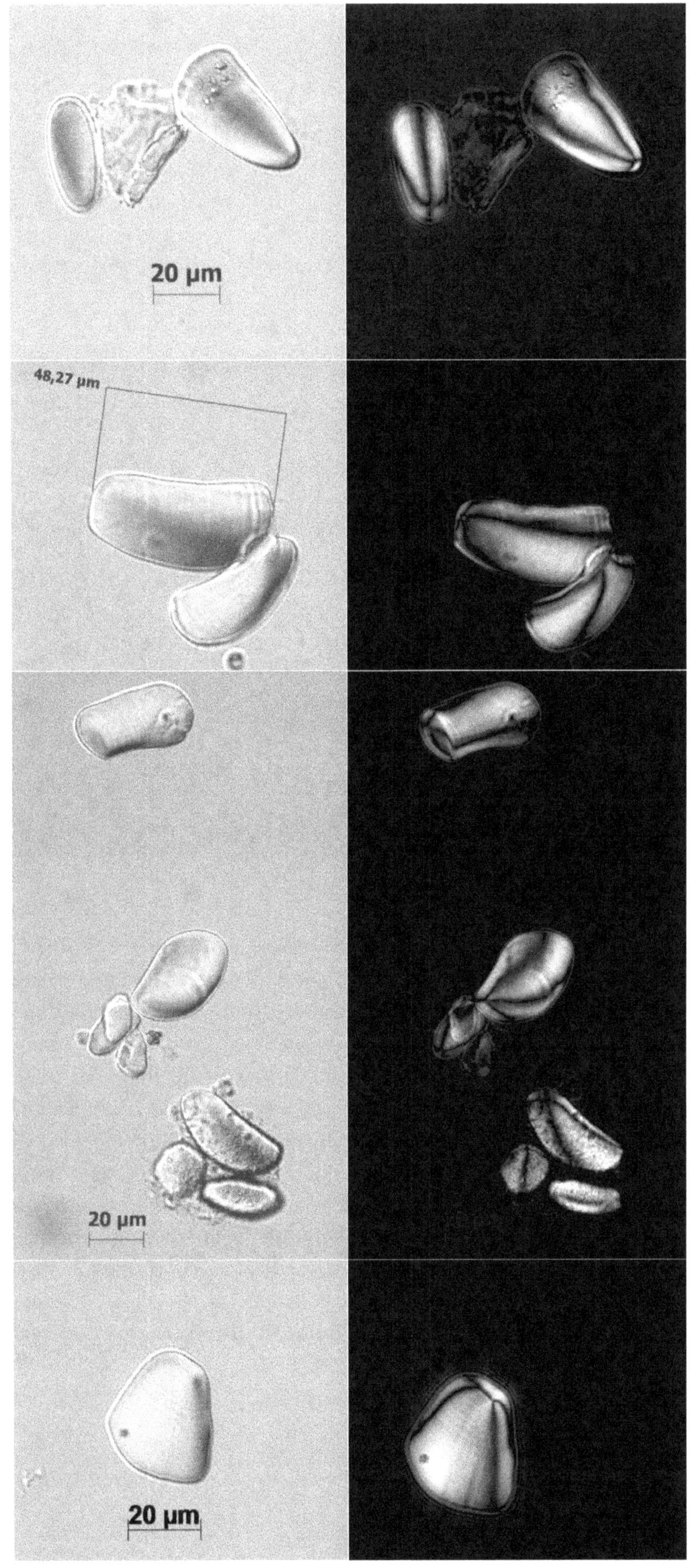

20 μm
48,27 μm
20 μm
20 μm

Cannaceae

Canna tuerckheimii

Nombre común: Achera, Achira silvestre
Estado: cultivada (ornamental)
Localidad: Parque de La Carolina, Quito
Almidones de rizomas

Planta

Inflorescencia

Almidones mayormente simples, triangulares y trasovados expandidos o alargados, con ángulos obtusos y márgenes regulares o ligeramente ondulados. Existen también, con poca frecuencia, algunas variantes oblanceoladas expandidas, formas elípticas muy restringidas y formas ovaladas. Similar a lo documentado en *Canna indica*, la forma trasovada es común, pero en este caso las dimensiones de estos gránulos es a veces casi la mitad de los de *C. indica*. Los almidones compuestos o unidos son usualmente los de mayor tamaño, siendo las formas trasovadas, o una trasovada y otra elíptica, las que forman estos almidones. El hilum se aprecia fácilmente, aunque es cerrado y diminuto localizándose excéntricamente. El laminado característico de la mayoría de almidones es el de anillos concéntricos regulares. Las fisuras son poco frecuentes; cuando se registran son pequeñas líneas transversales sobre el hilum o grandes fisuras en forma de "T" o "+". La cruz de extinción es generalmente excéntrica en forma de cruz o equis, con brazos ligeramente ondulados en la sección distal. Usualmente se observan también cruces excéntricas en forma de cruz con brazos rectos, sobre todo en las formas ovaladas. El borde es una doble línea, oscura la externa y clara la interna, resaltando siempre la línea oscura. No se documentan facetas de presión.

Rango de tamaño (µm)	10.99 – 62.71
Media (µm) y desviación estándar	33.61 (± 14.07)

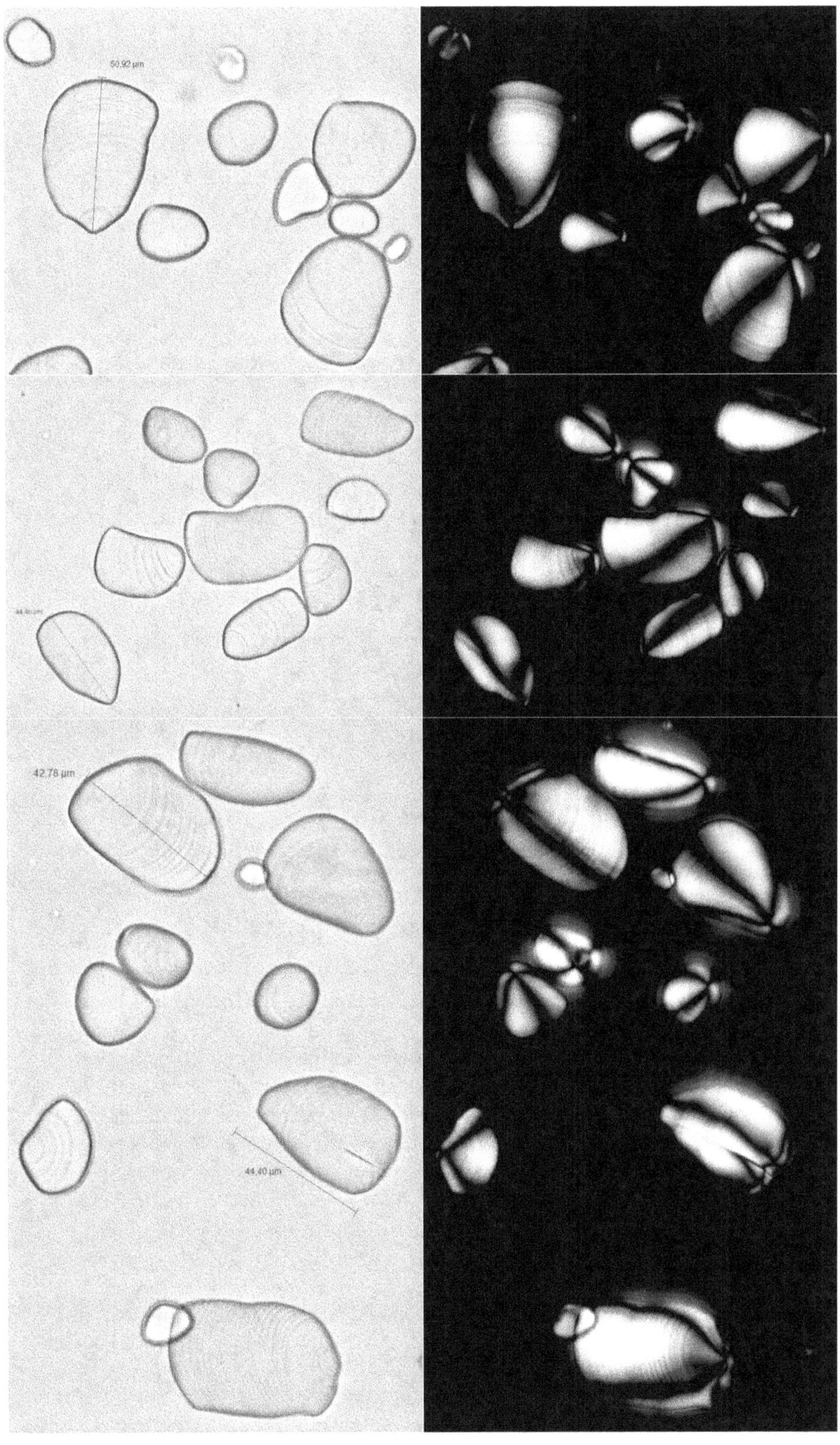

50.92 µm
42.78 µm
44.40 µm

Convolvulaceae

Raíces tuberosas

Almidones simples marcadamente poligonales (irregulares), predominando las formas truncadas, triangulares y pentagonales. El hilum es casi siempre abierto y céntrico; a veces ligeramente excéntrico. El laminado se observa en pocos almidones, siendo más común el conjunto de círculos concéntricos regulares. En algunos almidones ovalados y alargados puede observarse el conjunto de anillos concéntricos regulares. No se documentan fisuras. La cruz de extinción es generalmente céntrica, en forma de cruz y con brazos rectos. Otra variante común es excéntrica, en forma de cruz, con brazos rectos. Un rasgo característico de la cruz de extinción en esta especie es que en ocasiones los brazos, siendo rectos, tienden a ser muy angostos (finos) dando la sensación de que se deprimen en la sección proximal (donde se encuentra el hilum). El borde es una doble línea, oscura la externa y clara la interna, proyectándose principalmente la línea oscura. Por la fuerte irregularidad de las formas documentadas, se registran usualmente entre 1 y 4 facetas de presión evidentes, así como múltiples puntos de flexión o facetas aparentes (entre 1 a 6) que a veces convergen en la sección proximal de los almidones.

Rango de tamaño (µm)	3.58 – 17.58
Media (µm) y desviación estándar	10 (± 3.46)

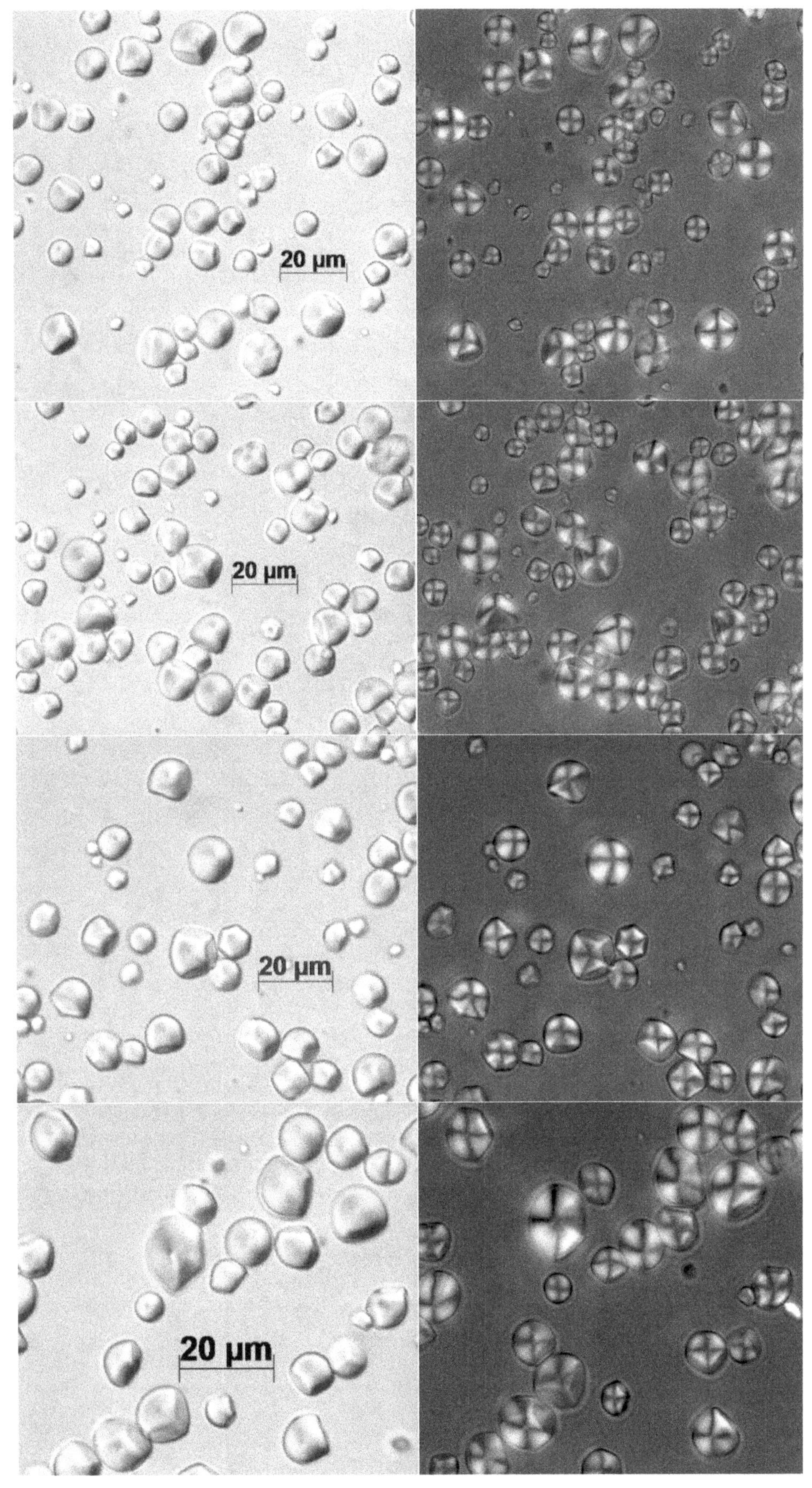

Convolvulaceae

Raíces tuberosas

Almidones irregulares y simples, frecuentemente cuadrangulares, pentagonales y triangulares. Aunque menos frecuentes, existen también formas ovaladas o circulares. Cuando el hilum es visible, es cerrado y ubica en posición céntrica o excéntrica. El laminado es evidente y bien marcado principalmente en los almidones de mayor tamaño consistiendo principalmente de círculos concéntricos regulares y, en menor medida, de círculos y anillos concéntricos regulares. No se observan fisuras. La cruz de extinción es regularmente céntrica, en forma de cruz y con brazos ligeramente ondulados. Pocas veces es excéntrica, en forma de cruz con brazos ligeramente curvos. Al igual que con la otra variedad de *I. batatas* documentada en esta colección, la cruz de extinción cuenta a veces con brazos rectos o ligeramente curvos muy finos que al discurrir hacia el centro (hilum) dan la sensación de que se encuentran en una depresión en la sección proximal. El borde es una doble línea, oscura la externa y clara la interna, proyectándose principalmente la línea oscura. Por la fuerte irregularidad de las formas documentadas, existen usualmente entre 1 y 4 facetas de presión evidentes, así como múltiples puntos de flexión o facetas aparentes (entre 1 a 6) que a veces convergen en la sección proximal de los almidones.

Rango de tamaño (μm)	3.73 – 26.47
Media (μm) y desviación estándar	10.82 (± 6.1)

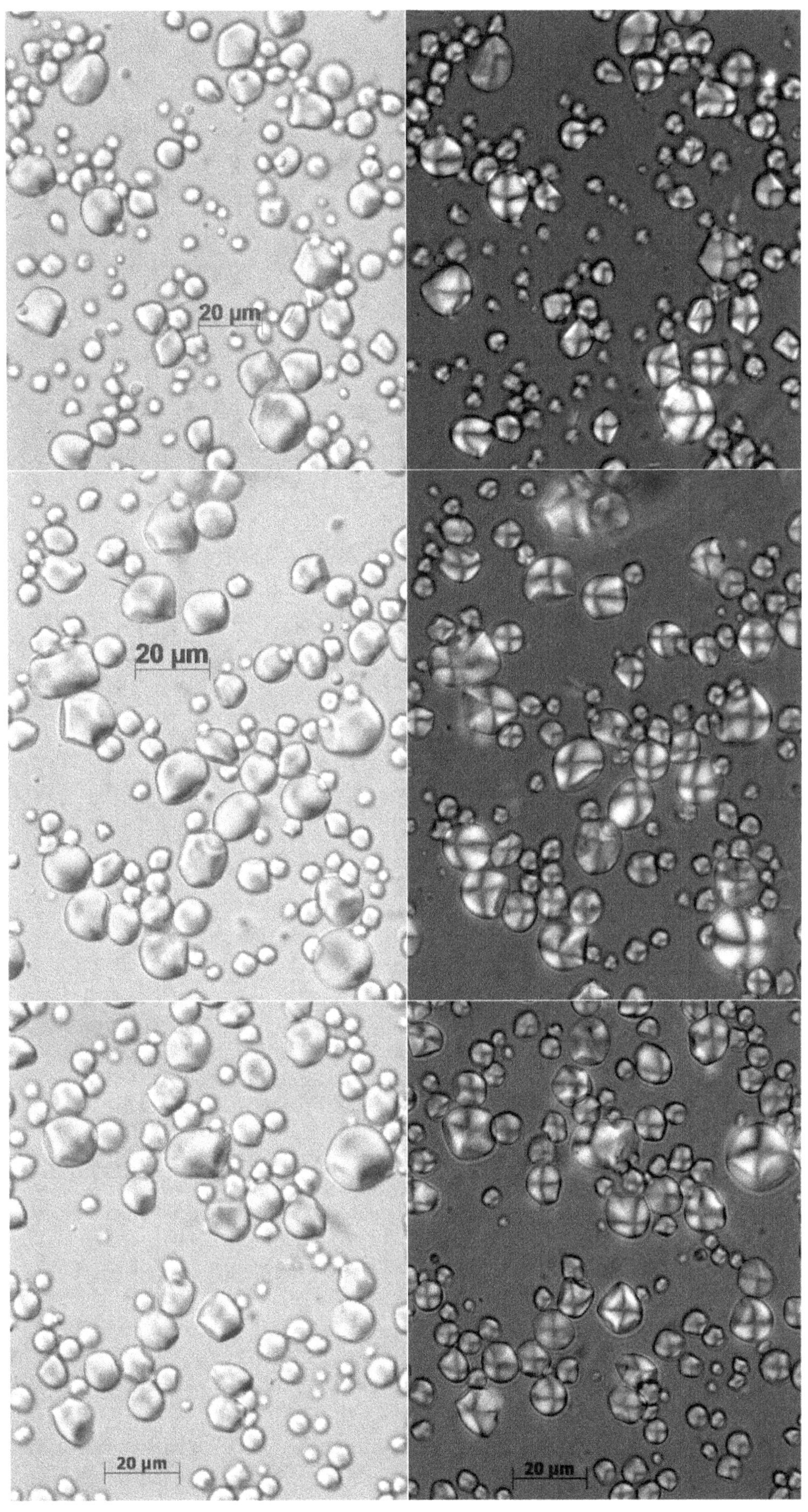

20 µm
20 µm
20 µm
20 µm

Dioscoreaceae

Envés, tallo y cápsulas de semilla

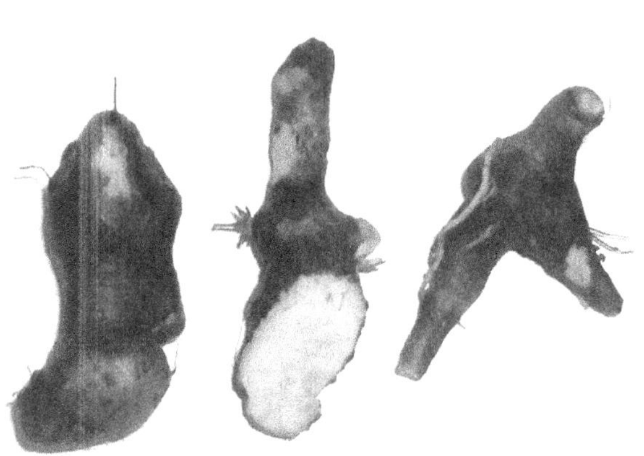

Raíces tuberosas

Almidones individuales, mayormente ovalados, elípticos y triangulares con márgenes ligeramente ondulados. Generalmente, la forma triangular cuenta con margen ligera o abruptamente ondulado, estando la sección proximal en el ángulo obtuso más amplio del almidón y siendo la sección distal notablemente ancha. Otras formas recurrentes son la trasovada con la sección proximal ancha y la distal angosta. Menos frecuente es la presencia de almidones polimorfos. El hilum es casi siempre abierto y excéntrico, aunque es relativamente frecuente el hilum cerrado. El laminado es evidente en casi todos los almidones, siendo el conjunto de círculos concéntricos ondulados la variante de mayor recurrencia. Una característica particular del laminado en estos almidones es la marcada proyección de una de las láminas, la cual a veces se restringe a la sección proximal del almidón. En los almidones grandes esta lámina ocupa gran parte de la sección distal. No se observan fisuras. La cruz de extinción es mayormente excéntrica en forma de equis con brazos ligeramente ondulados. También se observan de la misma manera, pero con brazos rectos, aunque en pocos casos se proyecta excéntricamente con forma de cruz y brazos rectos. El borde es una doble línea, oscura la externa y clara la interna. La refracción provoca una proyección radiante del borde que aparenta tener tres líneas, siendo la externa brillante. No se documentan facetas de presión.

Rango de tamaño (µm)	3.61 – 64.09
Media (µm) y desviación estándar	27.7 (± 16.63)

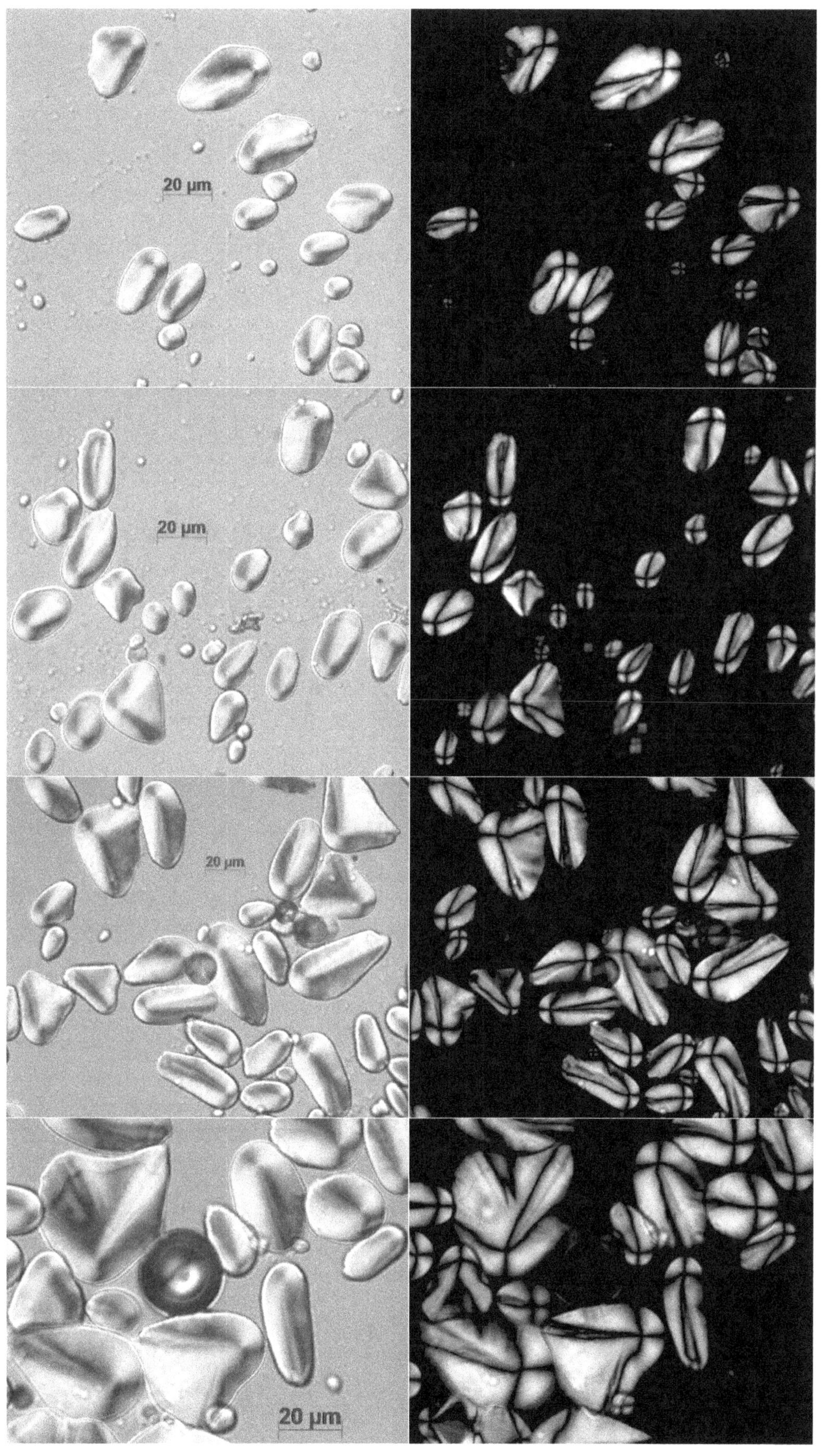

Dioscoreaceae

Dioscorea spp., 2

Nombre común: Desconocido (Ñame en otros países)
Estado: silvestre
Localidad: Alluriquín, Santo Domingo de los Tsáchilas
Almidones de raíces tuberosas

Envés y tallo Haz Raíz tuberosa

Almidones simples y compuestos, triangulares obtusos, alargados y angostos, con márgenes ligeramente ondulados, siendo más anchos en la sección proximal. Otra forma recurrente es la truncada, sustancialmente alargada, con la sección proximal marcadamente más ancha que la distal. Existen también, con relativa frecuencia, almidones polimorfos que son estructuras con formas triangulares y ovaladas combinadas al ser el producto de la unión de dos y hasta tres almidones. Los márgenes de los polimorfos son ligera o abruptamente ondulados. El hilum es usualmente abierto y excéntrico. A veces se refleja un hilum doble en almidones simples y compuestos (por corresponder a dos almidones distintos). El laminado es muy marcado, siendo conjuntos de círculos y anillos angulares o círculos concéntricos ondulados. Una característica especial del laminado es que una de las láminas es sustancialmente marcada y discurre, o muy cerca del hilum o abarca un área grande entre las secciones proximal y distal. Esta lámina, muy marcada, casi siempre proyecta la misma forma (silueta) del margen de los almidones. No se observan fisuras. La cruz de extinción predominante es excéntrica, en forma de equis y con brazos rectos o ligeramente curvos, muy pegados en la sección distal. El borde es una doble línea, oscura la externa y clara la interna, usualmente son radiantes. La mayoría de los almidones de formas truncadas o triangulares alargados cuentan con una pequeña faceta de presión que se proyecta a veces como una minúscula muesca en la sección distal.

Rango de tamaño (µm)	6.12 – 106.21
Media (µm) y desviación estándar	49.16 (± 14.81)

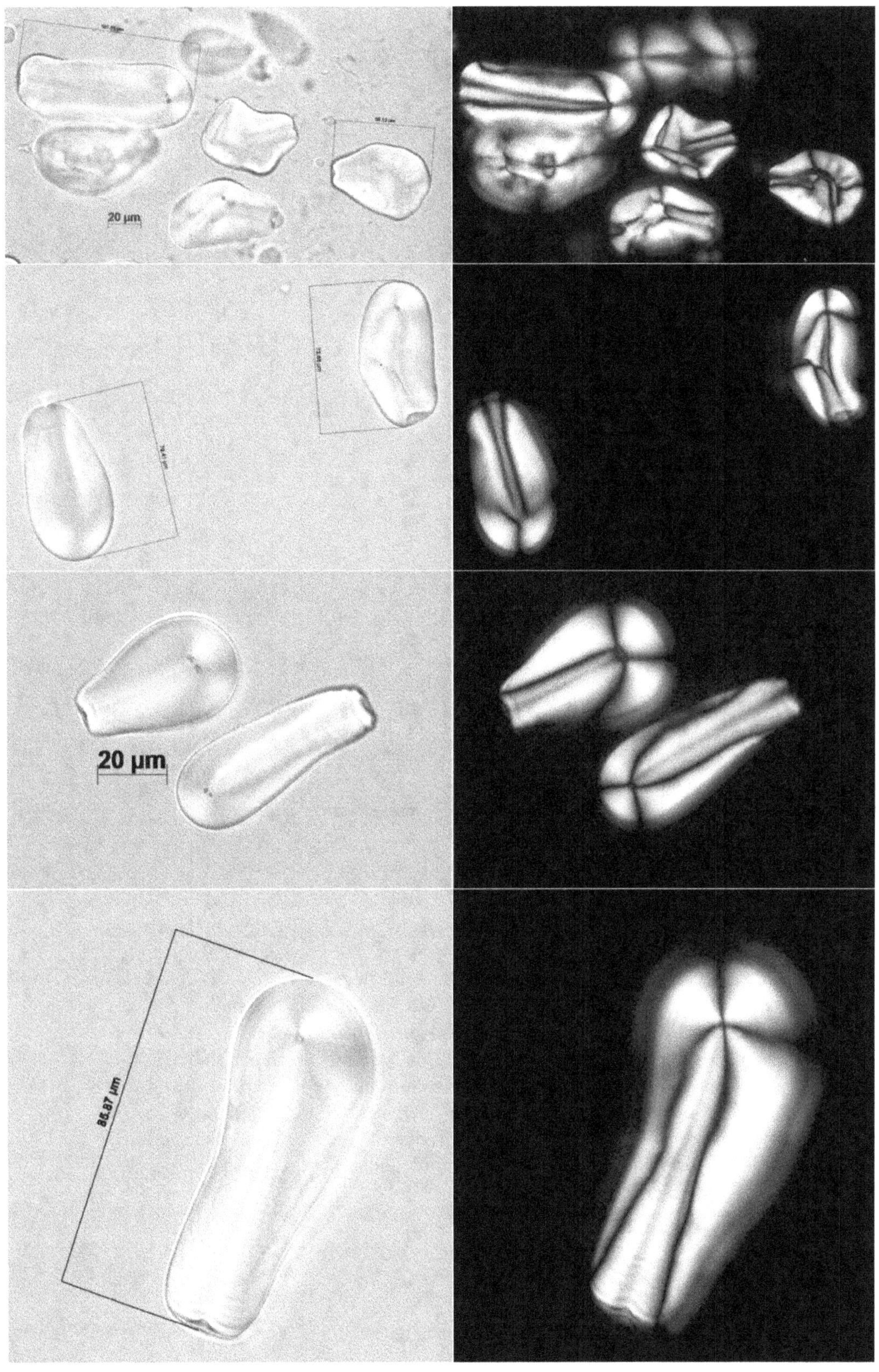

Dioscoreaceae

Haz

Envés y tallo

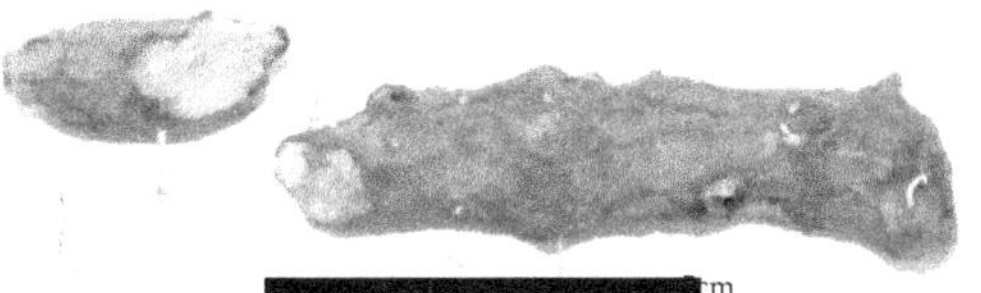

Raíz tuberosa

Almidones simples y compuestos, principalmente elípticos con una tenue ondulación en los márgenes longitudinales de la sección distal, que es más angosta. Otras formas recurrentes son las triangulares, a veces angostas y también ensanchadas, con margen ligeramente ondulado. Son comunes los almidones polimorfos que son estructuras compuestas de entre 2 y hasta 3 gránulos creando estructuras a veces difíciles de clasificar. El hilum, que es visible en muchos casos, es excéntrico, abierto y de formas triangulares o circulares. El laminado, distinto a los almidones de otras Dioscoreaceae, es muy tenue, aunque el conjunto de círculos y anillos concéntricos ondulados predomina. No se documentan fisuras. La cruz de extinción es casi siempre excéntrica en forma de equis y con brazos ligeramente ondulados. Ocurre también, con menor frecuencia, el mismo tipo de cruz antes descrita, pero con brazos rectos. El borde es una doble línea, siendo oscura la externa e interna la clara. No se registran facetas de presión.

Rango de tamaño (μm)	5.27 – 62.76
Media (μm) y desviación estándar	28.37 (± 16.68)

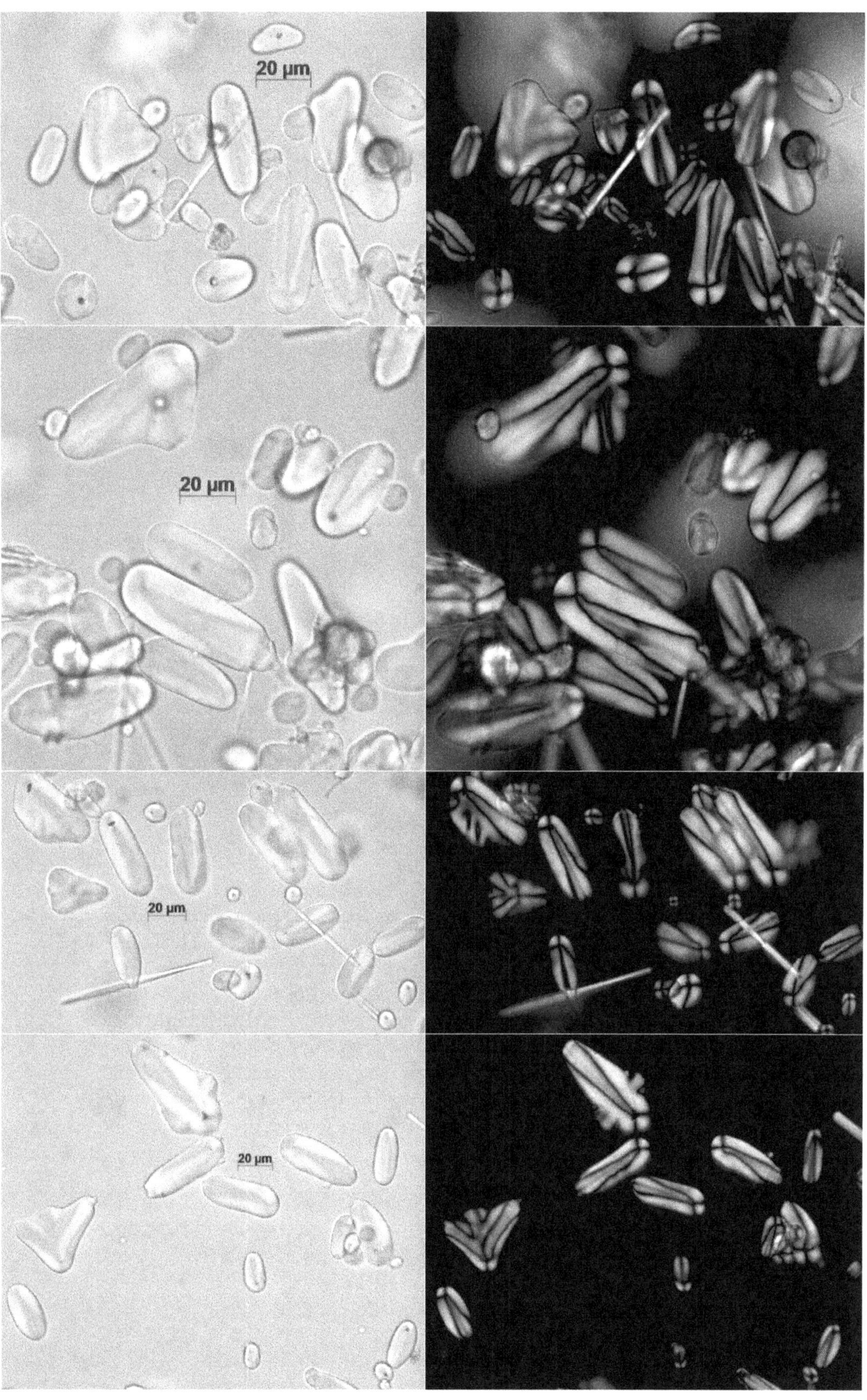

Dioscoreaceae

Dioscorea spp., 4

Nombre común: Desconocido (Ñame en otros países)
Estado: silvestre
Localidad: Alluriquín, Santo Domingo de los Tsáchilas
Almidones de raíces tuberosas

Haz

Envés y tallo

Raíz tuberosa

Almidones simples y compuestos, muy consistentes en cuanto a las formas documentadas siendo mayormente triangulares con ángulos obtusos, más anchos en la sección proximal. Los almidones compuestos, relativamente frecuentes, también cuentan con la misma forma descrita. Muy pocos casos son almidones ovalados, siendo éstos generalmente almidones compuestos por dos y hasta tres almidones de menor tamaño. El hilum, cuando es visible, es cerrado y excéntrico. El laminado es prominente, siendo un conjunto de círculos y anillos concéntricos angulares. No se documentan fisuras. La cruz de extinción es bastante consistente, siendo la más recurrente la excéntrica en forma de equis con brazos curvos. El borde es una doble línea, oscura la externa y clara la interna, aunque se proyecta más la línea oscura. Estos almidones, ya sean individuales o compuestos, cuentan generalmente con 1 o 2 facetas de presión en el extremo distal.

Rango de tamaño (µm)	9.21 – 48.45
Media (µm) y desviación estándar	24.10 (± 9.45)

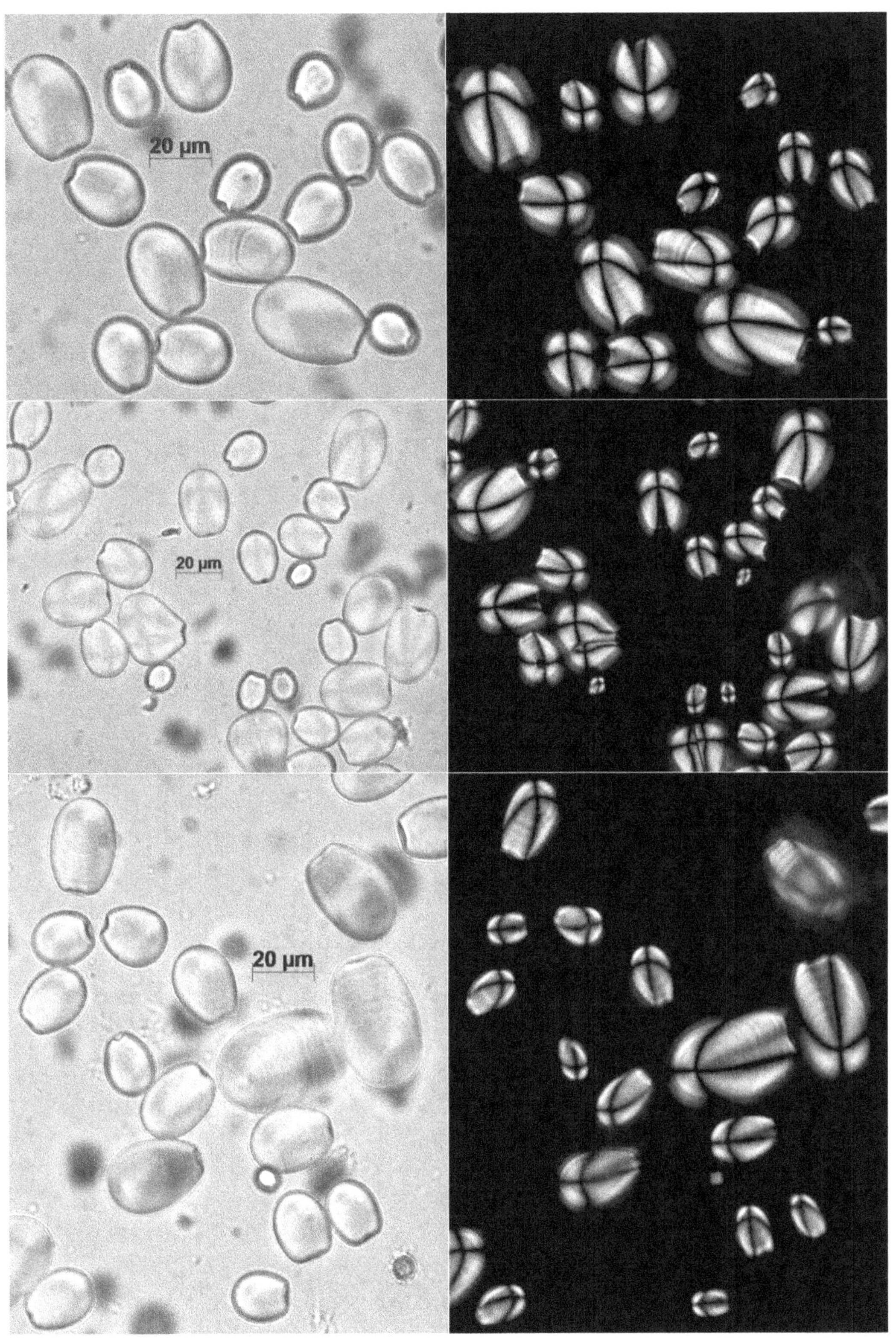

Dioscoreaceae

Raíces tuberosas

Almidones simples y compuestos típicamente elipsoidales con distintas variantes. Márgenes ondulados. Son comunes los almidones compuestos y polimorfos. En pocos casos se observan formas ovaladas y triangulares de ángulos obtusos con la sección proximal más ancha. El hilum es cerrado y excéntrico y el laminado es prominente, siendo el conjunto de círculos y anillos concéntricos regulares el más frecuente. Se observa también círculos y anillos concéntricos ondulados y, a veces, una sola lámina es más marcada que las demás. No se registran fisuras. La cruz de extinción es consistente en muchos almidones, siendo la variante excéntrica en forma de equis y con brazos ondulados la más importante. El borde es una doble línea, oscura la externa y clara la interna, pero es común que ambas se proyecten radiantemente. Son evidentes entre 1 y 3 facetas de presión, principalmente en los almidones triangulares angostos.

Rango de tamaño (μm)	4.64 – 100
Media (μm) y desviación estándar	46.23 (± 18.45)

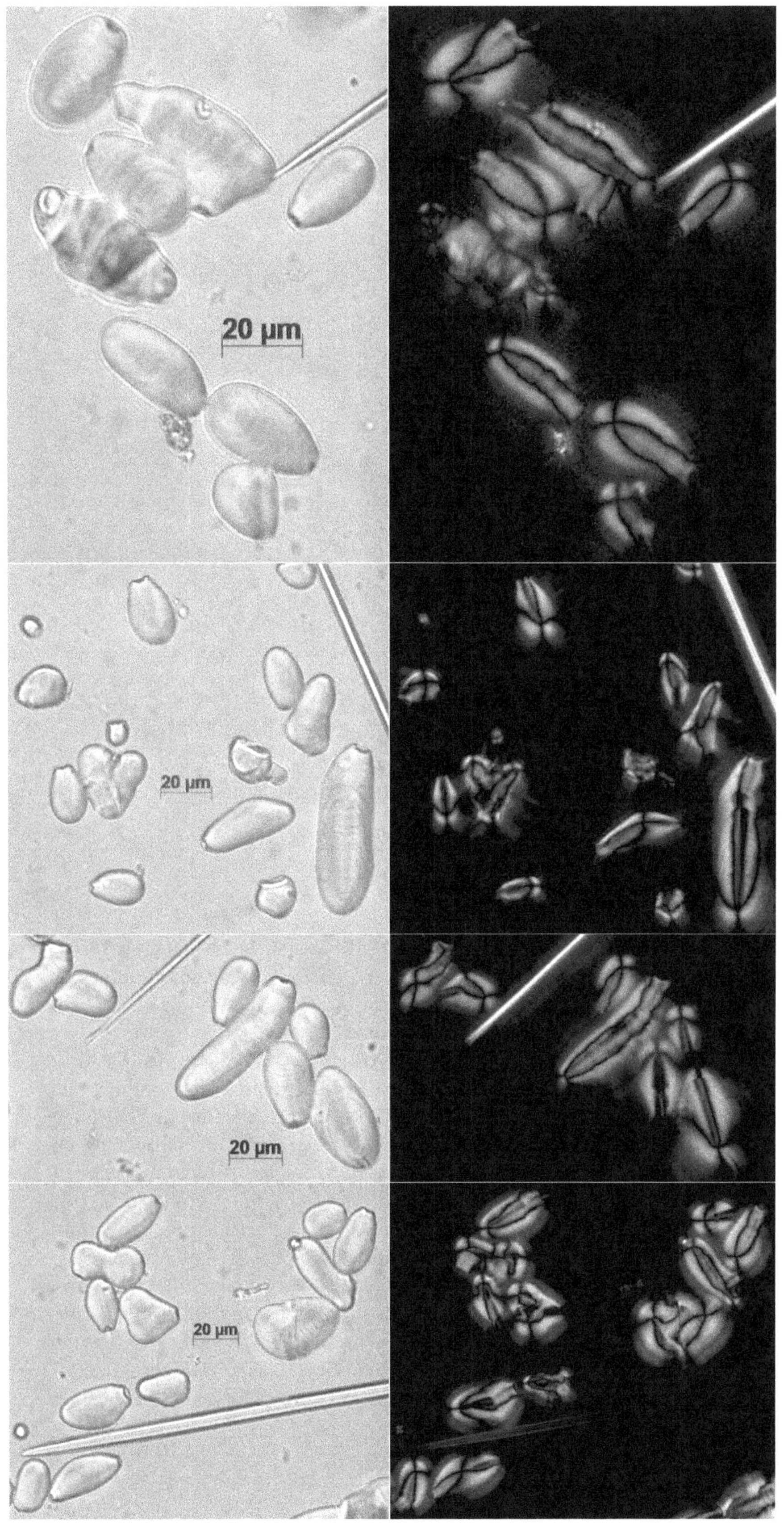

Euphorbiaceae

Manihot esculenta

Nombre común: Yuca, Mandioca
Estado: cultivada
Localidad: Mercado de Santa Clara, Quito
Almidones de raíces tuberosas

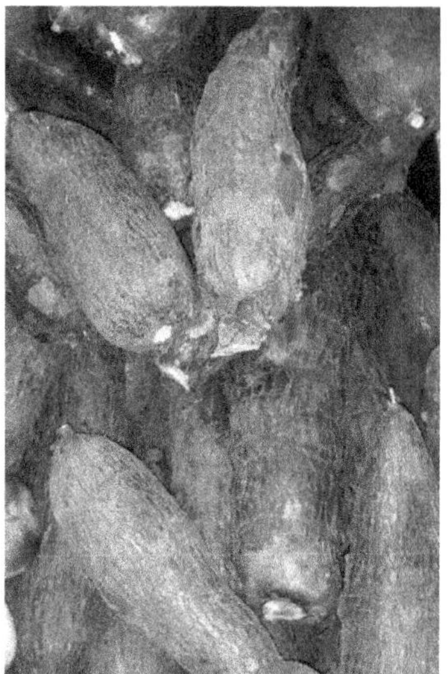

Raíces tuberosas

Almidones simples y compuestos, casi siempre truncados y, muchas veces, más anchos en la sección proximal, creando la forma conocida como "bell-shape" en inglés. Otras formas menos comunes son la circular y la triangular. El hilum es tanto abierto como cerrado y se encuentra invariablemente en posición céntrica o ligeramente excéntrica. El laminado no es común, pero se le observa principalmente en la sección proximal de aquellos almidones truncados y anchos, siendo la variante de círculos concéntricos regulares la que se observa en todos los casos. Las fisuras son comunes en la sección proximal, sobre el hilum, y son la línea transversal sencilla o ligeramente ondulada, la fisura en forma de "Y" y la fisura en forma de cruz las más comunes. Una fisura descrita como diagnóstica de esta especie, cuando se le encuentra en almidones truncados y ensanchados en la sección proximal es la radial o asimétrica, también llamada "estelada" en la literatura. Esta fisura no es tan común en los almidones de yuca, pero sí se asocia casi exclusivamente con la forma "bell-shape". La cruz de extinción es casi siempre en forma de cruz con brazos rectos. También se observa, con mucha menor frecuencia, cruces excéntricas en forma de equis con brazos ondulados y la cruz excéntrica en forma de cruz con brazos ondulados. El borde es una doble línea, muchas veces prominente y radiante, siendo la línea externa oscura y clara la interna. Las facetas de presión son evidentes en muchos almidones truncados y a veces en los circulares y en los triangulares. Es muy común observar entre 2 y 5 facetas en la sección distal. Asimismo pueden observarse puntos de flexión (facetas aparentes) en algunas formas circulares que consisten de entre 3 y 5 lados.

Rango de tamaño (µm)	6.7 – 37.3
Media (µm) y desviación estándar	17.16 (± 7.96)

Fabaceae

Phaseolus lunatus, marrón

Nombre común: Fréjol marrón
Estado: cultivada
Localidad: Mercado de Otavalo, Imbabura
Almidones de las semillas

Semillas   1cm

Almidones mayormente simples (los hay compuestos, en bajo número) consistentemente ovalados con distintas variantes de esta forma, como son la conocida forma de riñón. Generalmente las formas ovaladas son anchas y cuentan casi siempre con márgenes ligeramente ondulados. Con relativa frecuencia se observan formas elípticas regulares o ligeramente onduladas en sus márgenes y en muy pocos casos se documentan formas circulares regulares, sobre todo en almidones pequeños. El hilum es abierto, aunque casi no se observa en los almidones, únicamente en aquellos pequeños de forma ovalada regular o circular. El laminado consiste principalmente en conjuntos de círculos concéntricos ondulados que replican la silueta (el margen) externa del almidón. De igual forma pueden observarse, en menor frecuencia, conjuntos de círculos concéntricos regulares, casi siempre en los almidones circulares pequeños. Las fisuras son una constante en estos almidones, siendo las fisuras lineales regulares (longitudinales) y fuertemente onduladas las más comunes. En la región donde ocurren las fisuras es común notar la presencia de múltiples fisuras finas y paralelas a la fisura principal. La cruz de extinción es similar en éste y en otros géneros de Fabaceae, siendo las variantes céntrica y excéntrica en forma de equis y con brazos curvos las más representativas. En ocasiones, sobre todo en los almidones circulares, se registra la variante céntrica en forma de cruz y con brazos rectos. El borde consiste en una doble línea, oscura la externa y clara la interna. Se proyecta con más fuerza la línea oscura. No fue observada ninguna faceta de presión.

Rango de tamaño (µm)	8.35 – 49.02
Media (µm) y desviación estándar	28.51 (± 10.51)

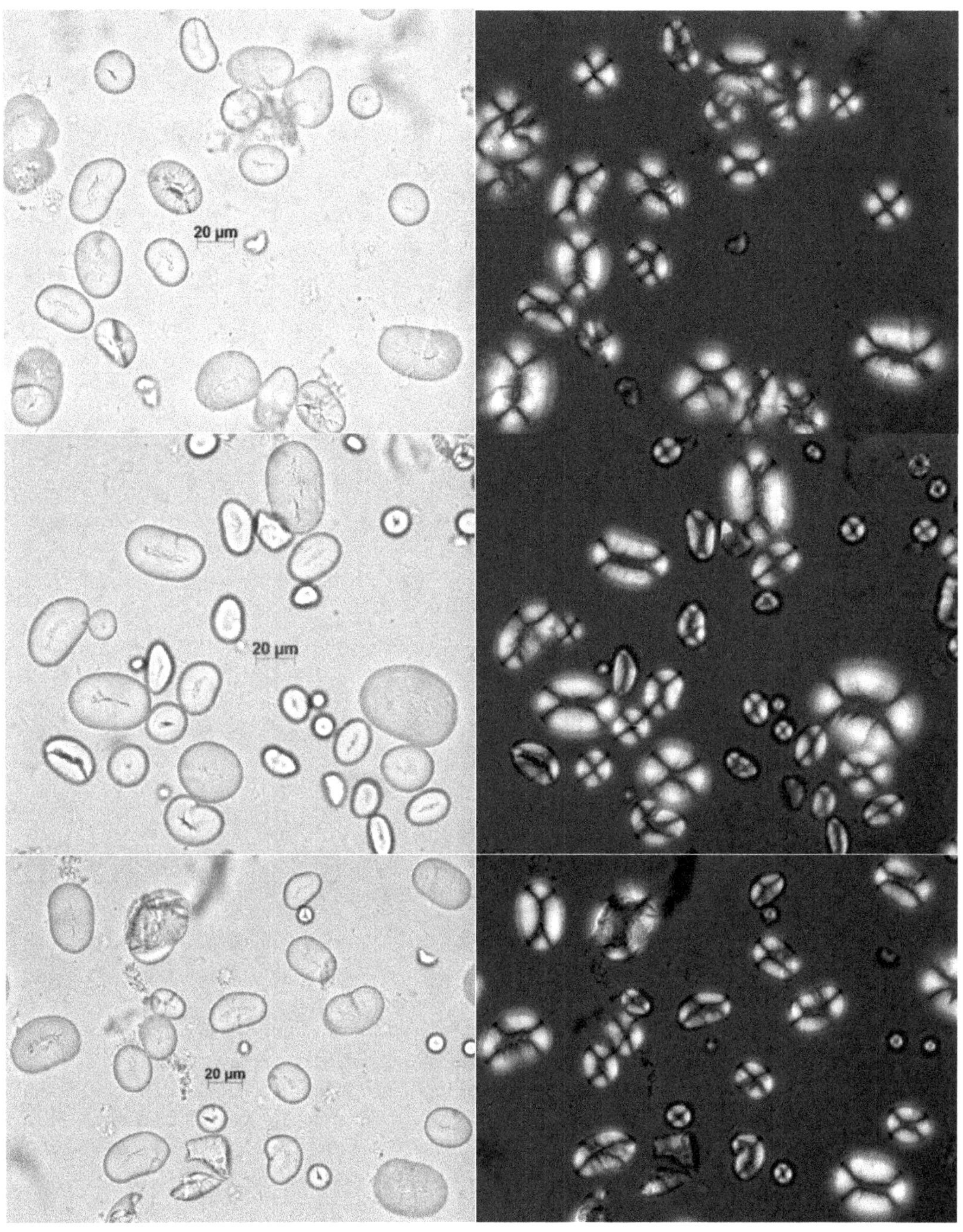

Fabaceae

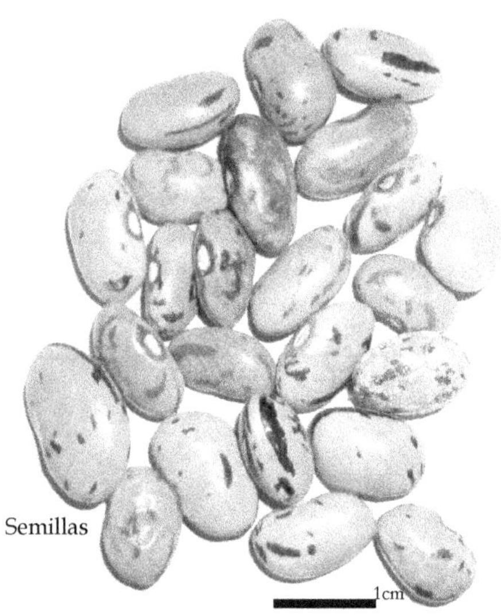

Almidones simples y compuestos mayormente ovalados con distintas variantes de esta forma, como son la conocida forma de riñón. Generalmente las formas ovaladas son anchas y cuentan casi siempre con márgenes ligeramente ondulados. Con relativa frecuencia se observan formas elípticas regulares o ligeramente onduladas en sus márgenes, así como formas trasovadas regulares, con márgenes poco ondulados. En menor frecuencia se documentan formas circulares regulares, sobre todo en almidones pequeños. El hilum es abierto, aunque casi no se observa en los almidones, únicamente en aquellos de menor tamaño de forma ovalada regular o circular. El laminado consiste principalmente en conjuntos de círculos concéntricos ondulados que replican la silueta del almidón. De igual forma pueden observarse, en menor frecuencia, conjuntos de círculos concéntricos regulares, casi siempre en los almidones circulares pequeños. Las fisuras son una constante en estos almidones, siendo las fisuras lineales regulares y fuertemente onduladas las más comunes. En la sección donde ocurren las fisuras es común notar la presencia de múltiples fisuras finas y paralelas a la fisura principal. La cruz de extinción es similar en similar a la de otros géneros de Fabaceae, siendo las variantes céntrica y excéntrica en forma de equis y con brazos curvos las más representativas. En ocasiones, sobre todo en los almidones circulares, se registra la variante céntrica en forma de cruz y con brazos rectos. El borde consiste en una doble línea, oscura la externa y clara la interna. Se proyecta con más fuerza la línea oscura. No fue observada ninguna faceta de presión.

Rango de tamaño (μm)	9.76 – 50.24
Media (μm) y desviación estándar	30.01 (± 9.24)

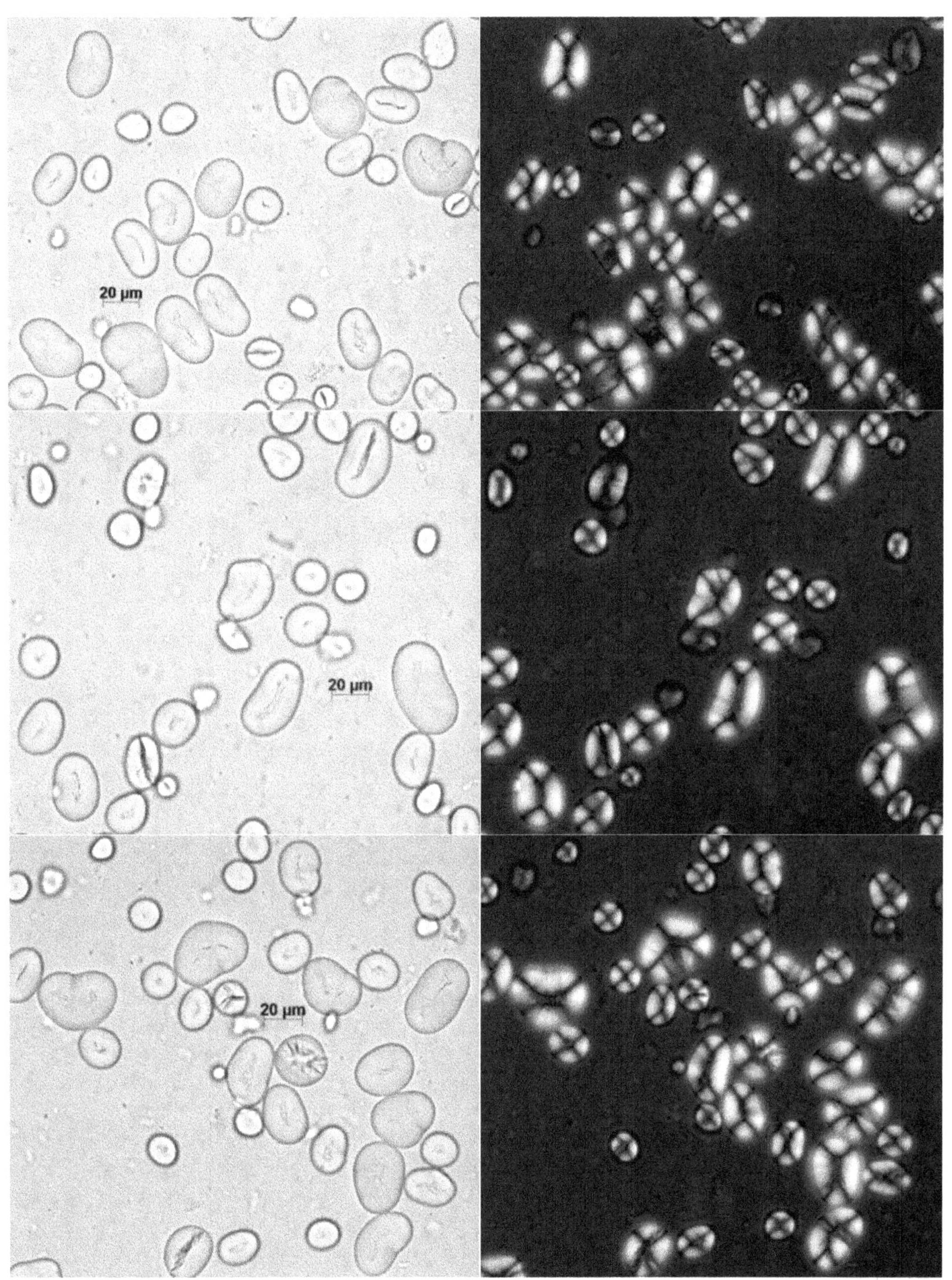

20 µm
20 µm
20 µm

Fabaceae

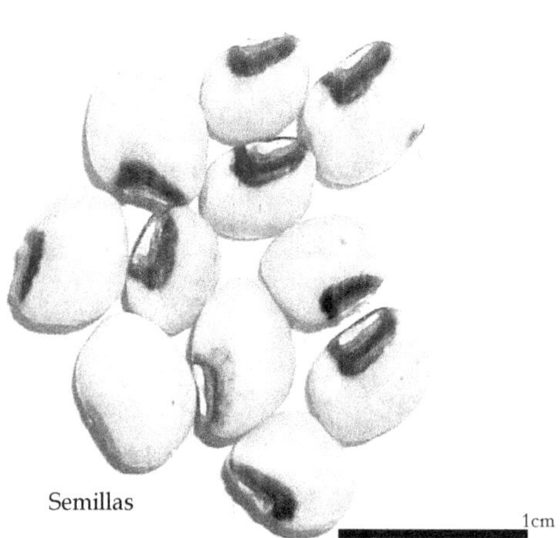

Almidones tanto simples como compuestos, de formas ovaladas y elípticas, pocas veces trasovadas o circulares. Las formas ovaladas son diversas variantes que cuentan con márgenes suaves hasta fuertemente ondulados. Es común la forma ovalada tipo "riñón". El hilum es abierto cuando puede observarse, ocurriendo únicamente en aquellos pequeños cuerpos de formas ovalada regular o circular. El laminado es muy marcado y consiste principalmente en conjuntos de círculos concéntricos ondulados que replican la silueta del almidón. De igual forma pueden observarse, en menor frecuencia, conjuntos de círculos concéntricos regulares, casi siempre en los almidones circulares pequeños. Las fisuras lineales longitudinales y fuertemente onduladas son las más comunes. En la sección proximal es común notar la presencia de múltiples fisuras finas y paralelas a la fisura principal. No obstante, una buena parte de los almidones observados no muestra fisura alguna. La cruz de extinción es similar a la de otros géneros de Fabaceae, siendo las variantes céntrica y excéntrica en forma de equis y con brazos curvos las más representativas. En ocasiones, sobre todo en los almidones circulares, se registra la variante céntrica en forma de cruz y con brazos rectos. El borde consiste en una doble línea, oscura la externa y clara la interna. Se proyecta con más fuerza la línea oscura. No fue observada ninguna faceta de presión.

Rango de tamaño (µm)	5.05 – 29.72
Media (µm) y desviación estándar	19.04 (± 5.92)

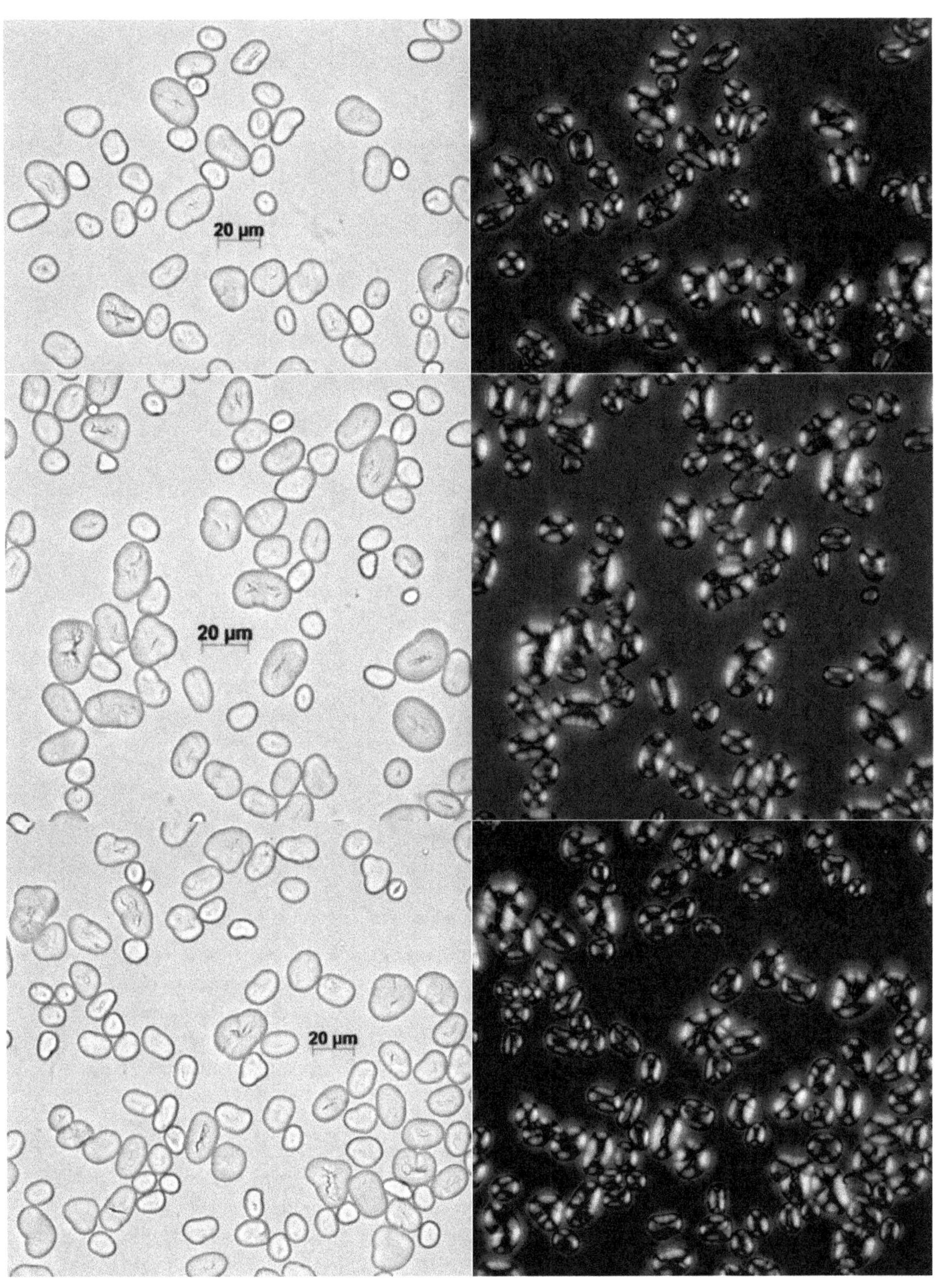

Fabaceae

Almidones mayormente simples, los hay compuestos, de formas ovaladas y elípticas, pocas veces trasovadas o circulares. Las formas ovaladas son diversas variantes que cuentan con márgenes suaves hasta fuertemente ondulados. Es común la forma ovalada tipo "riñón". El hilum es abierto cuando puede observarse, ocurriendo únicamente en aquellos pequeños cuerpos de forma ovalada regular o circular. El laminado es prominente y consiste principalmente en conjuntos de círculos concéntricos ondulados que replican la silueta externa del almidón. De igual forma pueden observarse, en menor frecuencia, conjuntos de círculos concéntricos regulares, casi siempre en los almidones circulares pequeños. Las fisuras lineales longitudinales, tanto regulares como fuertemente onduladas, son las más comunes. La cruz de extinción es similar a la de otros géneros de Fabaceae, siendo la variante excéntrica en forma de equis y con brazos curvos la más representativa. En ocasiones, los almidones ovalados regulares pequeños o los circulares, registran las variantes céntrica y excéntrica en forma de cruz y con brazos rectos. El borde consiste en una doble línea, oscura la externa y clara la interna. Se proyecta con más fuerza la línea oscura. No fue observada ninguna faceta de presión.

Rango de tamaño (µm)	12.27 – 26.93
Media (µm) y desviación estándar	19.82 (± 4.77)

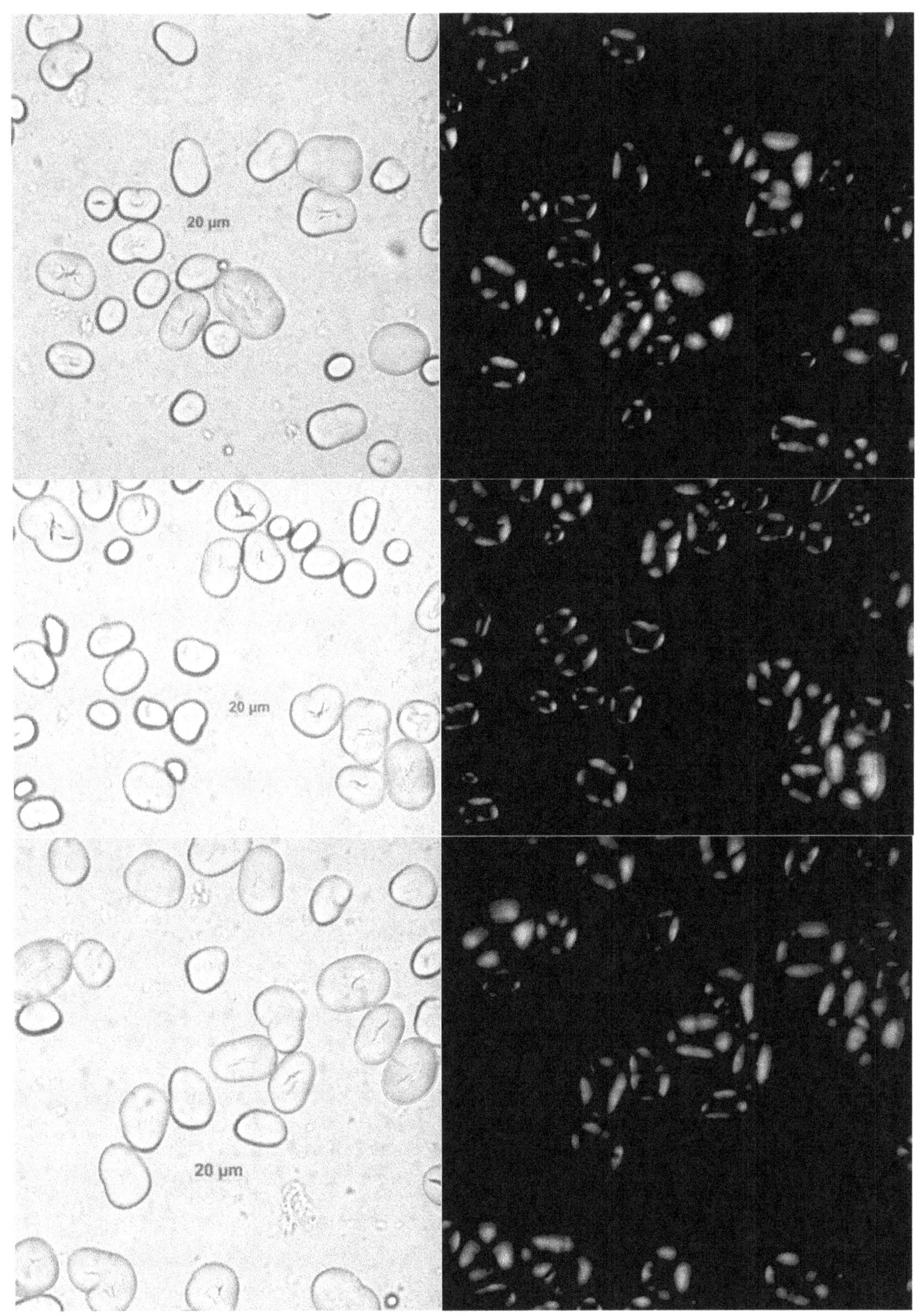

20 µm
20 µm
20 µm

Fabaceae

Almidones mayormente simples, de formas ovaladas, elípticas y trasovadas con márgenes regulares o ligeramente ondulados. La forma ovalado "riñón" es común, aunque no abundante. El hilum pocas veces se nota en algunos almidones pequeños; es abierto. Se ubica principalmente en posición excéntrica. El laminado es muy tenue, aunque puede observarse la recurrencia del conjunto de círculos concéntricos ondulados. Las fisuras lineales longitudinales tanto regulares como onduladas, se observan solo en muy pocos casos. La cruz de extinción consiste en dos variantes: excéntrica en forma de equis con brazos curvos, y céntrica en forma de equis con brazos curvos. Como en otras variedades de este género, el borde consiste en un doble borde, oscura la línea externa y clara la interna. Predomina la línea oscura. No se aprecia ninguna faceta de presión.

Rango de tamaño (μm)	4.39 – 32.66
Media (μm) y desviación estándar	20.5 (± 6.82)

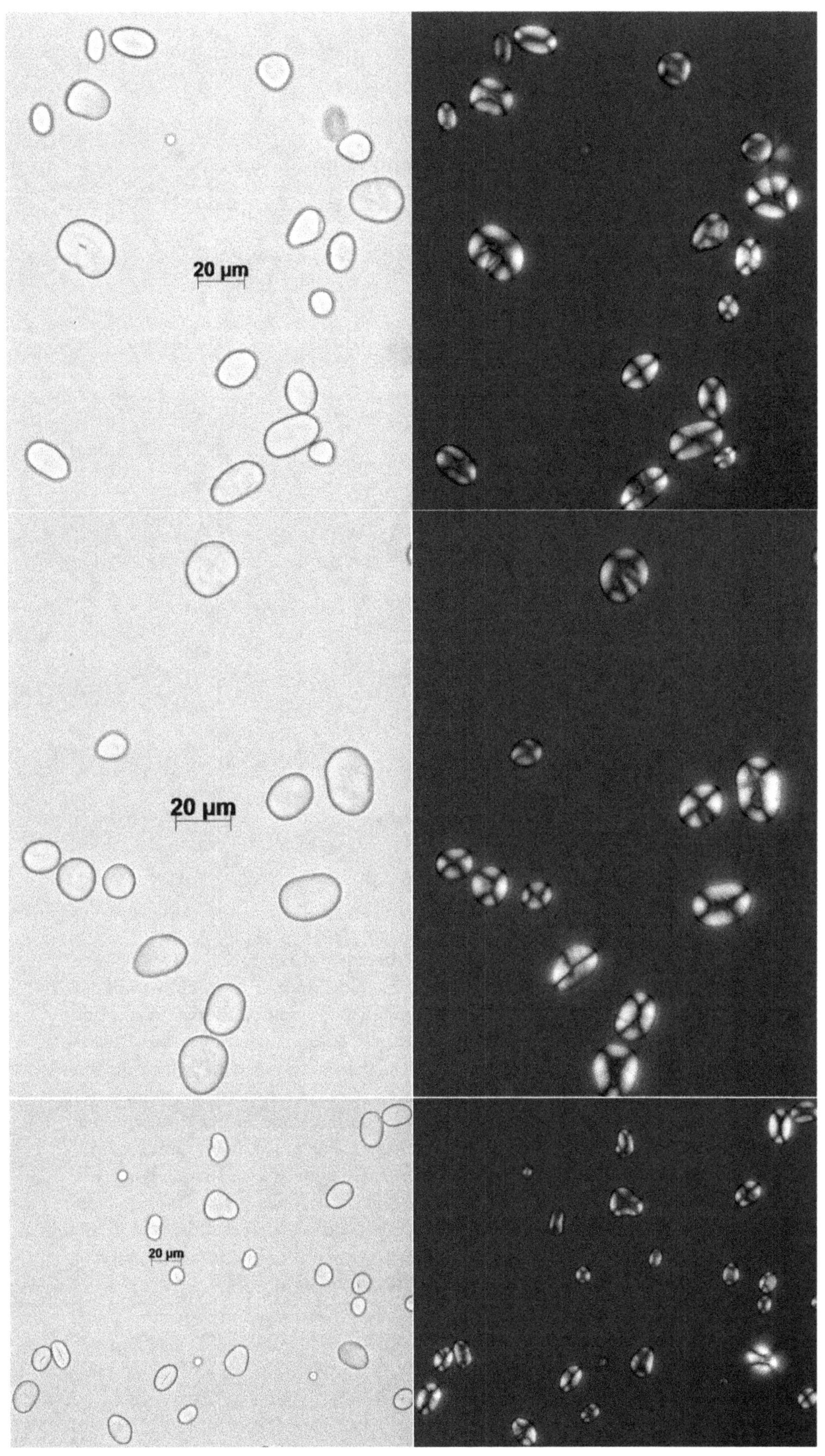

Fabaceae

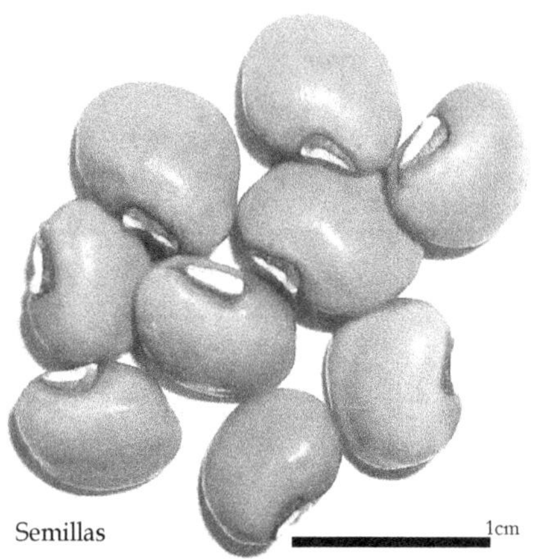

Semillas   1cm

Almidones mayormente simples, los hay compuestos. Formas ovaladas y elípticas, pocas veces trasovadas o circulares. Las formas ovaladas son diversas variantes que cuentan con márgenes que suaves hasta fuertemente ondulados. Es común la forma ovalada tipo "riñón". El hilum es abierto cuando puede observarse, ocurriendo únicamente en aquellos pequeños cuerpos de forma ovalada regular o circular. El laminado es prominente y consiste principalmente en conjuntos de círculos concéntricos ondulados que replican la silueta del almidón. De igual forma pueden observarse, en menor frecuencia, conjuntos de círculos concéntricos regulares, casi siempre en los almidones circulares pequeños. Las fisuras son una constante en estos almidones, siendo la línea longitudinal regular o fuertemente ondulada la más común. La cruz de extinción es similar a la de los almidones de otros géneros de Fabaceae, siendo la variante excéntrica en forma de equis y con brazos curvos la más representativa. En pocas ocasiones, principalmente en los almidones ovalados regulares pequeños o en los circulares, se registran las variantes céntrica y excéntrica en forma de cruz y con brazos rectos. El borde consiste en una doble línea, oscura la externa y clara la interna. Se proyecta con más fuerza la línea oscura. No fue observada ninguna faceta de presión.

Rango de tamaño (µm)	5.16 – 32.61
Media (µm) y desviación estándar	21.36 (± 7.16)

"

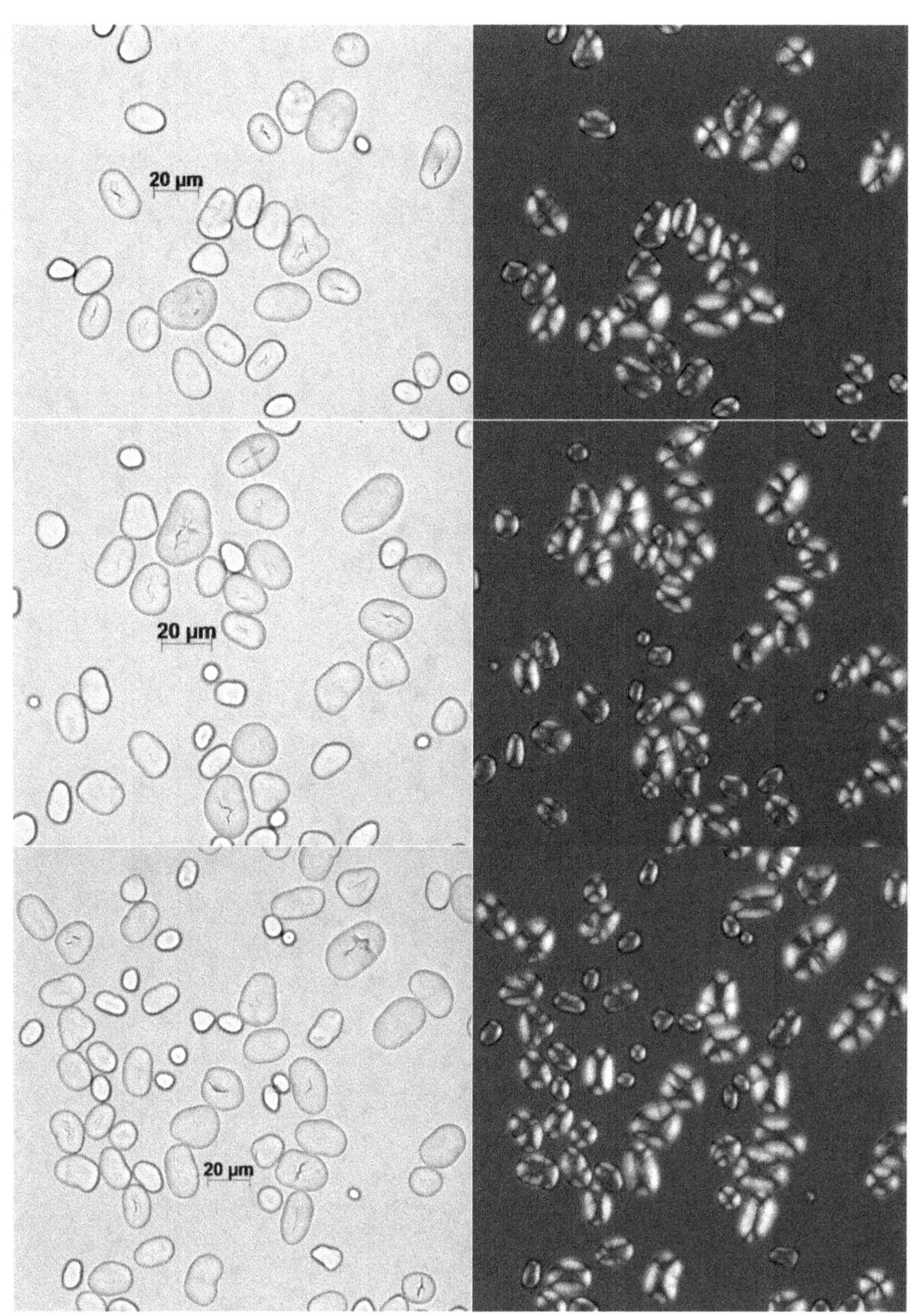

20 µm
20 µm
20 µm

Fabaceae

Phaseolus vulgaris, negro común

Nombre común: Fréjol negro común
Estado: cultivada
Localidad: Mercado de Otavalo, Imbabura
Almidones de las semillas

Almidones simples y compuestos, principalmente ovalados y elípticos con márgenes ligeramente ondulados. La forma ovalada "riñón" es común. Muy pocas veces el hilum puede notarse, casi siempre en posición excéntrica y principalmente en almidones ovalados regulares pequeños. El laminado consiste de dos variantes típicas de Fabaceae; círculos concéntricos ondulados y círculos concéntricos regulares. Las fisuras son bastante muy comunes en estos almidones, siendo la principal una línea longitudinal suave o fuertemente ondulada. La cruz de extinción principal es excéntrica en forma de equis con brazos curvos, aunque también es frecuente la excéntrica en forma de equis con brazos ondulados. El borde, como en otras especies o variedades de Fabaceae, es una doble línea, oscura la externa y clara la interna. Se proyecta más la línea oscura. No se documenta facetas de presión.

Rango de tamaño (µm)	8.11 – 45.48
Media (µm) y desviación estándar	24.43 (± 8.82)

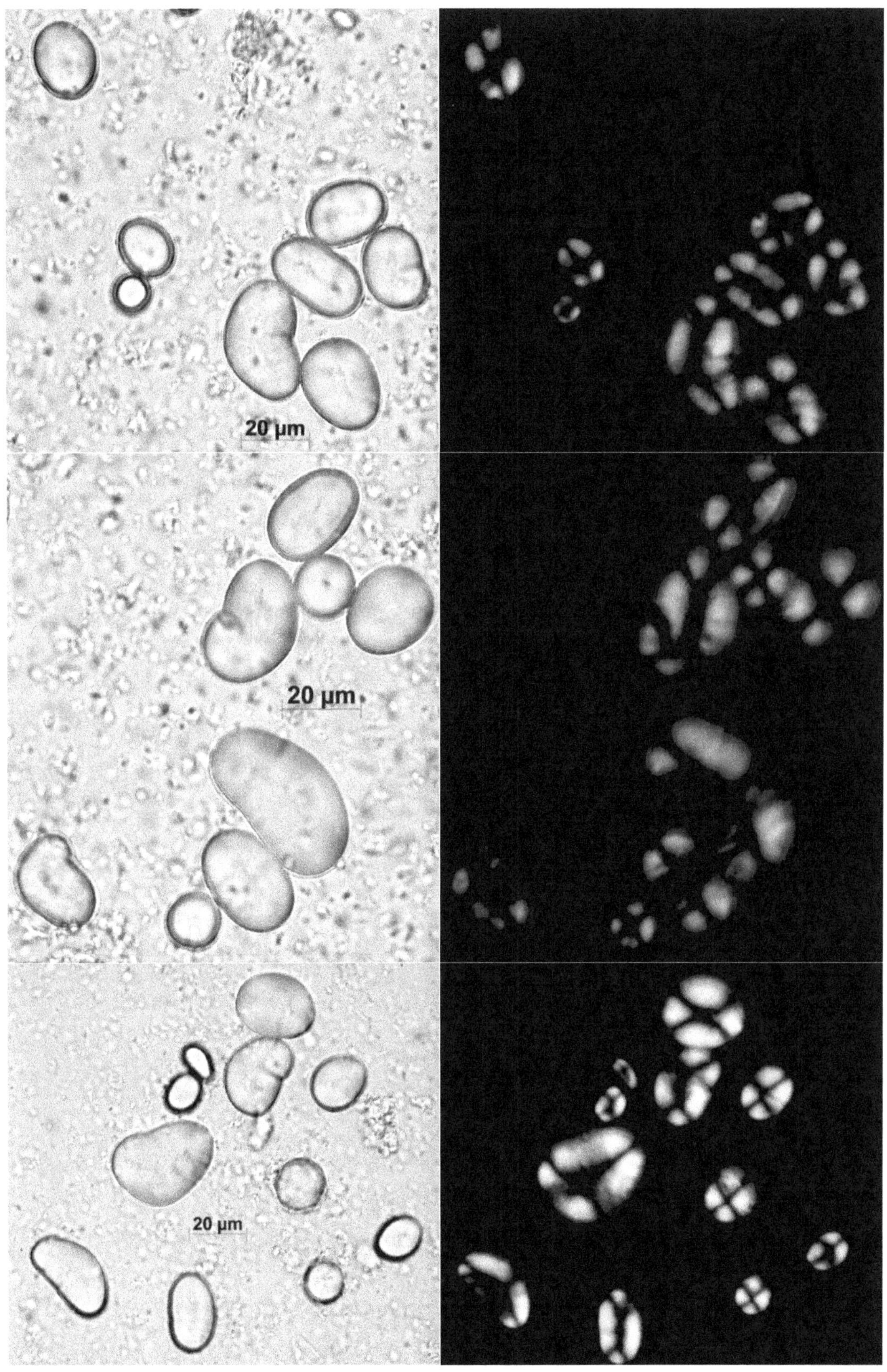

Fabaceae

Canavalia cf. *brasiliensis*

Nombre común: Haba silvestre
Estado: silvestre
Localidad: Sector La Pólvora, Isla Puná, Guayas
Almidones de las semillas

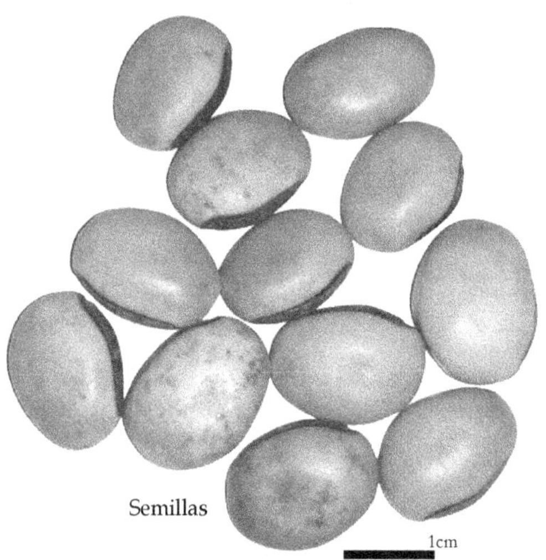

Almidones mayormente simple, principalmente distintas variantes ovaladas con márgenes ligeramente ondulados. La forma ovalada "riñón" es relativamente frecuente. Muy pocas veces el hilum puede notarse en los almidones más comunes (ovalados), pero es tanto céntrico como ligeramente excéntrico y abierto cuando se distingue. Sí es frecuente el hilum en los almidones pequeños y circulares. El laminado es muy marcado, consiste de dos variantes típicas de Fabaceae; círculos concéntricos ondulados y círculos concéntricos regulares. Las fisuras no son muy comunes, siendo la principal una línea longitudinal suave o fuertemente ondulada que discurre sobre la sección proximal. A veces existe una línea transversal en el área del hilum. Se observa también una línea (parecida a una fisura) en la unión de los almidones compuestos. La cruz de extinción principal es céntrica en forma de cruz y con brazos rectos o ligeramente ondulados. Con menor frecuencia está la cruz excéntrica en forma de equis con brazos ondulados o curvos. El borde, como en otras especies o variedades de Fabaceae, es una doble línea, oscura la externa y clara la interna. Se proyecta más la línea oscura. No se documenta facetas de presión.

Rango de tamaño (µm)	14.94 – 60.11
Media (µm) y desviación estándar	37.05 (± 12.93)

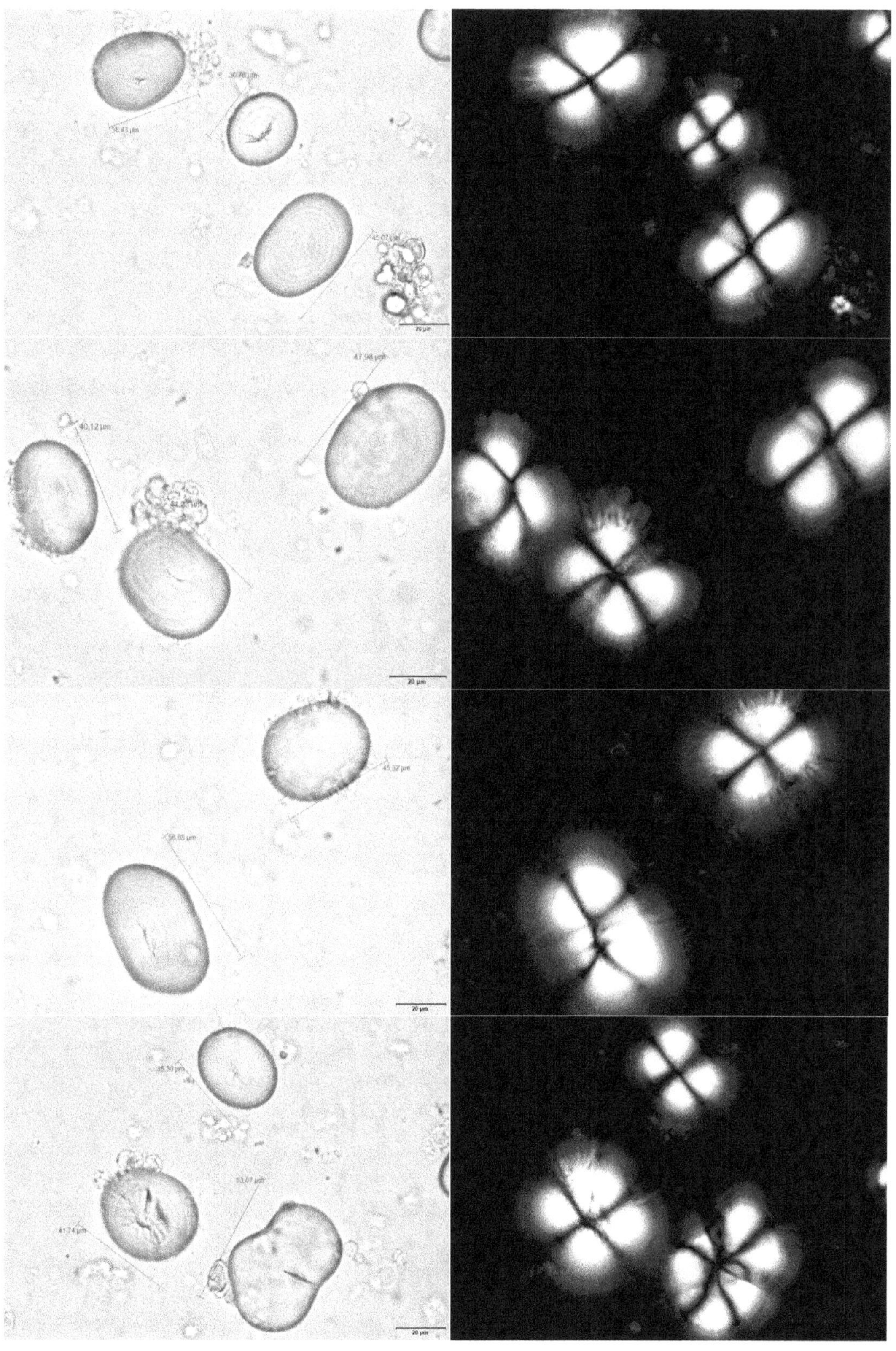

Fabaceae

Canavalia spp.

Nombre común: Haba silvestre
Estado: silvestre
Localidad: Comunidad La Prosperina, vía a Tambo, Santa Elena
Almidones de las semillas

Almidones mayormente simples y ovalados, con poca o ninguna ondulación en sus márgenes. Circulares los más pequeños. Existe la forma ovalada "riñón", pero es infrecuente. Muy pocas veces el hilum puede notarse; ocurre principalmente en los almidones ovalados y circulares pequeños, siendo casi siempre céntrico y abierto. El laminado es muy marcado, consiste de dos variantes típicas de Fabaceae; la principal es la de círculos concéntricos regulares y luego la de círculos concéntricos ondulados. Las fisuras son relativamente comunes, siendo la principal una línea longitudinal suave que discurre sobre la sección proximal, acompañada de finas fisuras paralelas. Se observa también una línea (parecida a una fisura) en la unión de los almidones compuestos. La cruz de extinción principal es céntrica en forma de cruz y con brazos rectos o ligeramente ondulados. Con menor frecuencia está la cruz excéntrica en forma de equis con brazos ligeramente ondulados. El borde, como en otras especies o variedades de Fabaceae, es una doble línea, oscura la externa y clara la interna. Se proyecta más la línea oscura. No se documenta facetas de presión.

Rango de tamaño (μm)	18.69 – 61.02
Media (μm) y desviación estándar	37.7 (± 10.63)

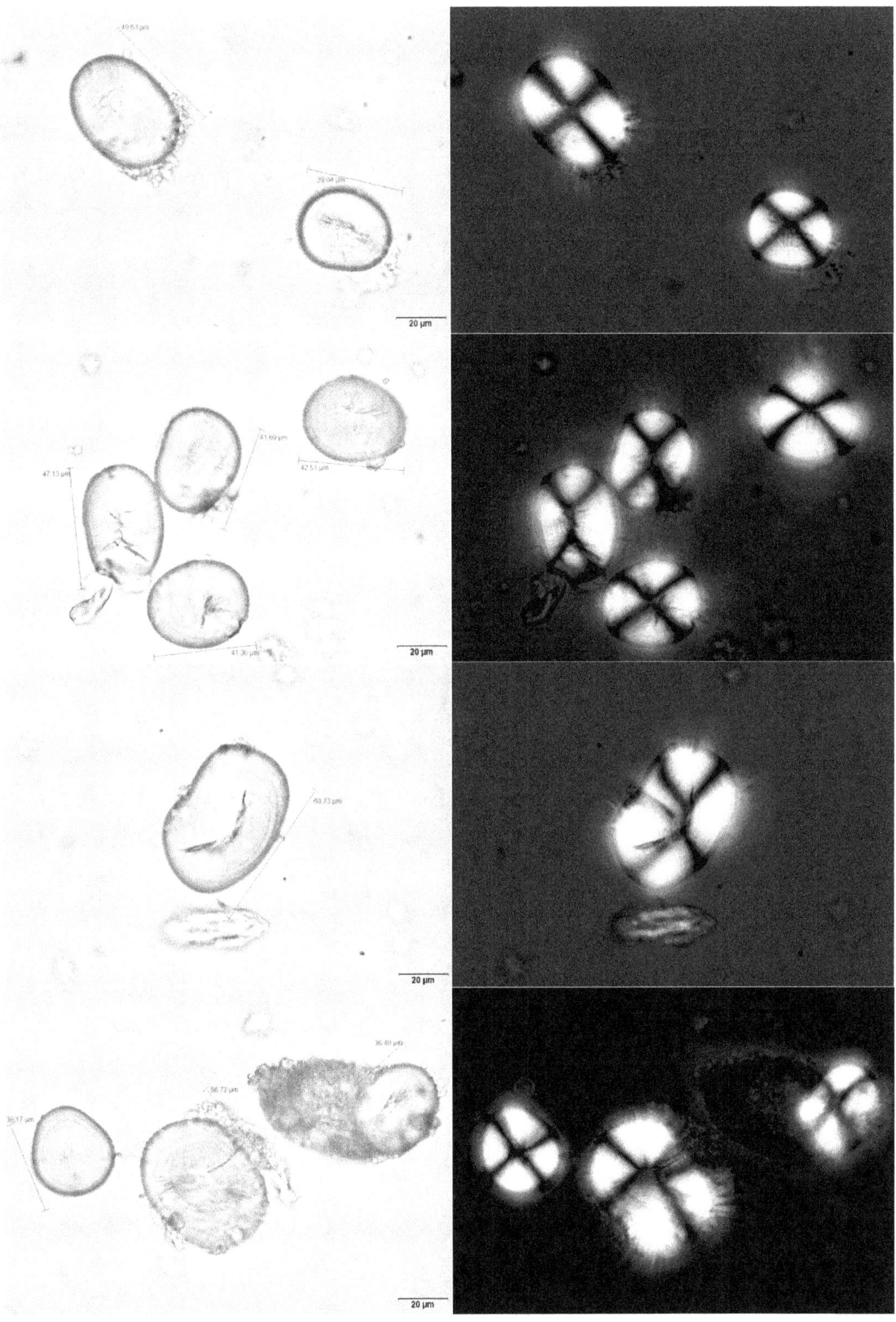

Heliconiaceae

Plantas

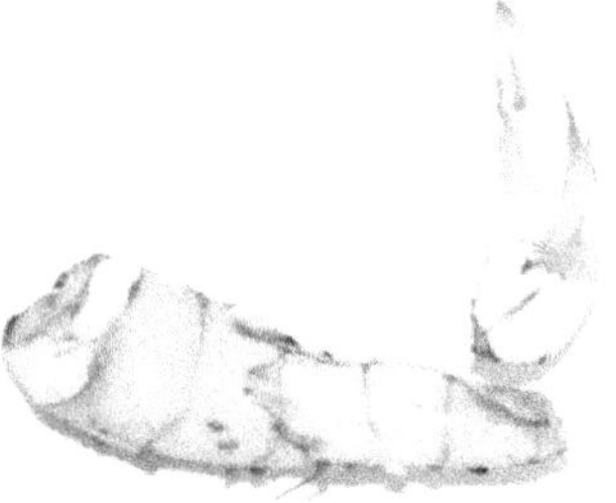

Rizomas

Almidones muy regulares, triangulares y de ángulos obtusos, con márgenes convexos y margen distal recto. Pocos almidones son ovalados. El hilum difícilmente es visible, pero se encuentra en posición excéntrica y es cerrado cuando se puede apreciar. El laminado es tenue, a veces imperceptible. Cuando se observa consiste en anillos concéntricos regulares. No existen fisuras. La cruz de extinción es bastante consistente al observarse una variante que predomina: excéntrica en forma de equis con brazos rectos. En pocos casos se observa la variante excéntrica en forma de cruz con brazos rectos. El borde es una doble línea, oscura la externa y clara la interna. De ellas, la de mayor proyección es la línea oscura. No se documenta ninguna faceta de presión.

Rango de tamaño (µm)	3.2 – 29.75
Media (µm) y desviación estándar	14.02 (± 7.14)

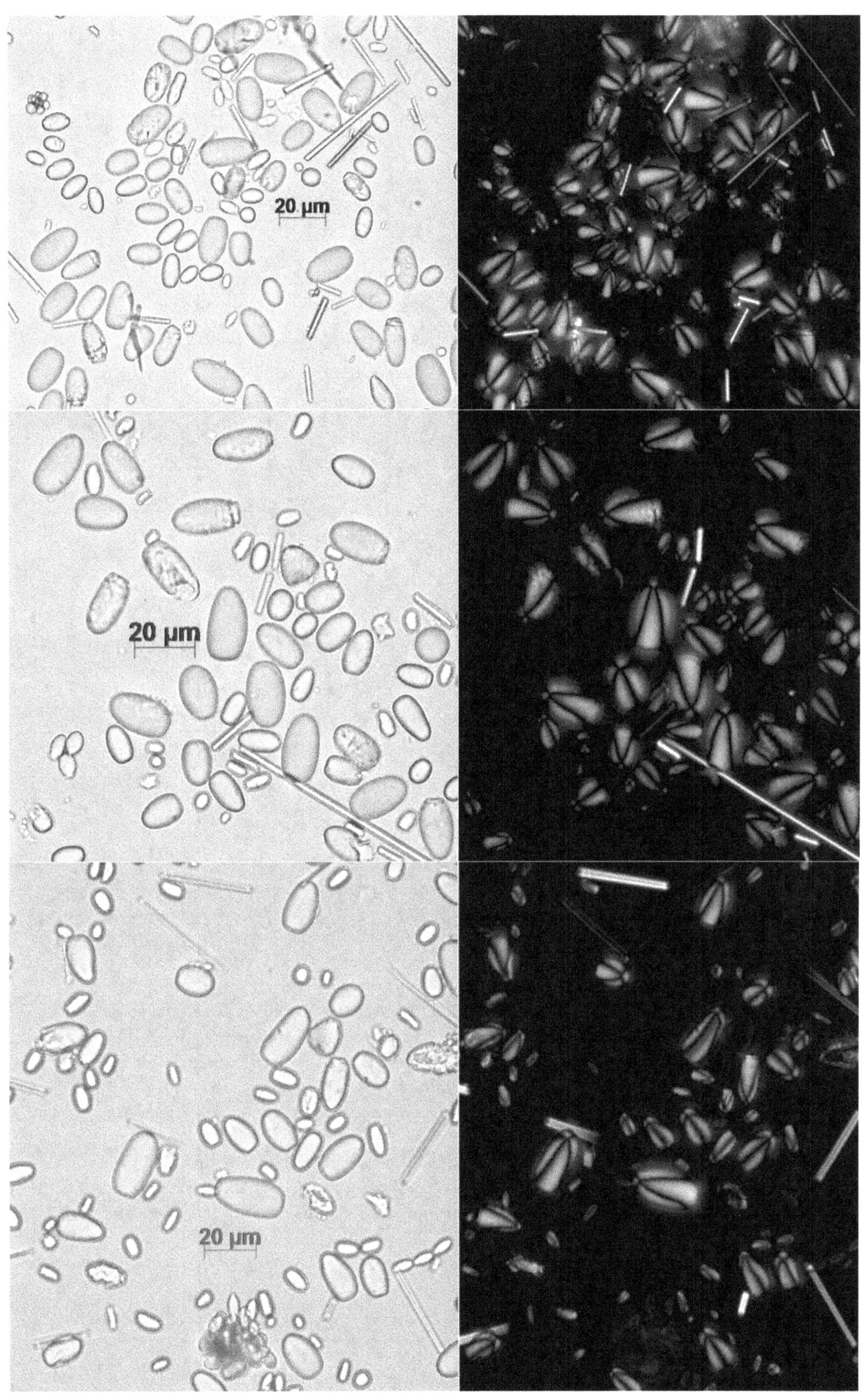

Hypoxidaceae

Planta

Cormo

Almidones casi siempre simples, principalmente ovalados y elípticos con márgenes ondulados tenues. Algunas formas poco representadas son trasovadas con ligera ondulación en los márgenes y muy pocas veces se observan formas circulares regulares. El hilum es abierto cuando éste es visible, ubicándose mayormente en posición excéntrica. El laminado se observa en pocos casos, sobre todo en aquellos almidones de mayor tamaño. Predomina la variante de círculos concéntricos ondulados. Las fisuras son relativamente pequeñas, poco comunes, y ubican en la sección proximal, sobre el hilum. La fisura lineal transversal, ligeramente ondulada, es la más frecuente, siguiéndole la línea transversal regular y la fisura en forma de "T". La cruz de extinción es generalmente excéntrica, en forma de equis y con brazos ondulados. También es bastante frecuente esa misma cruz de extinción, pero con brazos curvos; en muy pocos casos se aprecia la variante céntrica en forma de cruz con brazos ligeramente curvos. La cruz de extinción de esta especie se asemeja considerablemente a las variantes documentadas en la familia Fabaceae. El borde es una doble línea, siendo oscura la externa y clara la interna. Generalmente el borde (la doble línea) es prominente y radiante. No se observan facetas de presión.

Rango de tamaño (µm)	3.75 – 27.93
Media (µm) y desviación estándar	15.39 (± 8.24)

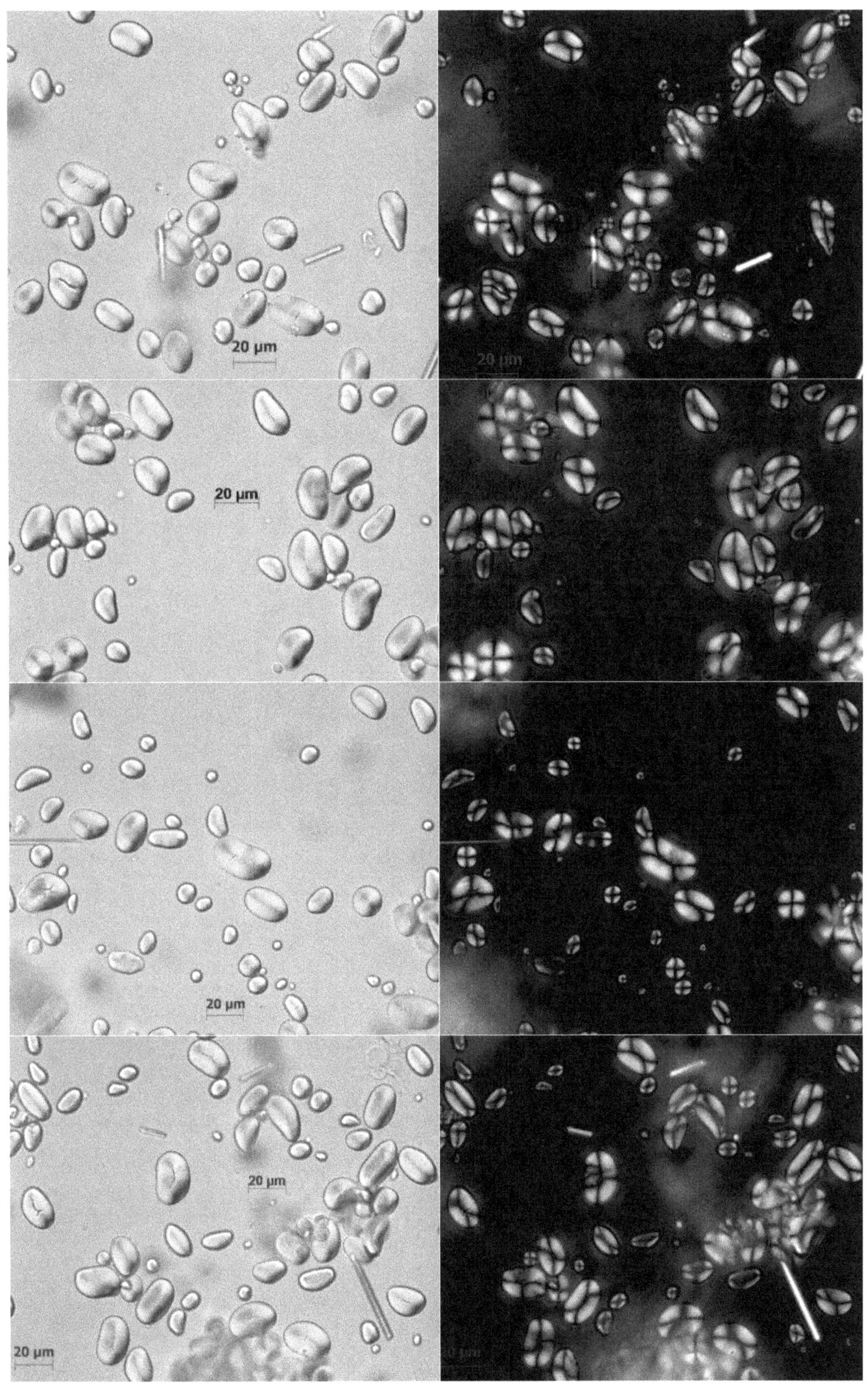

Malvaceae

Árbol y frutos

Fruto

Almidones mayormente individuales, pocas veces compuestos por dos y hasta tres pequeños gránulos. De formas abrumadoramente circulares y ovaladas, muy pocos casos son formas trasovadas o truncadas con ángulos obtusos. Por su tamaño, el hilum es pocas veces visible aunque sí se observa el área donde ubica por una pequeña mancha circular y más clara que el resto del almidón. El hilum es tanto céntrico como excéntrico, predomina la posición ligeramente excéntrica. No puede apreciarse laminado, ni tampoco fisuras. La cruz de extinción que predomina ampliamente es una cruz ligeramente excéntrica (o a veces céntrica) con dos brazos que son relativamente rectos en el nodo, pero marcadamente curvos hacia los extremos (ej. ). Esta característica podría ser típica, quizás diagnóstica, de los almidones de la especie. El borde es una doble línea, oscura la externa y clara la interna, proyectándose más la línea oscura. En pocos casos de almidones ovalados o truncados puede apreciarse una pequeña faceta de presión en la sección distal.

Rango de tamaño (μm)	3.1 – 10.5
Media (μm) y desviación estándar	6.12 (± 2.1)

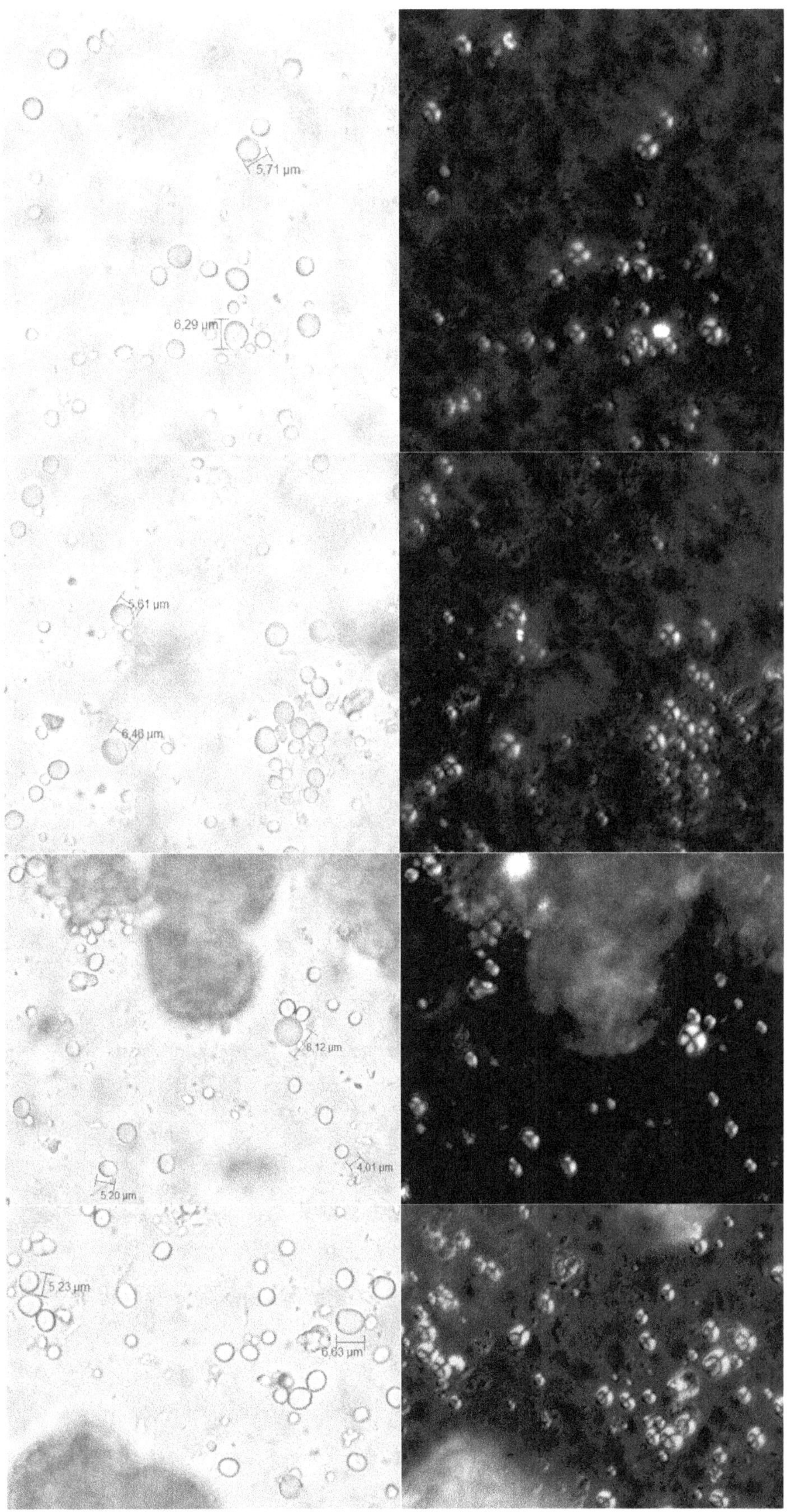

Marantaceae

Planta

Brácteas e inflorescencia

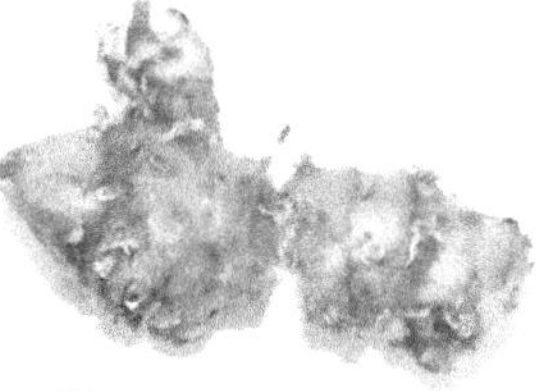

Rizoma

Almidones mayormente individuales, consistentemente triangulares, habiendo variaciones importantes. Las formas más comunes son triángulos obtusángulos, siendo una forma considerablemente expandida y con uno o dos de los márgenes usualmente ondulado y convexo. Sigue una forma triangular estrecha y alargada, de ángulos obtusos y con márgenes convexos. Menos común, pero recurrente, es una forma triangular que en uno de sus extremos (sección proximal) es sustancialmente más angosto, según ondulan dos de los márgenes en esa área. El hilum, cuando puede observarse, es abierto y excéntrico. El laminado es tenue, aunque observable principalmente en los almidones triangulares ensanchados (obstusángulos). Se trata de la variante de círculos y anillos concéntricos regulares. No se aprecian fisuras. La cruz de extinción es casi siempre excéntrica y en forma de cruz, principalmente de brazos rectos y en menor medida de brazos ondulados. El borde es una doble línea, oscura la externa y clara la interna, proyectándose más la línea oscura. No se documentan facetas de presión.

Rango de tamaño (μm)	3.52 – 28.3
Media (μm) y desviación estándar	13.57 (± 7.03)

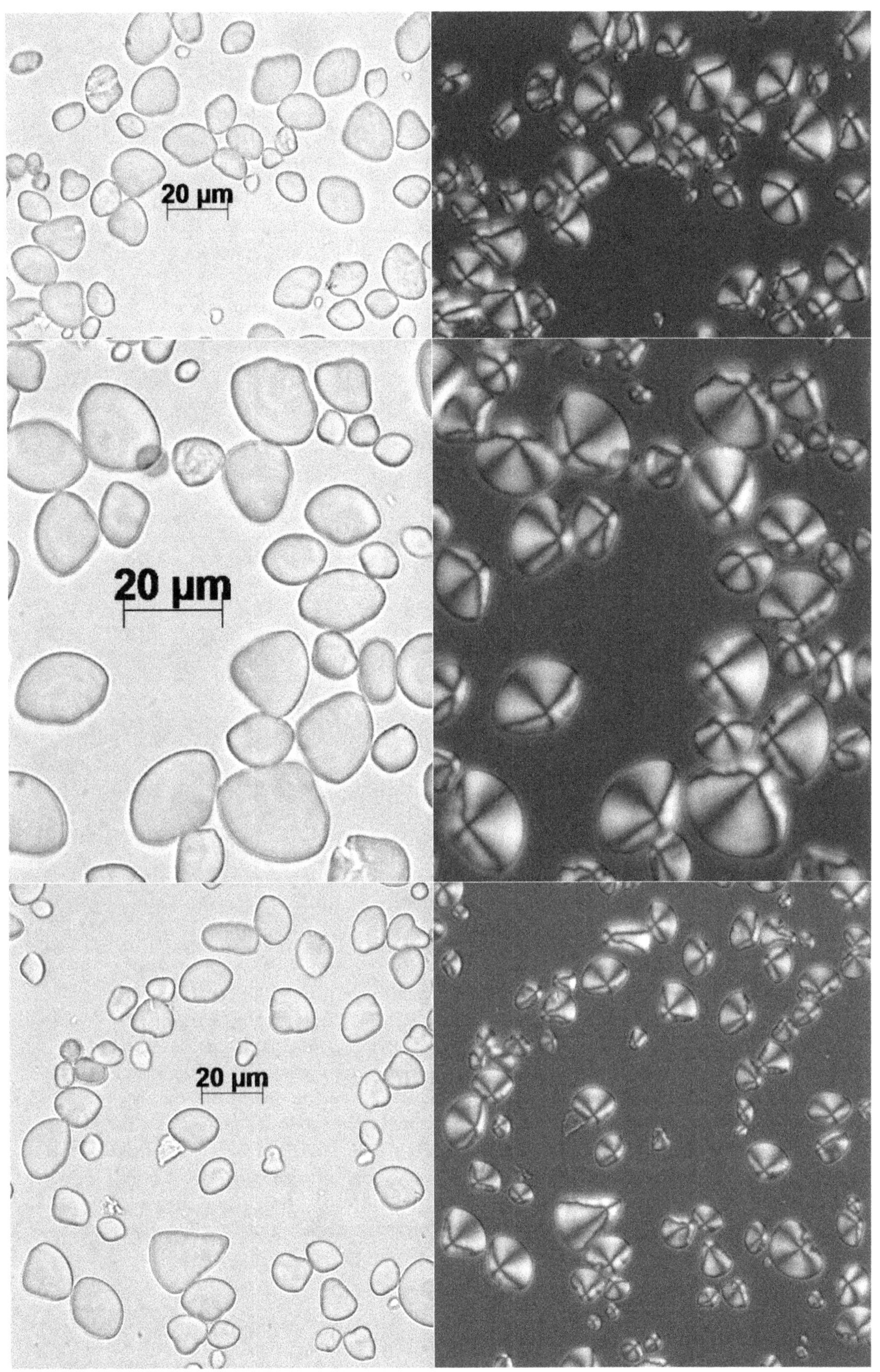

Marantaceae

Planta

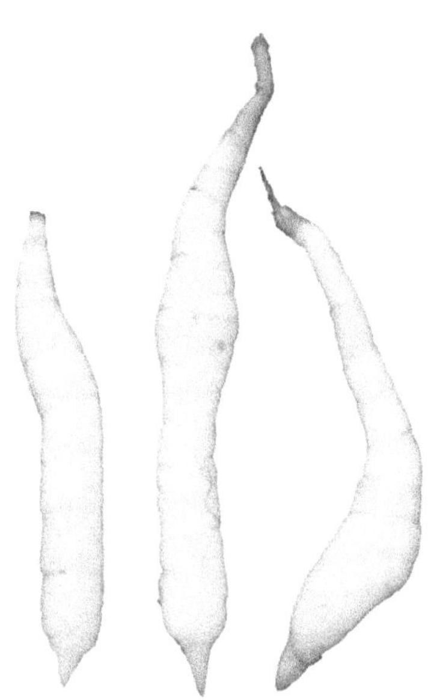

Rizomas

Almidones mayormente simples, los hay compuestos. Formas principalmente ovaladas con márgenes ligeramente ondulados o regulares. Otras formas menos comunes son la triangular y la trasovada, contando ambas formas con ángulos obtusos y márgenes ligeramente ondulados. Pocas veces se aprecia el hilum, ya que sobre éste generalmente ubica una pequeña fisura transversal o flexionada. Cuando se observa el hilum es abierto y excéntrico. El laminado es relativamente marcado y consiste en conjuntos de círculos y anillos concéntricos regulares. Las fisuras, sobre todo las pequeñas, son comunes en la sección proximal siendo la línea transversal regular y la línea en forma de ∧ las más frecuentes. La cruz de extinción es predominantemente excéntrica, en forma de equis con brazos rectos. Menos frecuentes son las variantes excéntricas en forma de cruz con brazos rectos o ligeramente curvos. El borde es una doble línea, oscura la externa y clara la interna. De ellas, predomina la línea oscura. No se aprecian facetas de presión.

Rango de tamaño (μm)	5.52 – 37.53
Media (μm) y desviación estándar	18.8 (± 8.4)

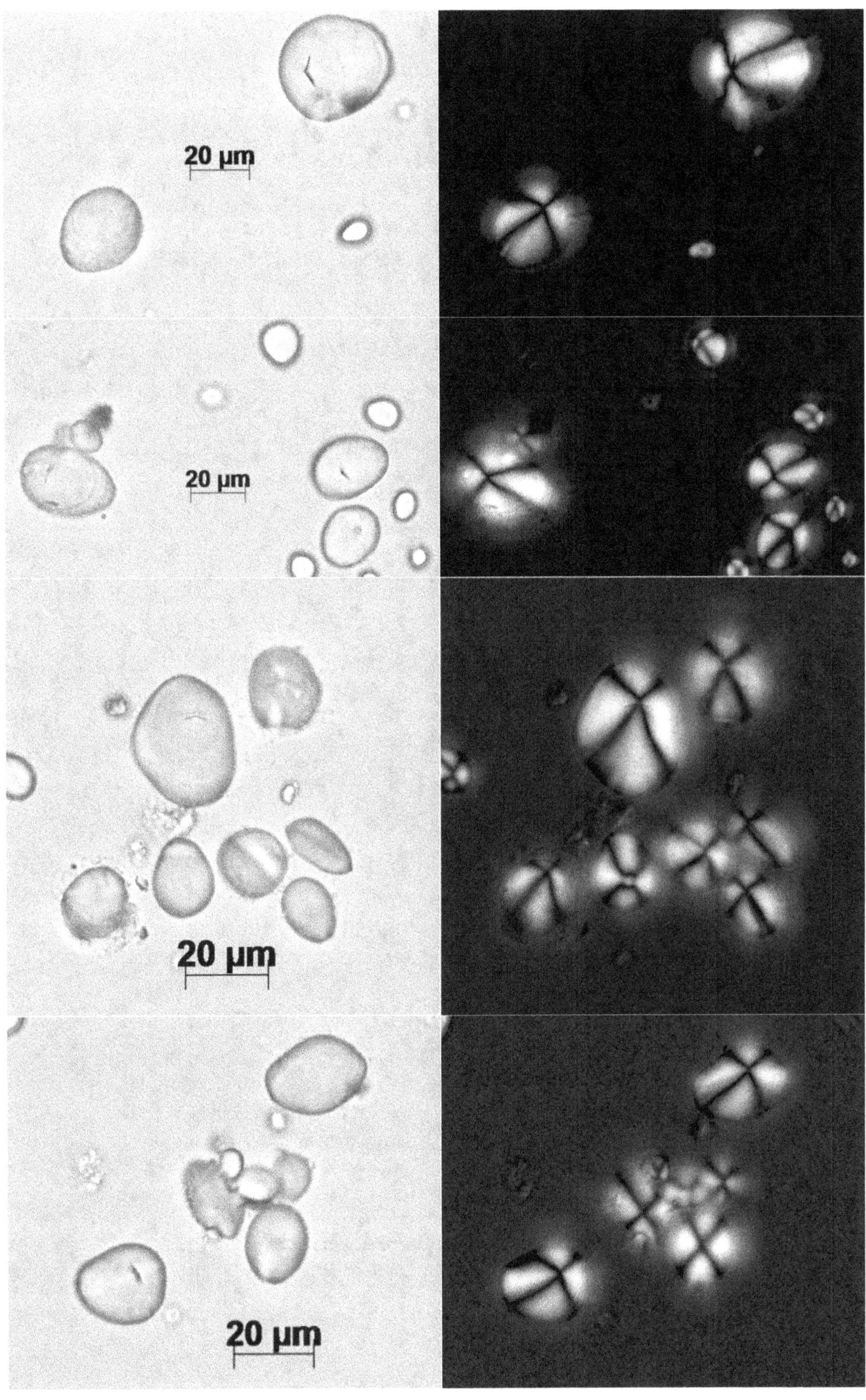

Oxalidaceae

Plantas

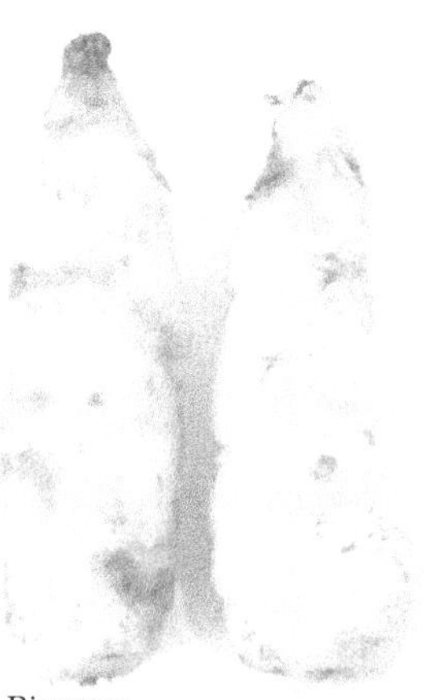

Rizomas

Almidones mayormente simples, elípticos con margen ligera o fuertemente ondulado, u oblanceolados y ovalados con márgenes ondulados. Son relativamente comunes los almidones polimorfos constituidos por dos o más gránulos. El hilum recurrente es cerrado y excéntrico, pero es común el hilum abierto. El laminado es marcado y consiste principalmente en círculos y anillos concéntricos regulares. En menor medida, aunque también con relativa frecuencia, hay conjuntos de círculos concéntricos ondulados. Pocos casos muestran círculos y anillos concéntricos angulares. No es común la presencia de fisuras. Cuando ésta se observa es una pequeña línea regular, transversa, ubicada en la sección proximal, sobre el hilum. La cruz de extinción es muy consistente, siendo la variante excéntrica en forma de equis y con brazos ondulados la documentada en la mayoría de los casos. El borde es una doble línea, oscura la externa y clara la interna. Se refleja más la línea oscura. No se documenta ninguna faceta de presión.

Rango de tamaño (µm)	6.47 – 107.5
Media (µm) y desviación estándar	47.69 (± 15.8)

Oxalidaceae

Oxalis tuberosa, amarilla y púrpura

Nombre común: Oca amarilla y púrpura
Estado: cultivada
Localidad: Mercado de Otavalo, Imbabura
Almidones de rizomas

Plantas

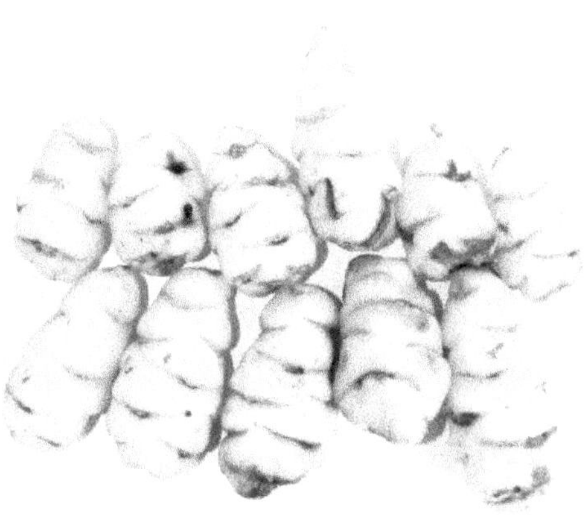

Rizomas

Almidones mayormente simples, oblanceolados y ovalados con uno o más márgenes ligeramente ondulados. Son comunes los almidones polimorfos constituidos por dos o más almidones ovalados. Menos recurrentes son algunas formas triangulares, alargadas y angostas con márgenes ligeramente ondulados. El hilum es cerrado y excéntrico. El laminado consiste en círculos y anillos concéntricos regulares. En muy pocos casos se observan fisuras siendo pequeñas y finas líneas transversales sobre el hilum. La cruz de extinción es excéntrica, principalmente en forma de cruz y con brazos ondulados. En menor medida se encuentra la cruz excéntrica en forma de equis y con brazos ondulados. El borde es una doble línea, oscura la externa y clara la interna. La línea oscura es la de mayor proyección. No se observan facetas de presión.

Rango de tamaño (μm)	9.71 – 77.93
Media (μm) y desviación estándar	43.5 (± 18)

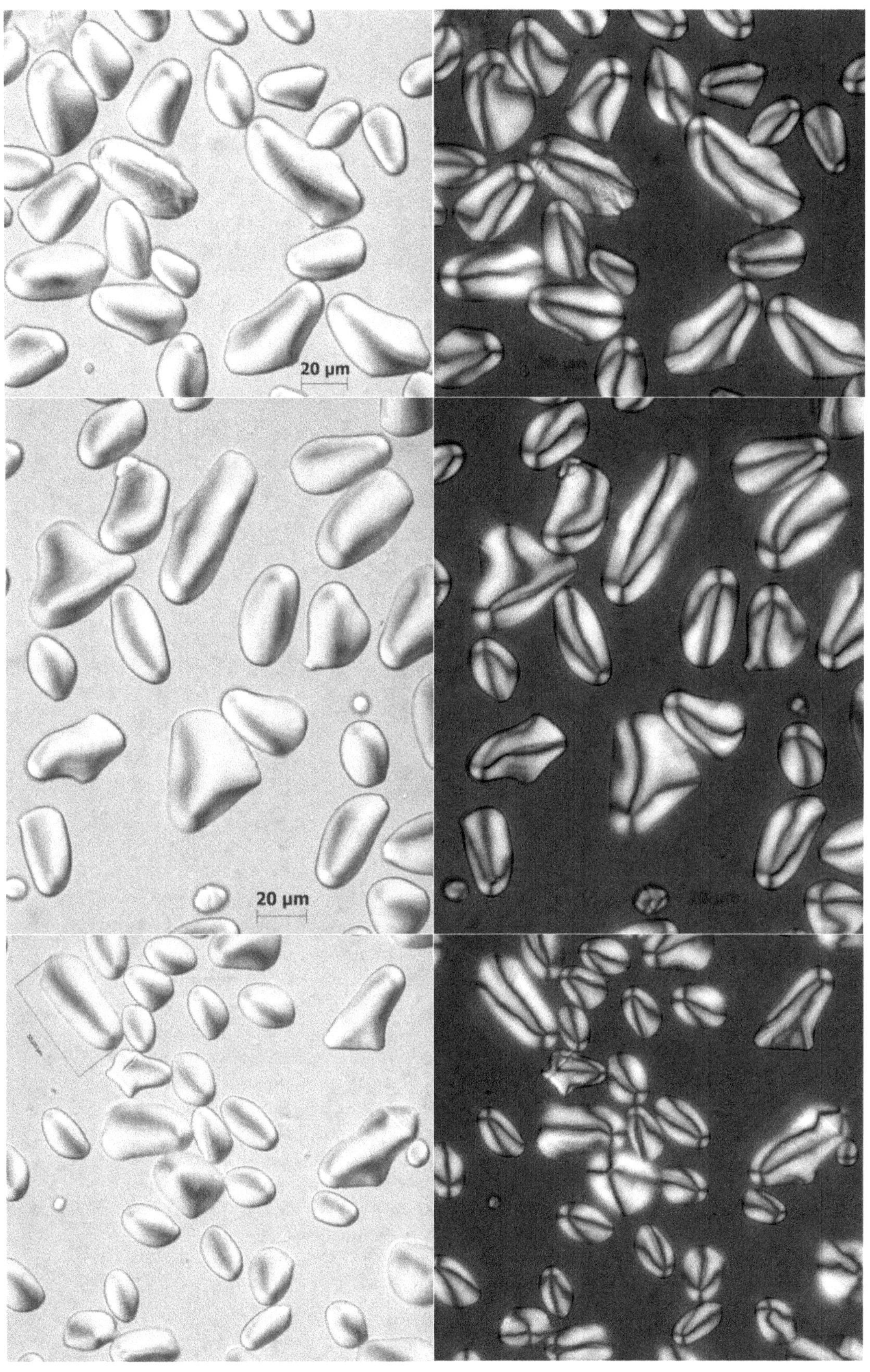

Poaceae

Almidones mayormente individuales, bastante regulares, de formas ovaladas, circulares y truncadas. En todos estos casos casi siempre los márgenes son ligeramente ondulados. Las formas truncadas (bell-shape) generalmente son redondeadas y significativamente más anchas en la sección proximal. Algunas formas ovaladas y circulares cuentan con superficies ligera o fuertemente corrugadas ("bumpy" según Pearsall et al. 2004). Generalmente la superficie de estos almidones es irregular. El hilum es difícilmente visible. Cuando se le observa es cerrado y se ubica tanto en posición céntrica como excéntrica. No se distingue ningún tipo de laminado. Las fisuras son muy variadas y fuertemente marcadas, casi siempre de gran tamaño y recurrentes en muchos almidones, siendo la más común la que se proyecta en forma de Y, y siguiendo en orden de ocurrencia las de forma de T, de línea transversal, de cruz y de equis. La cruz de extinción consiste principalmente en dos variantes, una excéntrica y otra céntrica en forma de cruz y con brazos rectos. La variante excéntrica en forma de equis y con brazos ligeramente curvos se ha documentado en muy pocos casos. El borde es una doble línea, oscura la externa y clara la interna. Distinto a lo documentado en otras variedades de maíz, el doble borde de estos almidones no es prominente, ni radiante. Algunos almidones, sobre todo las formas ovaladas considerablemente onduladas, así como pocos almidones truncados ensanchados (bell-shape), muestran entre 1 y 4 facetas de presión.

Rango de tamaño (μm)	3.38 – 26.45
Media (μm) y desviación estándar	18.22 (± 5.9)

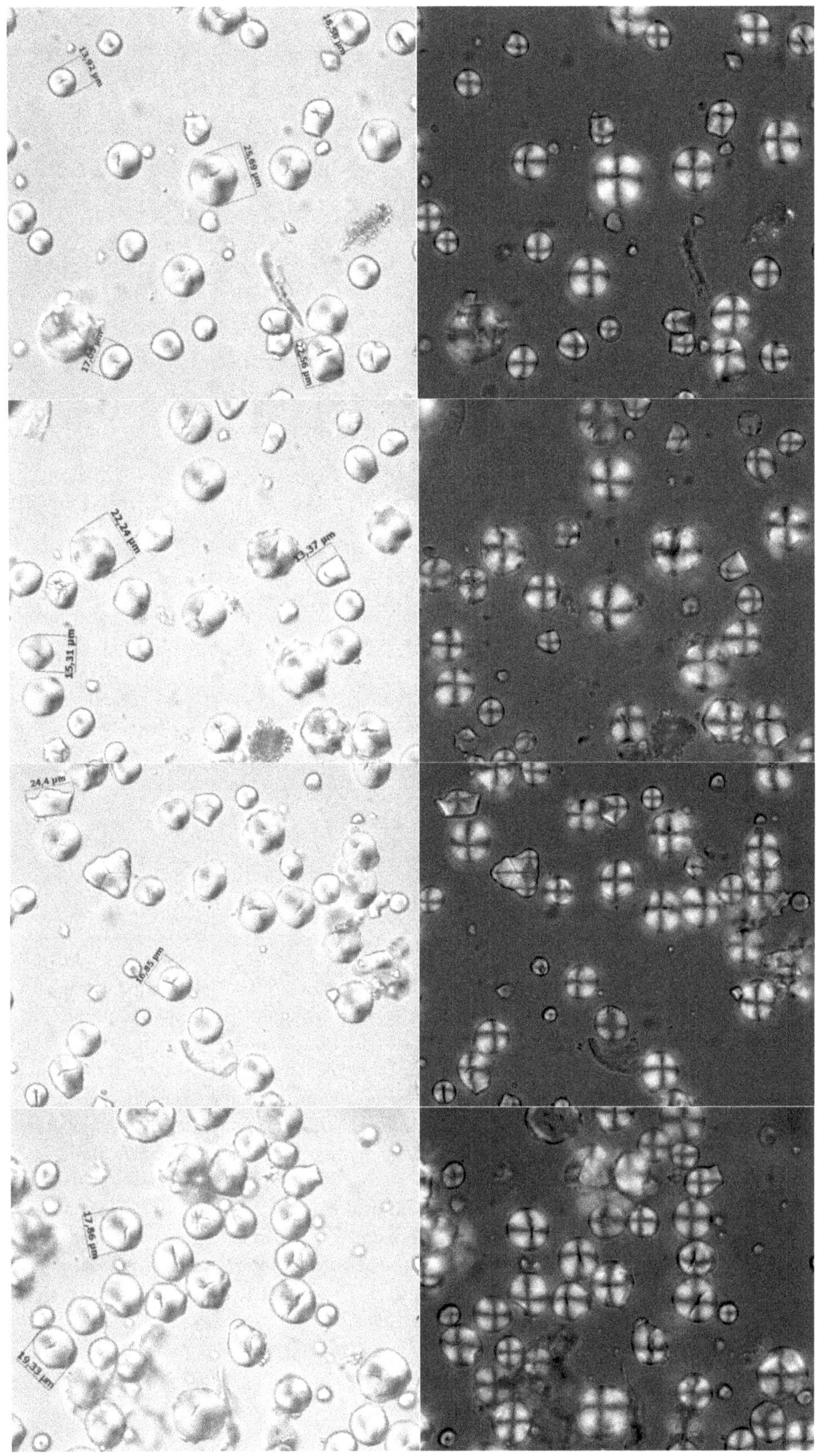

Poaceae

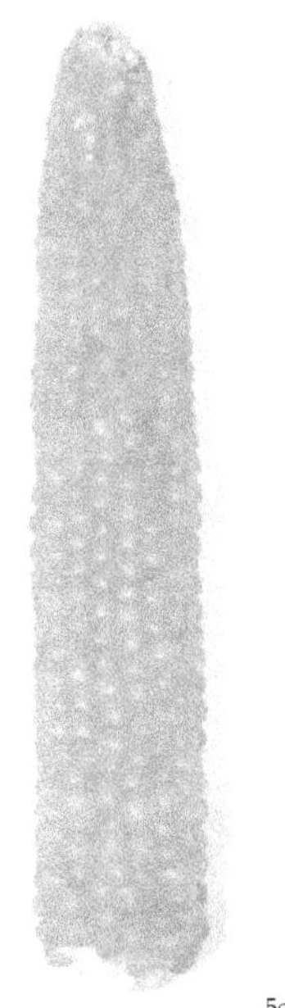

Mazorca   5cm

Almidones casi siempre simples, mayormente irregulares (poliédricos) en términos de formas, siendo la más común la forma ovalada ligera o fuertemente ondulada, a veces con márgenes aplanados y con superficie irregular. Siguen en orden de ocurrencia las formas poligonales, principalmente pentagonales, hexagonales y cuadradas contando muchas veces con márgenes rectos, cóncavos o convexos. Una forma menos recurrente, aunque importante, es la truncada alargada y estrecha. El hilum casi no se aprecia en los almidones y cuando se nota es cerrado y mayormente excéntrico. No se observa laminado alguno. Las fisuras son poco frecuentes, siendo las líneas transversales y las que tienen forma de T, casi siempre pequeñas, las únicas documentadas. La cruz de extinción más común es excéntrica en forma de cruz y con brazos ondulados. En otras pocas ocasiones se observa la variante céntrica en forma de cruz con brazos ondulados. El borde es una doble línea, oscura la externa y clara la interna; en este caso es frecuentemente prominente y radiante dicho rasgo. Las formas poligonales y algunas pocas formas ovaladas con márgenes ondulados muestran comúnmente facetas de presión en la sección distal, entre 1 y 3. Aunque es poco frecuente, se observan también puntos de flexión (facetas aparentes) en algunos almidones poliédricos.

Rango de tamaño (µm)	3.98 – 20.57
Media (µm) y desviación estándar	12.45 (± 4.35)

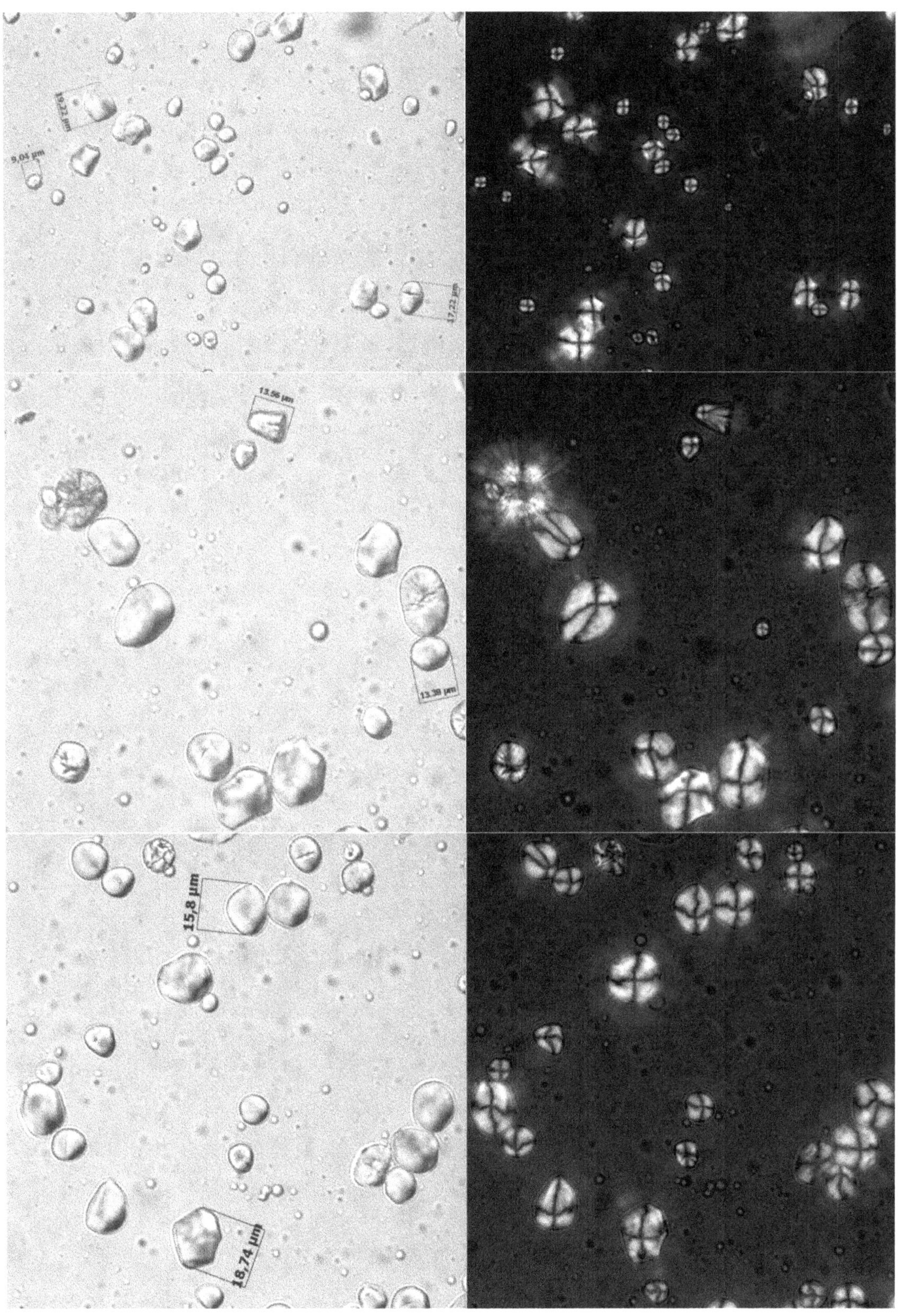

Poaceae

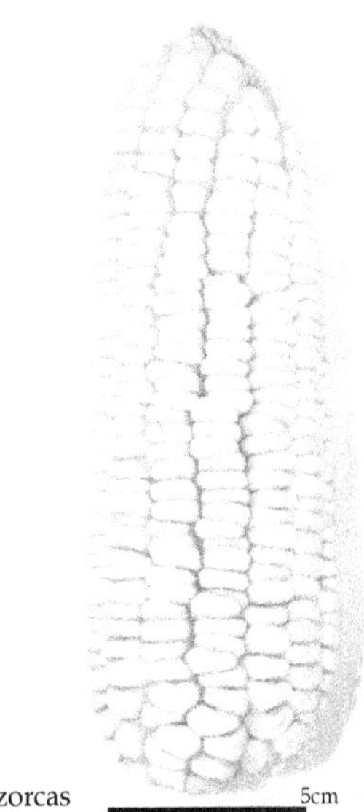

Almidones usualmente simples, predominantemente regulares y de formas ovaladas o circulares con márgenes con poca o ninguna ondulación. En menor frecuencia se observan almidones pentagonales y cuadrangulares con márgenes rectos, cóncavos o convexos. Existen también almidones truncados, generalmente angostos y alargados con el margen distal recto o ligeramente cóncavo. El hilum es común, siendo mayormente cerrado y ubicándose generalmente en posición céntrica. No se distingue laminado. Las fisuras son poco frecuentes y cuando existen son casi siempre líneas transversales finas en la sección proximal. La cruz de extinción más común es la céntrica en forma de cruz y con brazos rectos. Otras dos variantes, pocas veces documentadas, son la excéntrica en forma de cruz con brazos rectos y la excéntrica en forma de equis con brazos rectos. El borde consiste en una doble línea, siendo oscura la externa y clara la interna. En este caso el doble borde es relativamente prominente y radiante. Las facetas de presión, entre 1 y 2, son poco frecuentes y se observan, principalmente, en algunas formas poligonales (pentagonales y cuadrangulares).

Rango de tamaño (µm)	3.98 – 22.67
Media (µm) y desviación estándar	12.78 (± 4.62)

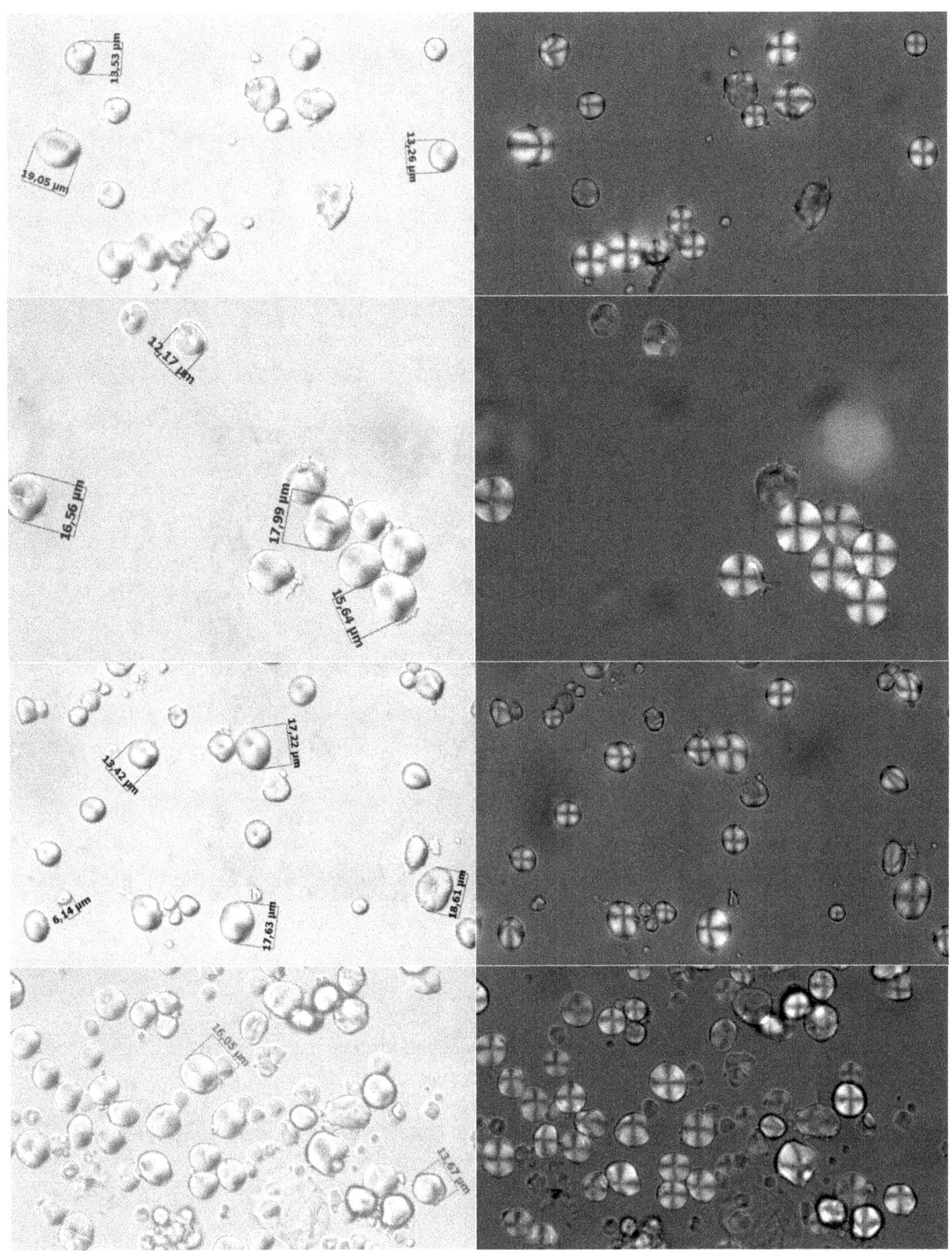

Poaceae

Zea mays, Morocho

Nombre común: Maíz Morocho
Estado: cultivada
Localidad: Mercado de Otavalo, Imbabura
Almidones de las semillas

Mazorcas

5cm

Almidones generalmente simples y bastante irregulares en los cuales predominan diversas variantes de formas truncadas. De ellas la más común es la truncada con sección proximal ensanchada, siguiendo la forma truncada alargada y estrecha. En estos casos a veces los márgenes pueden ser ligeramente ondulados. Otras formas recurrentes son la ovalada con márgenes regulares o ligeramente ondulados y la circular con margen regular. Son menos frecuentes las formas cuadrangulares, pentagonales y hexagonales que generalmente cuentan con márgenes convexos y en menor medida rectos. La superficie de estos almidones es comúnmente irregular y con muy poca frecuencia se observan superficies corrugadas regulares ("bumpy"). El hilum es casi siempre excéntrico, y abierto en la mayoría de los casos. No se observa laminado alguno. Las fisuras son relativamente frecuentes y usualmente de pequeño o mediano tamaño. La más representativa es una fisura lineal transversal y en pocos casos algunos almidones cuentan con pequeñas fisuras en forma de Y en el área del hilum. La cruz de extinción predominante es la excéntrica en forma de cruz con brazos rectos y, en segundo lugar, la céntrica en forma de cruz con brazos rectos. El borde es una doble línea, oscura la externa y clara la interna. Este rasgo no es prominente, ni radiante. Son pocos los casos, principalmente en los almidones poligonales, donde se observan entre 1 y 2 facetas de presión.

Rango de tamaño (μm)	3.96 – 23.9
Media (μm) y desviación estándar	13.27 (± 4.7)

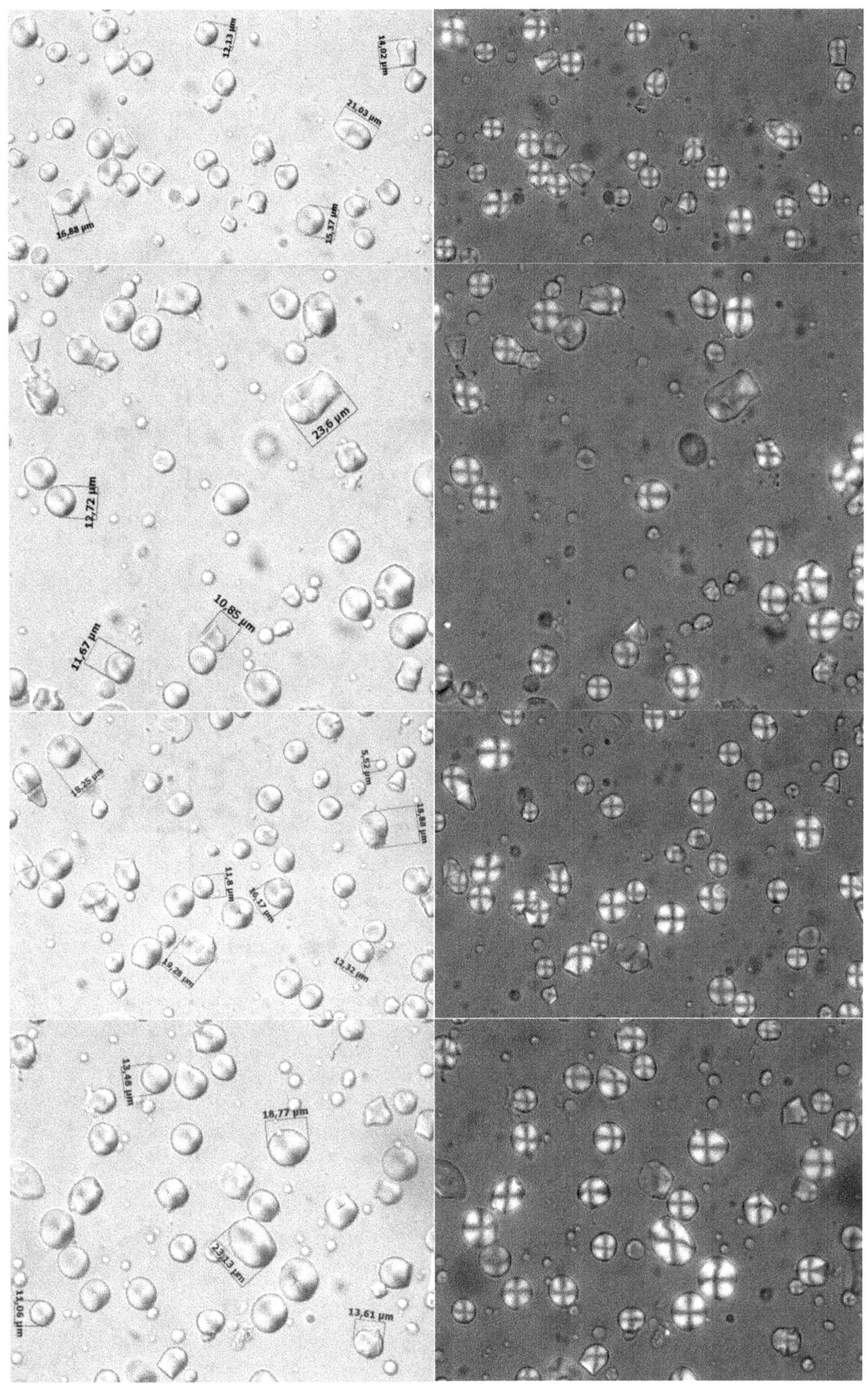

Poaceae

Zea mays, Canguil

Nombre común: Maíz Canguil
Estado: cultivada
Localidad: Periferia del Lago San Pablo, Imbabura
Almidones de las semillas

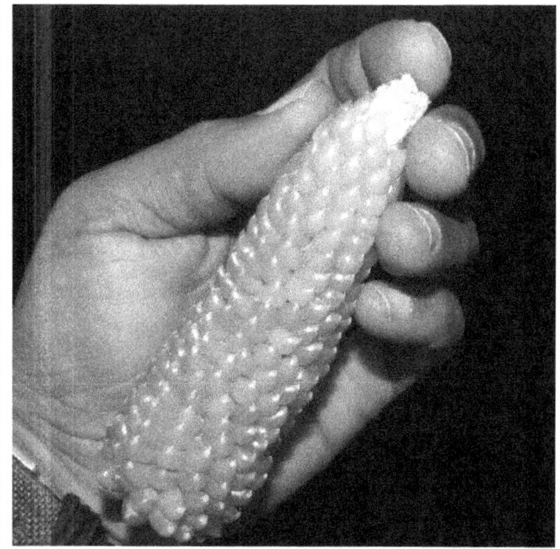

Mazorcas

Almidones simples, muy pocos compuestos, predominantemente ovalados con márgenes ondulados y regulares. Son recurrentes las formas truncadas y entre ellas es notable la forma truncada con la sección proximal fuertemente hinchada o ensanchada. Con menos frecuencia se observan formas hexagonales con márgenes convexos. El hilum, generalmente céntrico, se observa con relativa frecuencia y es abierto. No se aprecia ningún tipo de laminado. Las fisuras son medianas o grandes, principalmente en forma de Y. Son recurrentes otras fisuras como la que es en forma de T y la transversal, ambas de tamaño mediano. La cruz de extinción es bastante homogénea, siendo la variante céntrica con forma de cruz y brazos rectos la de mayor ocurrencia. Otras variantes observadas, con menor frecuencia, son la excéntrica en forma de cruz con brazos rectos y por último la excéntrica en forma de equis con brazos rectos. El borde es una doble línea, oscura la externa y clara la interna; no es prominente ni radiante. En pocas ocasiones pudo documentarse algún tipo de afacetado. Entre 1 y 3 facetas de presión pueden observarse regularmente en los almidones ovalados con margen ondulado, y en algunos truncados.

Rango de tamaño (µm)	3.55 – 25.61
Media (µm) y desviación estándar	15.47 (± 5.03)

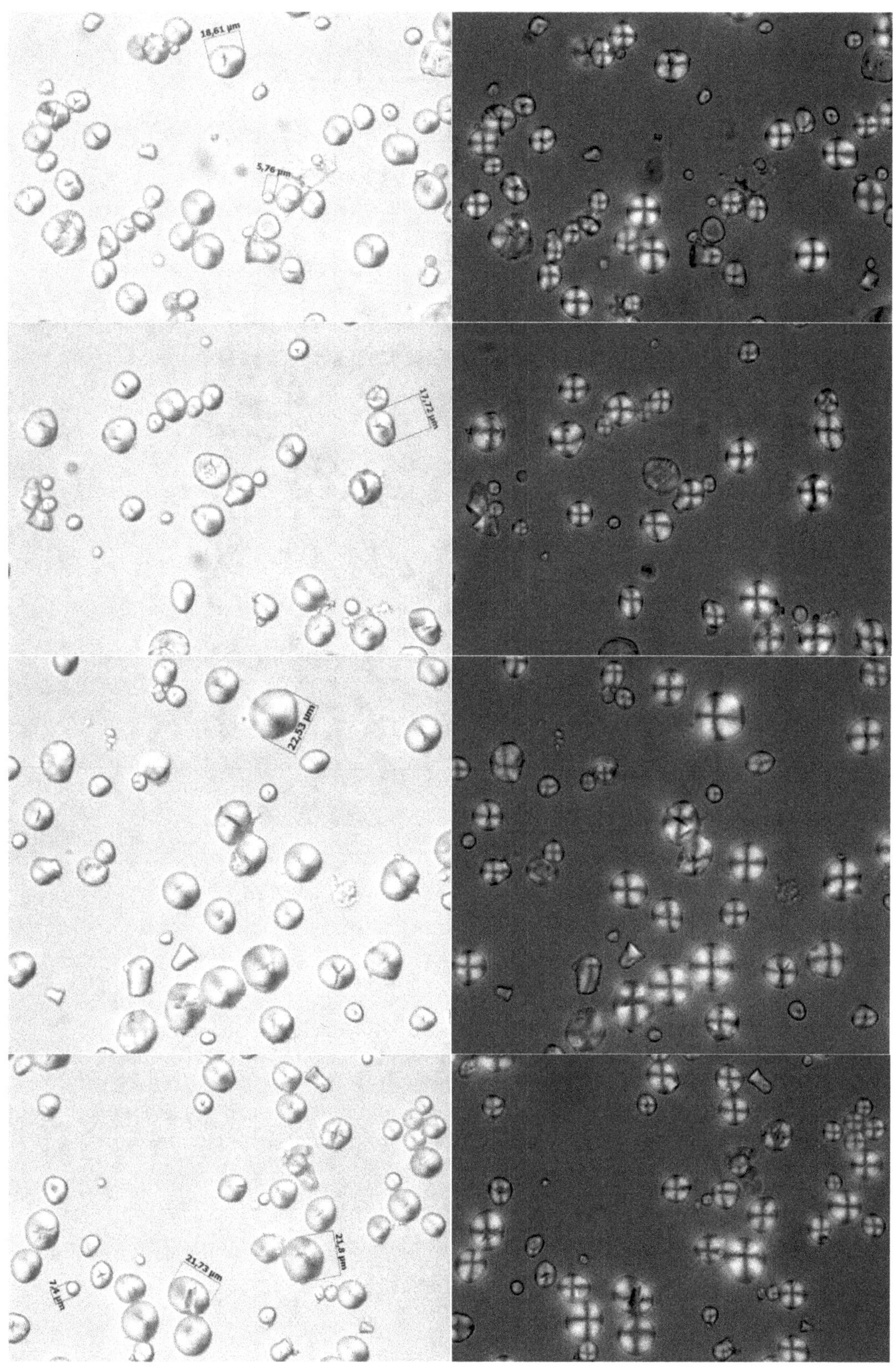

Poaceae

Mazorcas

Almidones simples, casi siempre circulares u ovalados con márgenes en ocasiones suavemente. Con menor frecuencia se observan almidones truncados relativamente angostos y alargados, con margen distal recto. El hilum principalmente céntrico y abierto es común. No se distingue ningún tipo de laminado. Las fisuras son generalmente líneas transversales medianas y grandes, o en forma de Y expandida o angosta. La cruz de extinción es bastante consistente en los almidones, siendo la variante céntrica en forma de cruz con brazos rectos la de mayor ocurrencia, mientras que la variante ligeramente excéntrica en forma de cruz y con brazos rectos es común. El borde es una doble línea, como en otros casos, siendo oscura la externa y clara la interna. No es prominente ni radiante este rasgo en la variedad estudiada. Casi nunca son visibles las facetas de presión, pero cuando se observan son entre 1 y 2, generalmente en los almidones truncados u ovalados.

Rango de tamaño (µm)	3.57 – 20.28
Media (µm) y desviación estándar	12.26 (± 4.06)

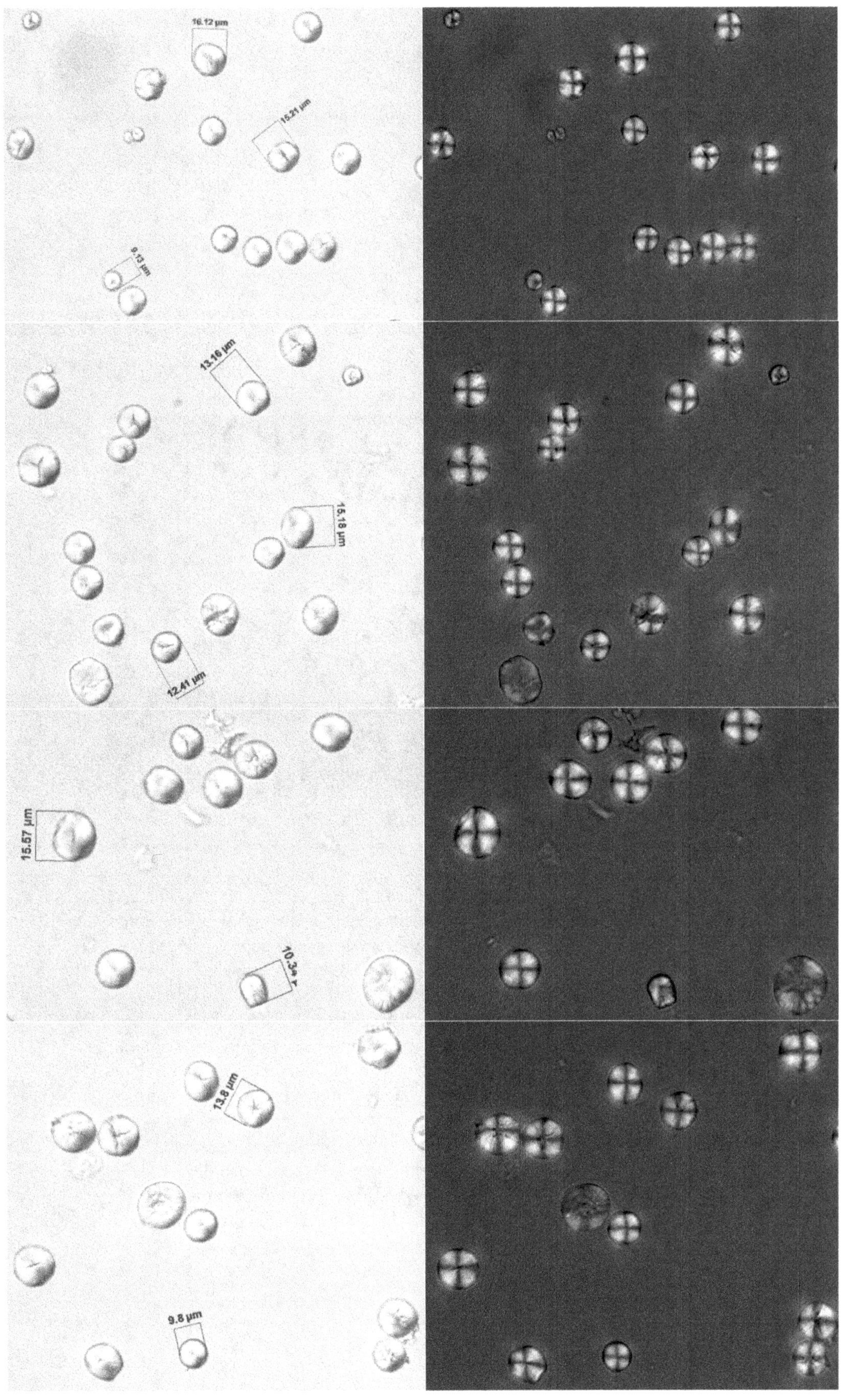

Poaceae

Zea mays, Chulpi

Nombre común: Maíz Dulce, Chulpi Ecuatoriano
Estado: cultivada
Localidad: Periferia del Lago San Pablo, Imbabura
Almidones de las semillas

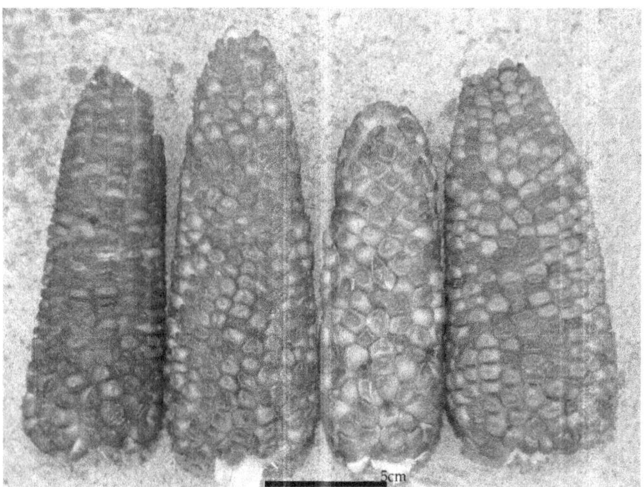

Mazorcas

Almidones mayormente siempre simples, bastante regulares en sus formas, siendo la ovalada con márgenes ligeramente ondulados la más frecuente. Con menor frecuencia hay almidones truncados estrechos y alargados con margen distal recto. En muy pocas ocasiones ocurren almidones pentagonales con márgenes ligeramente convexos. El hilum es frecuentemente visible, es abierto y mayormente excéntrico. No se observa laminado. Las fisuras son generalmente finas y pequeñas o medianas, siendo la que tiene forma de T la de mayor recurrencia. Otras fisuras bastante comunes son la fisura transversal y la que tiene forma de Y, esta última de mayor tamaño que las demás. La cruz de extinción es predominantemente excéntrica en forma de cruz y con brazos rectos o ligeramente ondulados. Otras variantes menos frecuentes, pero importantes, son la céntrica en forma de cruz con brazos rectos y la excéntrica en forma de cruz con brazos ligeramente curvos. El borde es una doble línea, oscura la externa y clara la interna. Predomina la proyección de la línea oscura, aunque pocas veces este rasgo es prominente y radiante. En muy pocos casos se notan 1 o 2 facetas de presión y éstas ocurren en los almidones truncados y en algunos almidones ovalados con márgenes ondulados.

Rango de tamaño (µm)	8.83 – 17.10
Media (µm) y desviación estándar	12.9 (± 1.99)

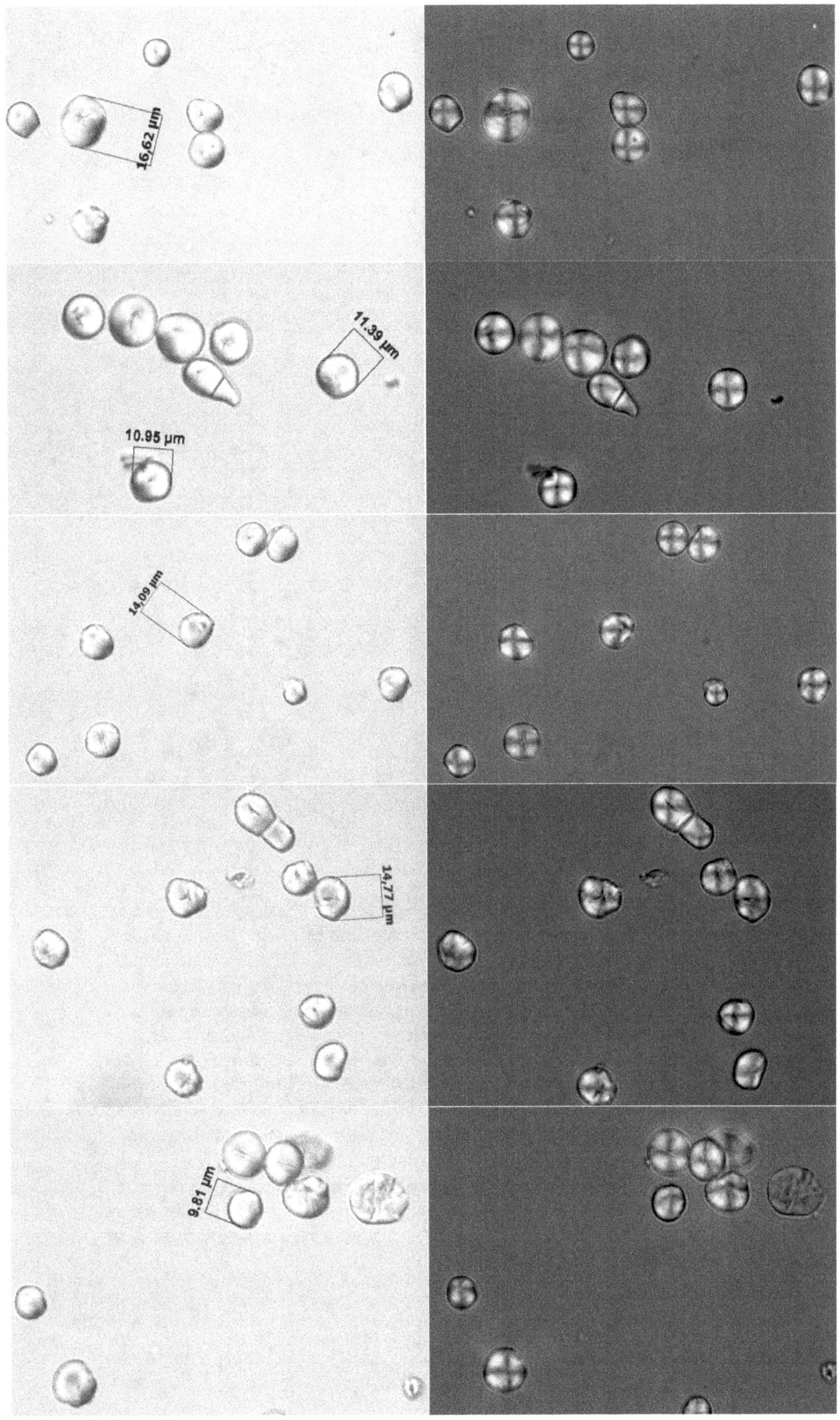

16.62 µm
11.39 µm
10.95 µm
14.09 µm
34.77 µm
9.81 µm

Poaceae

Zea mays, Blanco Blandito Puntiagudo
Nombre común: Maíz Blanco Blandito Puntiagudo
Estado: cultivada
Localidad: Mercado de Guamote, Chimborazo
Almidones de las semillas

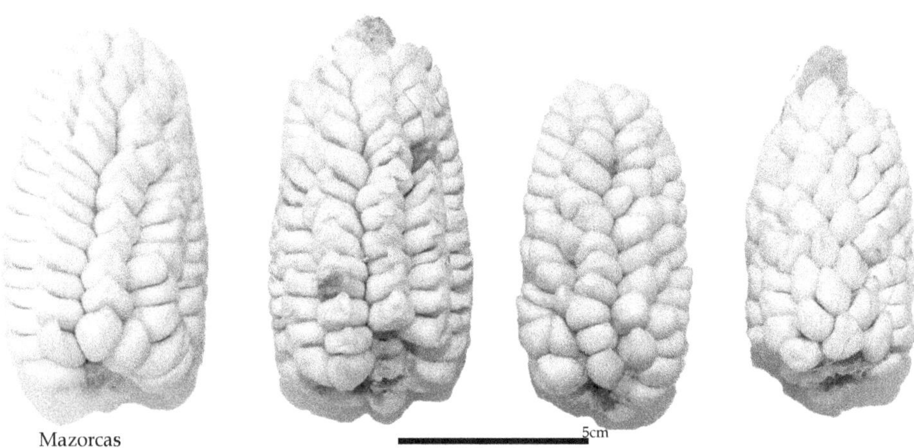

Mazorcas

5cm

Almidones principalmente simples y notablemente irregulares, siendo la forma ovalada con márgenes ligera o fuertemente ondulados los más comunes. Las formas truncadas son casi siempre ensanchadas o hinchadas en la sección proximal; en pocas ocasiones son formas estrechas y alargadas. Con menor frecuencia ocurren formas pentagonales con márgenes ligeramente convexos o fuertemente ondulados. Algunos de los almidones, principalmente ovalados, cuentan con superficies corrugadas o "bumpy", desde tenues hasta muy marcadas. El hilum difícilmente se observa, y cuando se le registra es abierto y casi siempre excéntrico. No hay laminado visible. Las fisuras son abundantes en la mayoría de los almidones, siendo la fisura transversal simple la más recurrente. Otras dos fisuras son relativamente frecuentes: la fisura en forma de T y la fisura en forma de Y, proyectándose a veces como rasgos de considerable tamaño y profundidad. La cruz de extinción es tanto excéntrica como céntrica, en forma de cruz y con brazos rectos. Ambas se registran en proporciones similares. Con mucha menor frecuencia ocurre la variante excéntrica en forma de equis con brazos ligeramente ondulados. El borde es una doble línea, oscura la externa y clara la interna. Pocas veces se observa este rasgo de manera prominente. Los almidones truncados y algunos ovalados con márgenes fuertemente ondulados muestran entre 1 y 2 facetas de presión.

Rango de tamaño (μm)	5.52 – 20.24
Media (μm) y desviación estándar	12.96 (± 3.7)

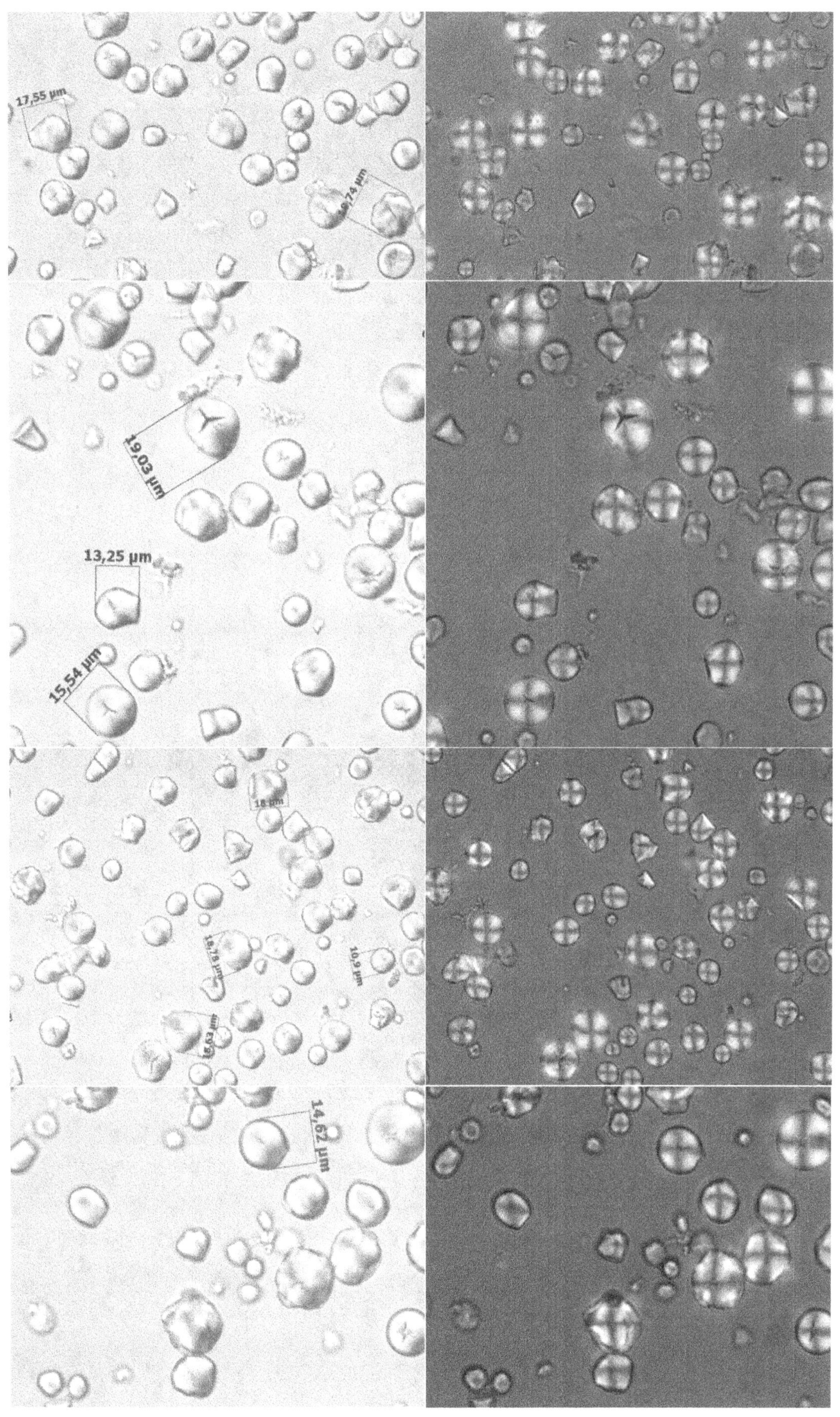

17,55 µm
19,74 µm
19,03 µm
13,25 µm
15,54 µm
18 µm
16,78 µm
10,9 µm
15,63 µm
14,62 µm

Poaceae

Mazorcas

Almidones simples y bastantes homogéneos en cuanto a sus formas. Son casi siempre circulares u ovalados regulares, con márgenes ligeramente ondulados. Las formas truncadas son dos, siendo la alargada y estrecha la más común, y la hinchada en la sección proximal la menos frecuente. Pocas veces ocurren almidones con formas poligonales y es la hexagonal con márgenes ligeramente convexos la que puede apreciarse. El hilum difícilmente se observa, pero cuando ocurre es casi siempre excéntrico, tanto cerrado como abierto. No se aprecia ningún tipo de laminado. Las fisuras son bastante frecuentes, siendo la que tiene forma de Y la más común y luego las fisuras transversales y en forma de T. La cruz de extinción es bien consistente, y es la variante excéntrica en forma de cruz y con brazos rectos la de mayor frecuencia. Otra variante relativamente frecuente es la excéntrica en forma de cruz con brazos ligeramente curvos. No menos importante es la variante céntrica en forma de cruz con brazos rectos. Una doble línea prominente y radiante rodea los almidones, siendo oscura la externa y clara la interna. Entre 1 y 2 facetas de presión pueden observarse, en pocas ocasiones, en algunos almidones truncados.

Rango de tamaño (µm)	8.79 – 25.6
Media (µm) y desviación estándar	17.1 (± 4.7)

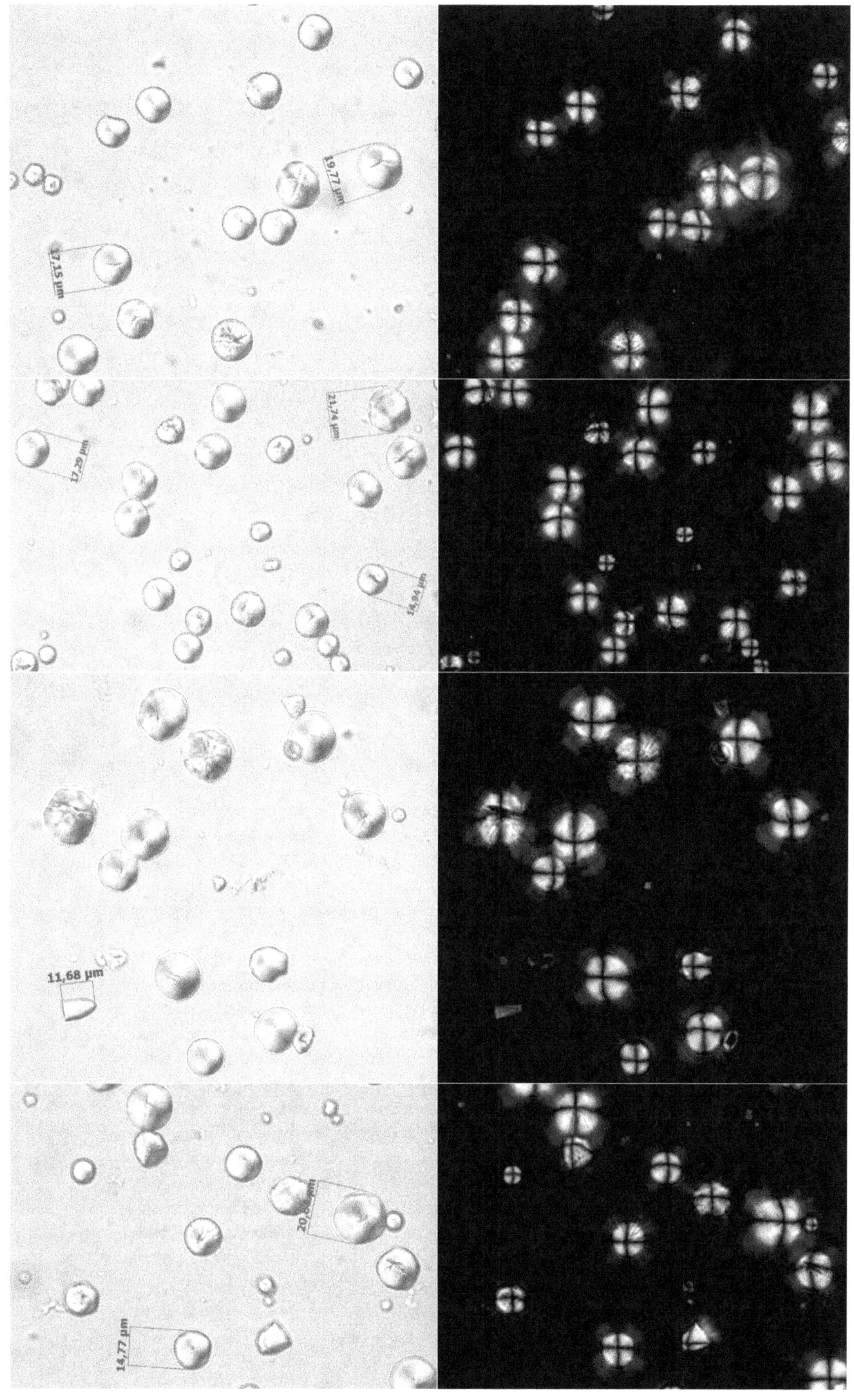

Poaceae

Zea mays, Morochillo
Nombre común: Maíz Morochillo
Estado: cultivada
Localidad: Mercado de Otavalo, Imbabura
Almidones de las semillas

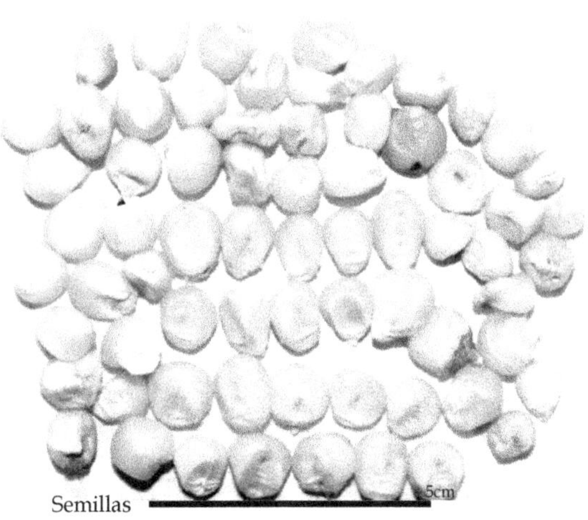

Almidones individuales, mayormente ovalados con márgenes regulares o ligeramente ondulados. Los almidones ovalados cuentan con superficies lisas y en menor medida irregulares (ligeramente corrugadas o "bumpy"). Las formas truncadas son infrecuentes, siendo alargadas y estrechas, como hinchadas o ensanchadas en la sección proximal. Otras formas presentes con poca frecuencia son las pentagonales, que casi siempre son formas amplias con márgenes convexos y ángulos obtusos. El hilum pocas veces puede apreciarse por la cantidad y diversidad de fisuras documentadas. Cuando es visible el hilum, este es casi siempre abierto y excéntrico. No se observa ningún tipo de laminado. Las fisuras son frecuentes y son similares a las de otras variedades de maíz, siendo la transversal la más recurrente. Un rasgo que hemos definido aquí como fisura es un hoyo oscuro en forma circular o amorfa en el área del hilum. Este rasgo no se ha podido documentar en otros almidones sin modificar hasta ahora estudiados; solamente se ha visto algo similar en almidones sometidos al tostado ("parching") y al hervido prolongado a baja intensidad, siendo uno previamente asociado al calentamiento rápido de los almidones de maíz en un ambiente seco, o al calentamiento bajo en un ambiente húmedo y muy prolongado de los almidones de maíz dentro de las semillas. Otras fisuras importantes aquí documentadas son las que tienen forma de Y o de T. La cruz de extinción más común en esta variedad es la excéntrica en forma de cruz con brazos ligeramente curvos. Otra variante recurrente es la excéntrica en forma de cruz con brazos ondulados y, en menor medida, se registra la variante céntrica en forma de cruz con brazos rectos. Una doble línea caracteriza el borde de estos almidones, aunque no es común su prominencia. Pocas veces se observan facetas de presión, entre 1 y 2, y cuando ocurren es en almidones truncados u ovalados con márgenes ondulados.

Rango de tamaño (µm)	6 – 26.13
Media (µm) y desviación estándar	16.7 (± 5.2)

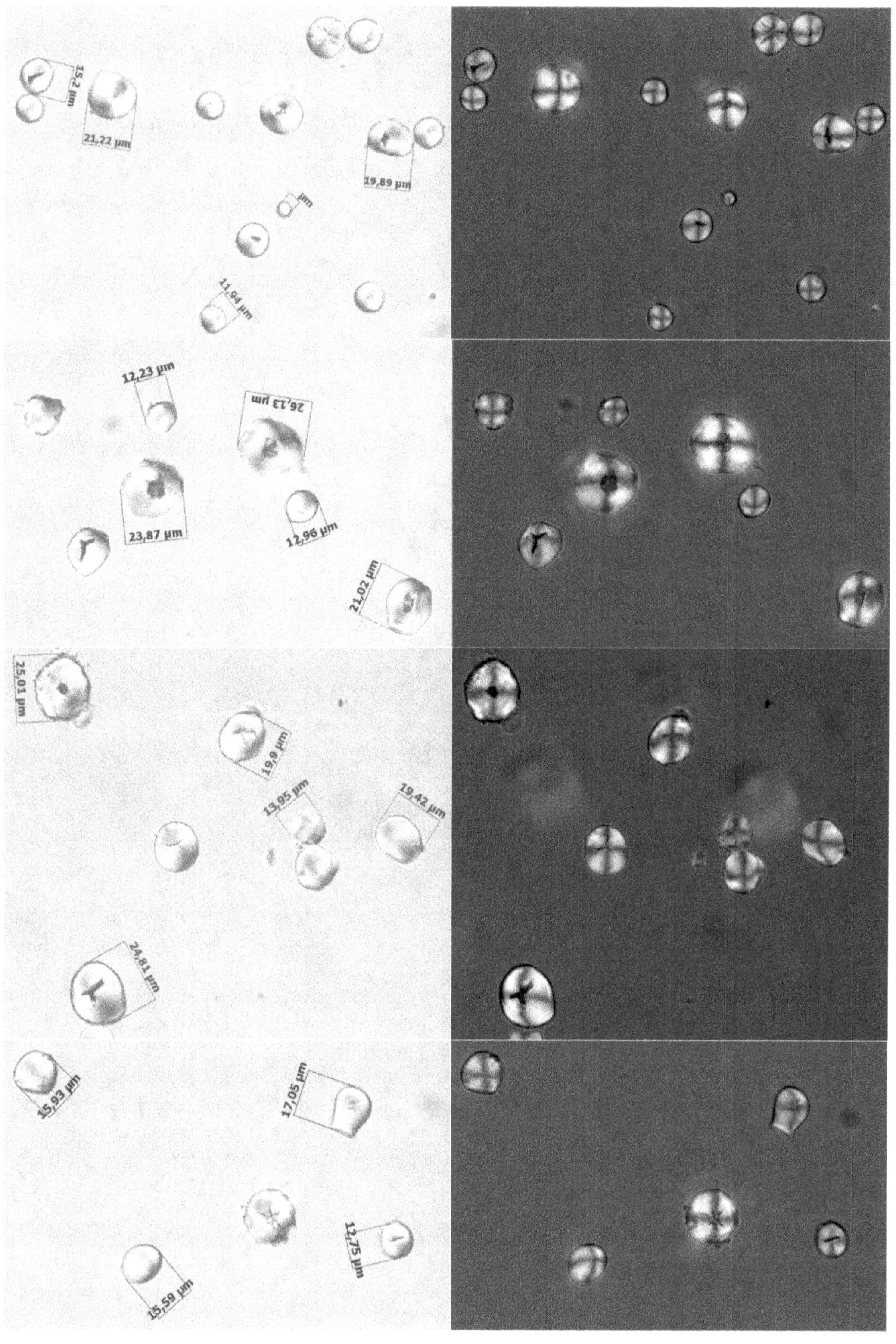

Poaceae

Zea mays, Trueno

Nombre común: Maíz Trueno
Estado: cultivada
Localidad: Comuna 24 de mayo, Orellana
Almidones de las semillas

Mazorcas   5cm

Almidones simples y generalmente irregulares, predominando las formas ovaladas con márgenes ligera o fuertemente ondulados y las formas pentagonales con márgenes convexos o fuertemente ondulados. Otras formas menos comunes son la circular con margen regular, y la truncada alargada y estrecha con margen ligeramente ondulado. El hilum, cuando puede observarse, es abierto y mayormente céntrico. No se aprecia ningún tipo de laminado. Las fisuras son infrecuentes y cuando ocurren son principalmente líneas transversales. La cruz de extinción es principalmente céntrica, en forma de cruz y con brazos rectos. Menos frecuente es la variante excéntrica en forma de cruz con brazos rectos y, a veces, con brazos ligeramente curvos. Son dos líneas las que definen el borde: oscura la externa y clara la interna. Pocas veces este rasgo es prominente en los almidones. Las facetas de presión son entre 1 y 3, ocurriendo principalmente en los almidones ovalados con márgenes fuertemente ondulados o en los almidones pentagonales y truncados.

Rango de tamaño (µm)	5.99 – 20.17
Media (µm) y desviación estándar	13.03 (± 3.25)

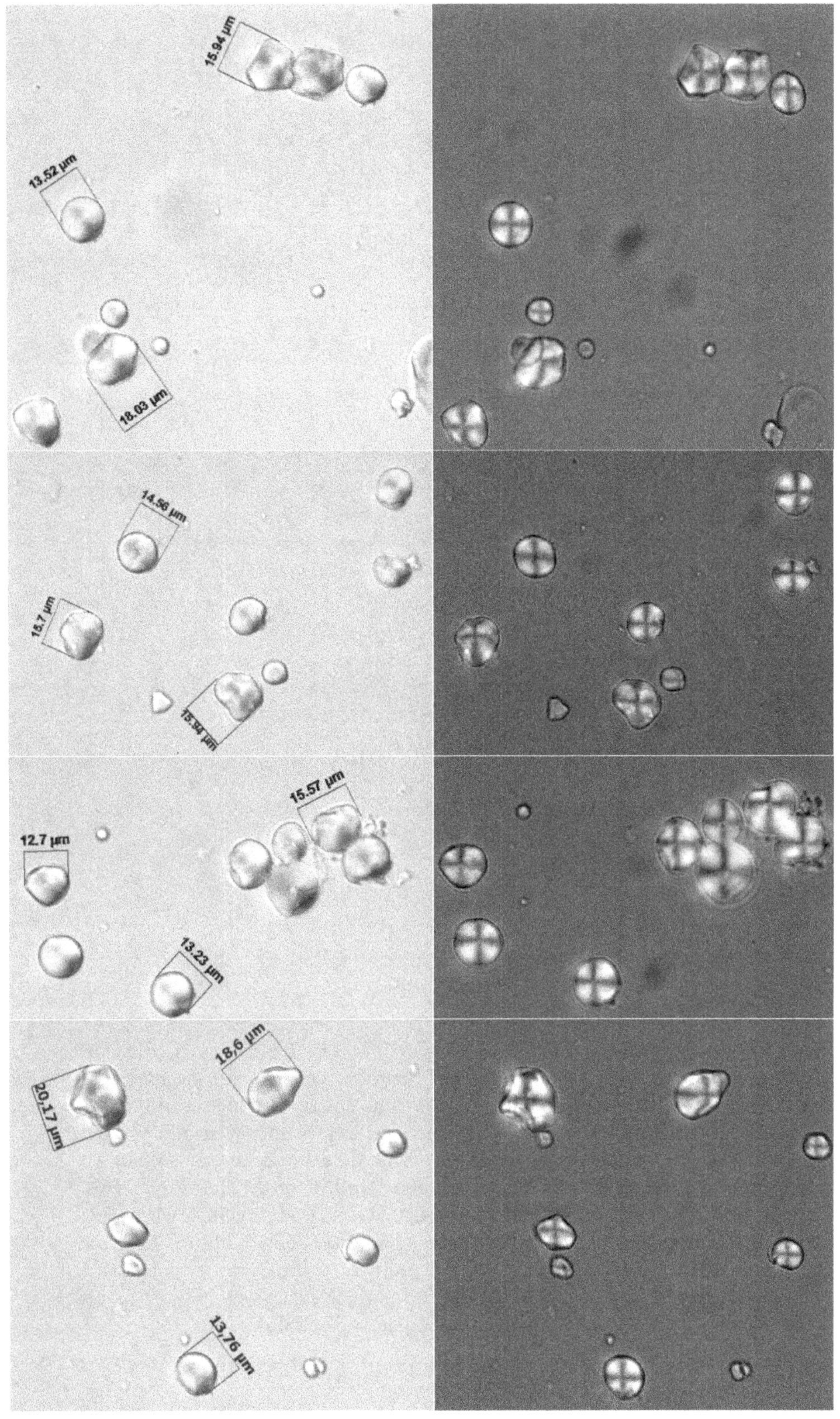

Poaceae

Zea mays, Sangay
Nombre común: Maíz Sangay (cf. Enano Gigante)
Estado: cultivada
Localidad: Carr. 46, Parque Nacional Sangay, Morona Santiago
Almidones de las semillas

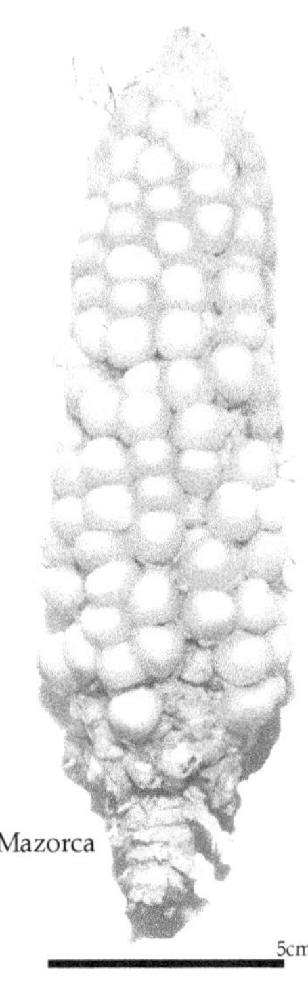

Mazorca

5cm

Almidones mayormente simples, de formas ovaladas con márgenes suaves o fuertemente ondulados. Son comunes las formas circulares con margen regular, así como las pentagonales de márgenes convexos u ondulados. El hilum es común, siendo tanto cerrado como abierto y se ubica casi siempre en posición céntrica. No se observa laminado alguno. Las fisuras son infrecuentes y cuando ocurren son principalmente en forma de T y también transversales. La cruz de extinción es consistente en estos almidones, ocurriendo principalmente la variante céntrica en forma de cruz con brazos rectos. Otra variante común es la excéntrica en forma de cruz con brazos rectos. Pocas veces se observa la variante excéntrica en forma de cruz con brazos curvos. Una doble línea define el borde de estos almidones, siendo oscura la externa y clara la interna. Este rasgo es pocas veces prominente y radiante. Las facetas de presión son casi imperceptibles, observándose 1 sola faceta en muy pocos almidones, sobre todo en algunos que cuentan con márgenes fuertemente ondulados.

Rango de tamaño (µm)	3.48 – 25.02
Media (µm) y desviación estándar	14.32 (± 4.14)

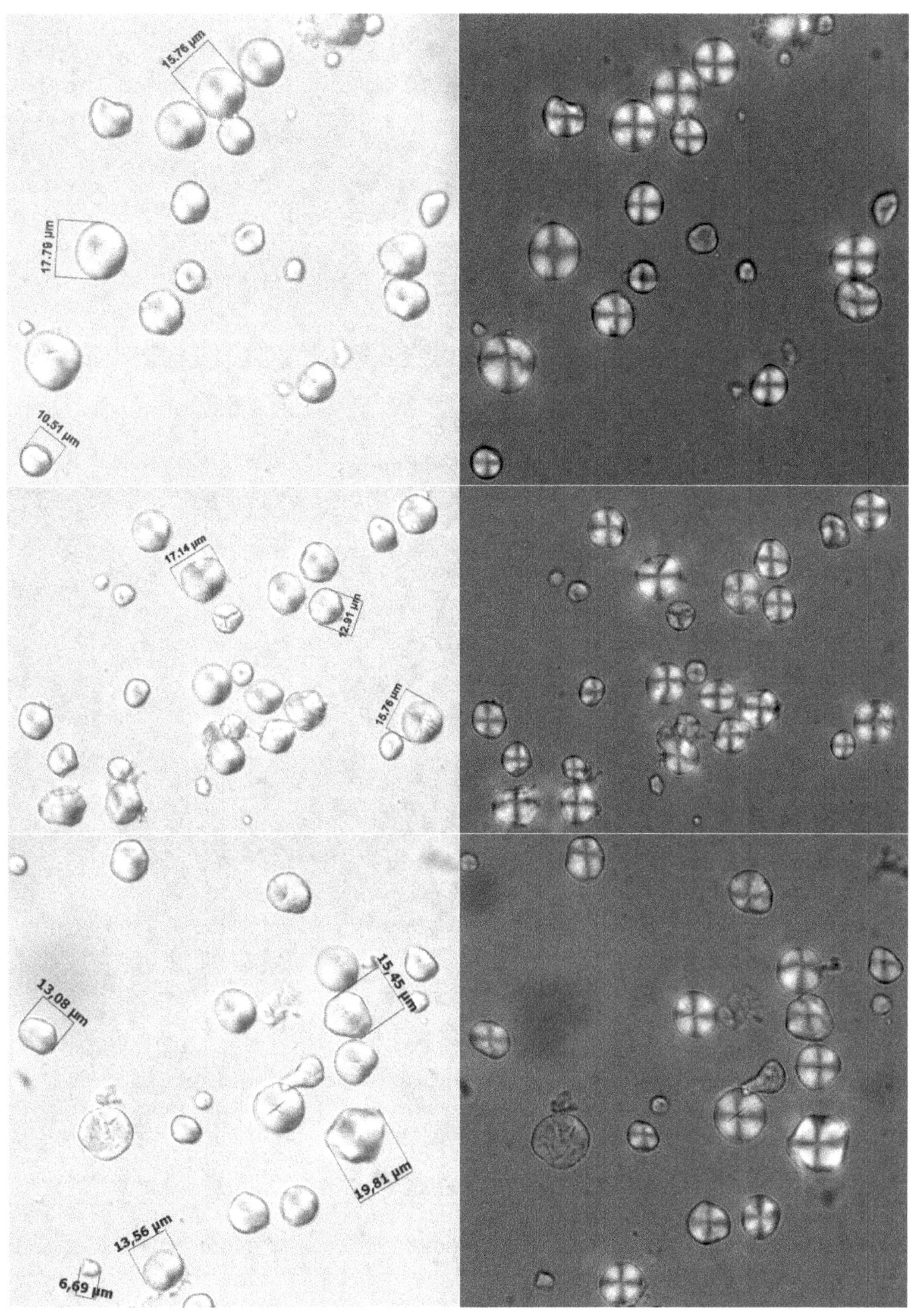

Poaceae

Zea mays, Triunfo

Nombre común: Maíz Triunfo
Estado: cultivada
Localidad: El Pindal-Zapotillo, Loja
Almidones de las semillas

Almidones principalmente simples, predominando las formas ovaladas regulares o de márgenes ligeramente ondulados. Son comunes las formas cuadrangulares y pentagonales con ángulos obtusos, márgenes convexos u ondulados. El hilum se observa frecuentemente, siendo tanto cerrado como abierto, en similar proporción y ubicando en posición mayormente céntrica. No se observa laminado alguno. Las fisuras casi no están presentes y cuando ocurren son líneas transversales finas y pequeñas o medianas. La cruz de extinción es bastante homogénea. La variante céntrica en forma de cruz con brazos rectos predomina sobre la variante excéntrica en forma de cruz con brazos rectos. El borde consiste en una doble línea, oscura la externa y clara la interna. Este rasgo no es prominente en los almidones analizados. Casi nunca se observan facetas de presión y cuando se aprecian son entre 1 y 2 en algunos pocos almidones cuadrangulares o pentagonales.

Rango de tamaño (μm)	2.61 – 19.68
Media (μm) y desviación estándar	12.9 (± 3.1)

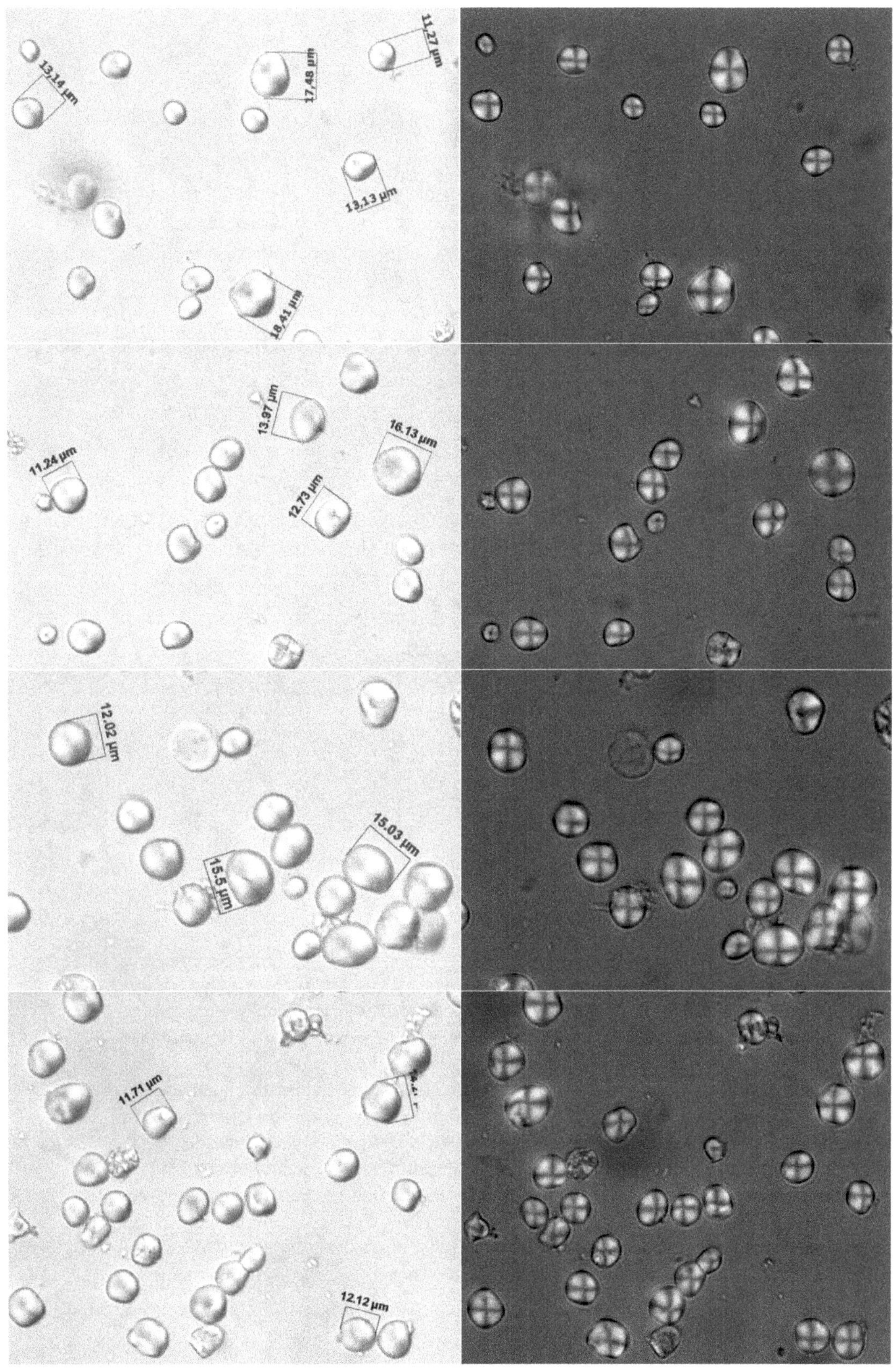

Poaceae

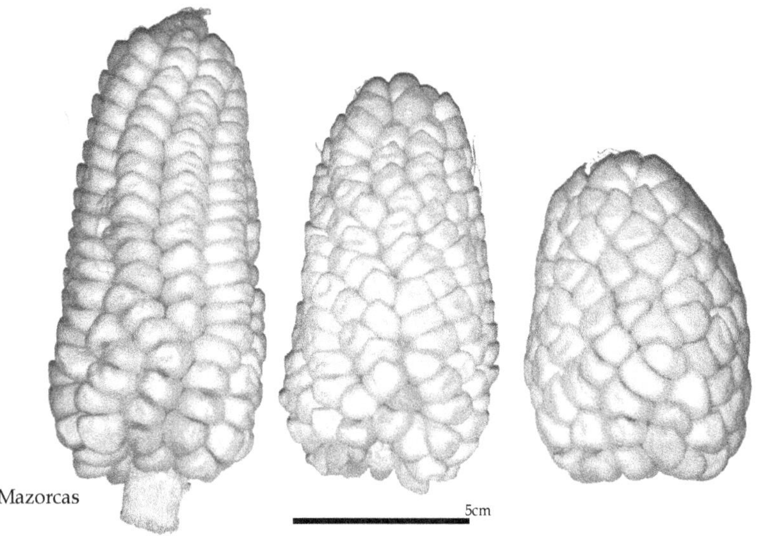

Almidones mayormente simples, predominando las formas ovaladas o circulares regulares. Con menor frecuencia existen formas truncadas alargadas ("elongated bell-shape", regulares y ensanchadas en la sección proximal) y menos casos aún son formas cuadrangulares o pentagonales de márgenes convexos u ondulados. Ocasionalmente se observan almidones con superficies corrugadas ("bumpy"). El hilum es común en los almidones que no cuentan con fisura en el mismo lugar, siendo abierto y ligeramente excéntrico. No se observa laminado alguno. Las fisuras son bastante comunes predominando las transversales y siguiendo en orden de ocurrencia las que son en forma de "Y" o "T". La cruz de extinción es bastante homogénea. La variante excéntrica en forma de cruz y con los brazos rectos predomina. En aquellos almidones truncados se documenta la equis excéntrica y con brazos rectos. El borde consiste en una doble línea, oscura la externa y clara la interna. Este rasgo puede ser prominente en bastantes almidones. Las facetas de presión son visibles en los almidones truncados y, en menor medida, en los almidones cuadrangulares o pentagonales. Normalmente se observan entre 1 y 2 facetas.

Rango de tamaño (µm)	4.15 – 23.8
Media (µm) y desviación estándar	13.9 (± 5.2)

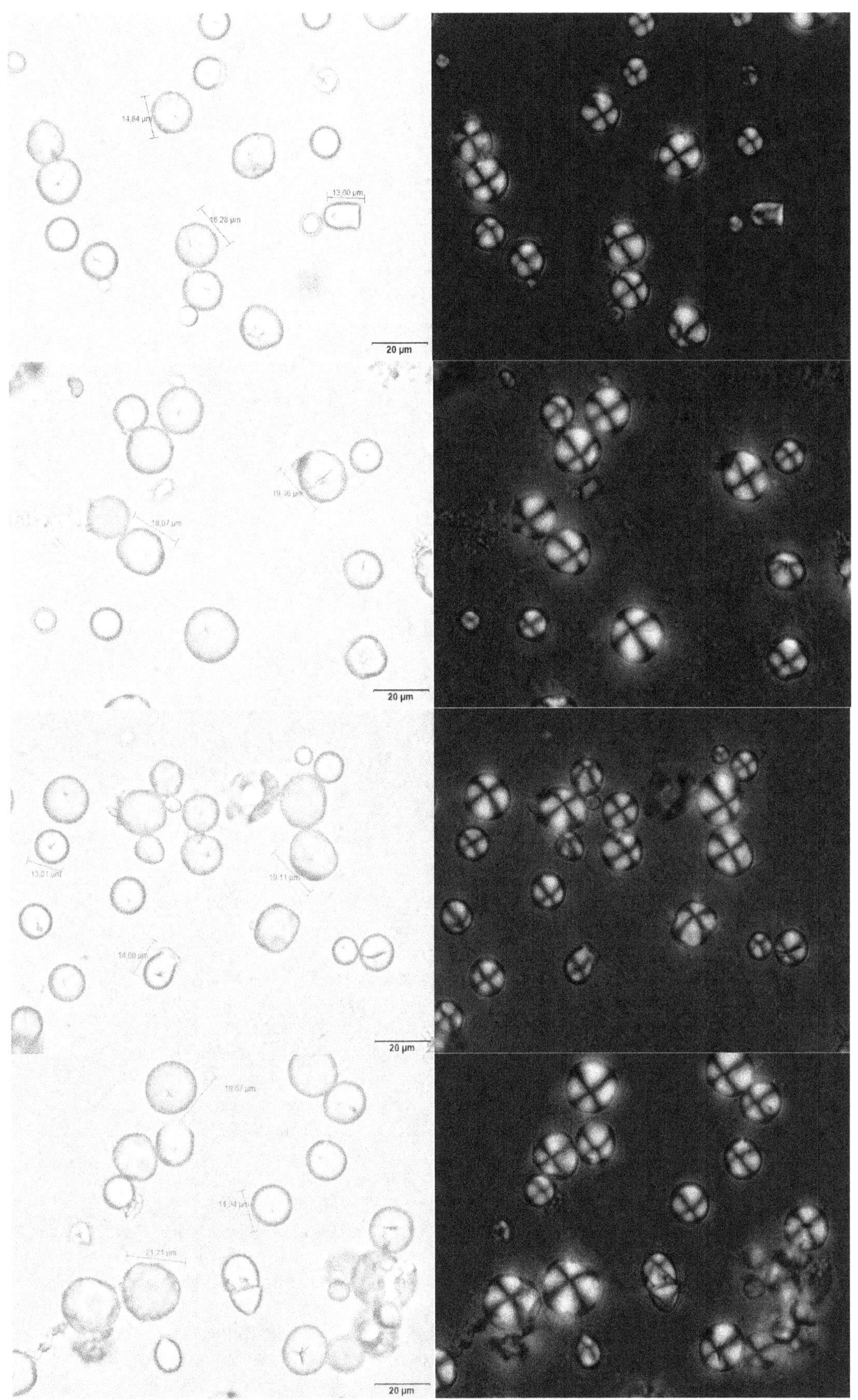

20 µm
20 µm
20 µm
20 µm

Poaceae

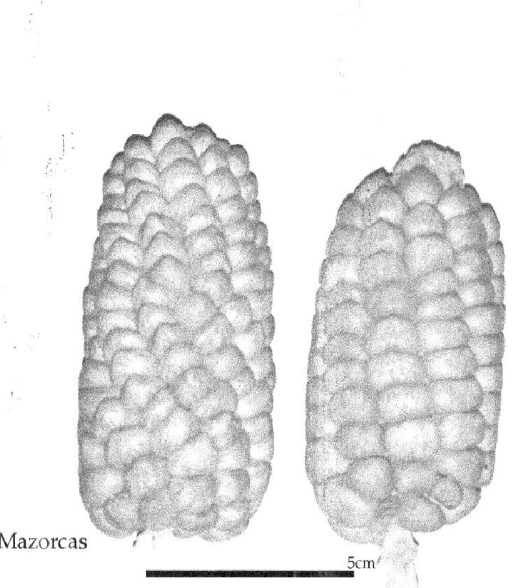

Mazorcas

5cm

Almidones mayormente simples, predominando las formas ovaladas o circulares regulares de márgenes ligeramente ondulados. Con menor frecuencia existen formas truncadas alargadas ("elongated bell-shape", regulares o hinchadas en la sección proximal), cuadrangulares, pentagonales y hexagonales con ángulos obtusos, de márgenes convexos u ondulados. Ocasionalmente se observan almidones con superficies corrugadas ("bumpy"). El hilum es relativamente común, siendo abierto y casi siempre excéntrico. No se observa laminado alguno. Las fisuras son bastante comunes predominando las transversales y siguiendo en orden de ocurrencia las que son en forma de cruz y de "T". La cruz de extinción es bastante homogénea. La variante excéntrica en forma de cruz y con los brazos rectos predomina. Sigue luego otra variante que se diferencia de la primera por contar con brazos ligeramente curvos. Las cruces de extinción en los almidones truncados alargados son casi siempre equis excéntricas con brazos ligeramente ondulados. El borde consiste en una doble línea, oscura la externa y clara la interna. Este rasgo no es prominente en los almidones analizados. Las facetas de presión son comunes principalmente en los almidones truncados y, en menor medida, en los almidones cuadrangulares hasta los hexagonales. Normalmente se observan entre 1 y 3 facetas.

Rango de tamaño (μm)	6.3 – 23.2
Media (μm) y desviación estándar	14.13 (± 4.18)

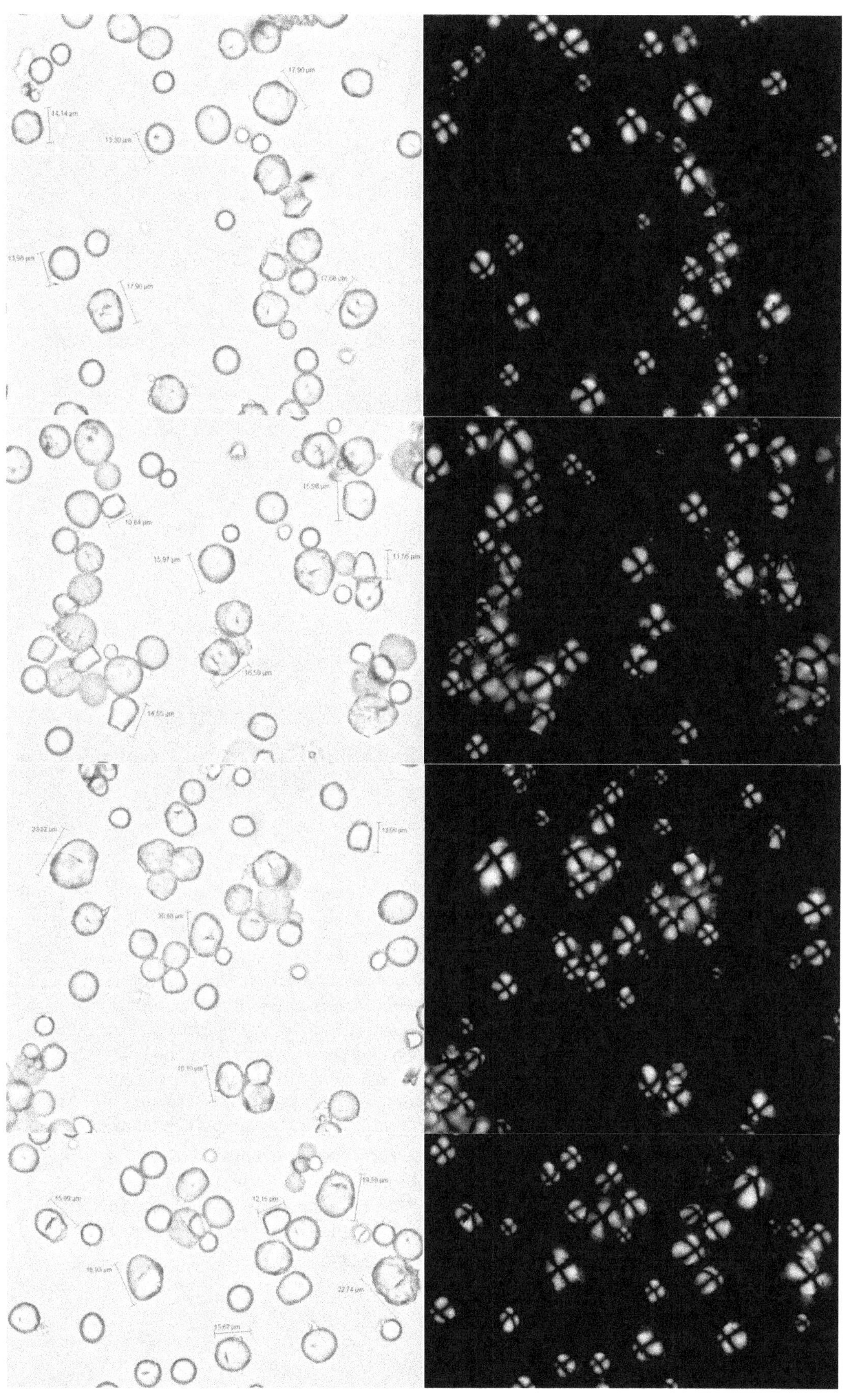

Poaceae

Almidones mayormente simples, predominando las formas ovaladas o circulares, tanto regulares como irregulares con márgenes ligeramente ondulados. Con poca frecuencia se observan formas cuadrangulares o pentagonales con ángulos obtusos y de márgenes convexos. También existen almidones truncados alargados ("elongated bell-shape") o ensanchados en la sección distal, pero no son muy comunes. El hilum comúnmente se aprecia, siendo principalmente abierto e indistintamente céntrico o ligeramente excéntrico. No se observa laminado alguno. Las fisuras son casi inexistentes y cuando ocurren son mayormente líneas transversales usualmente pequeñas. La cruz de extinción es bastante homogénea ocurriendo la cruz céntrica o ligeramente excéntrica con brazos rectos. En pocos casos ocurren las mismas variantes aunque con los brazos ligeramente curvos. El borde consiste en una doble línea, oscura la externa y clara la interna. Este rasgo puede ser prominente en algunos almidones, sobre todo en aquellos de mayor tamaño. Las facetas de presión son infrecuentes, observándose entre 1 y 2 en algunos pocos almidones cuadrangulares o pentagonales.

Rango de tamaño (μm)	4.8 – 21.2
Media (μm) y desviación estándar	12.8 (± 4.2)

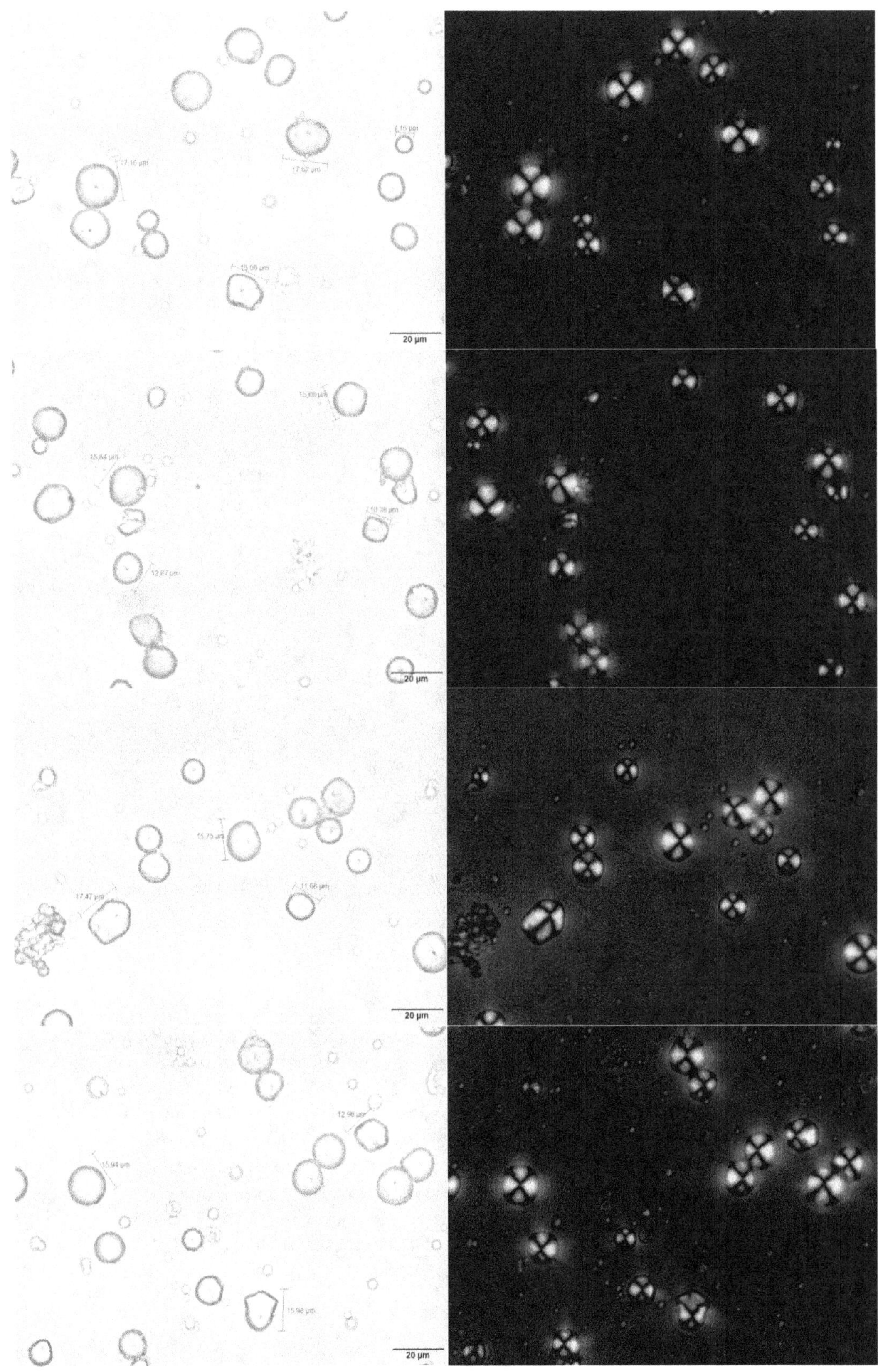

Poaceae

Almidones casi siempre simples, predominando las formas ovaladas o circulares, tanto regulares como irregulares con márgenes ligeramente ondulados, aunque existen abundantes almidones de formas poligonales. También existen almidones truncados alargados ("elongated bell-shape") o ensanchados en la sección distal, siendo relativamente frecuentes. El hilum se observa con poca frecuencia debido a la presencia de fisuras en la sección proximal. Es abierto e indistintamente céntrico o ligeramente excéntrico. No se observa laminado alguno. Las fisuras son muy comunes observándose indistintamente líneas transversales o fisuras en forma de "Y". La cruz de extinción es mayormente una cruz céntrica o ligeramente excéntrica con brazos rectos. Esta misma variante se documenta en pocas ocasiones aunque con brazos ondulados o ligeramente curvos. El borde consiste en una doble línea, oscura la externa y clara la interna. Este rasgo puede ser prominente en algunos almidones, sobre todo en aquellos de mediano o mayor tamaño. Las facetas de presión son bastante comunes, incluso en almidones ovalados, observándose entre 1 y hasta 5 en algunos cuerpos poligonales.

Rango de tamaño (µm)	6.5 – 23.9
Media (µm) y desviación estándar	12.9 (± 3.93)

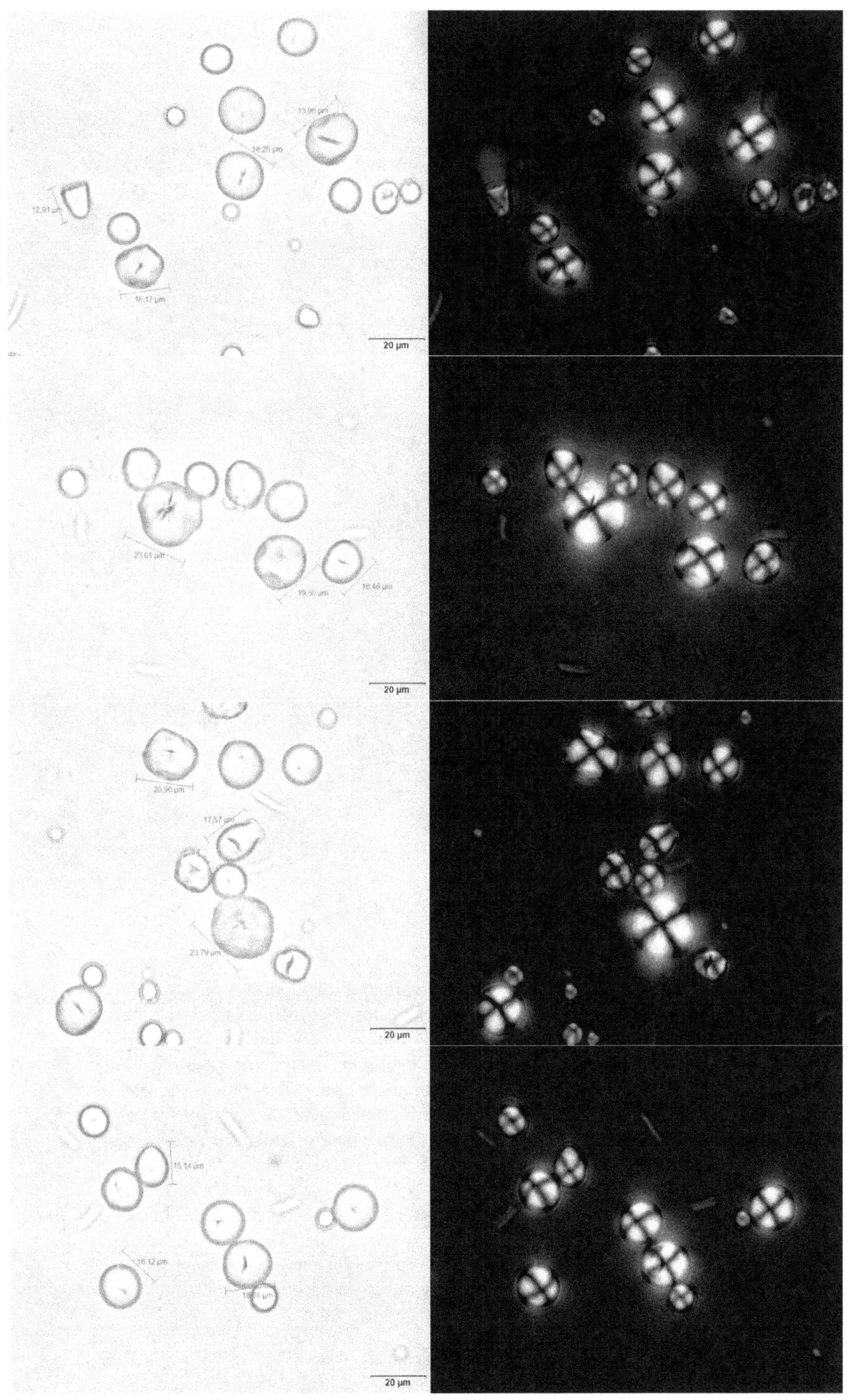

Poaceae

Zea mays, Morochillo Pintado

Nombre común: Maíz Morochillo Pintado
Estado: cultivada
Localidad: Oña, Azuay
Almidones de las semillas

Almidones mayormente simples, predominando las formas ovaladas o circulares regulares de márgenes ligeramente ondulados. Con menor frecuencia existen formas cuadrangulares, pentagonales y hexagonales con ángulos obtusos, de márgenes convexos u ondulados. También existen almidones truncados alargados ("elongated bell-shape"), aunque no son muy comunes. Casualmente se observan almidones con superficies corrugadas ("bumpy"). El hilum se observa en pocos casos, siendo principalmente abierto e indistintamente es céntrico o ligeramente excéntrico. No se observa laminado alguno. Las fisuras son bastante comunes predominando las transversales y siguiendo en orden de ocurrencia las que son en forma de "T", de cruz y de "Y". La cruz de extinción es bastante homogénea. Las variantes céntrica o ligeramente excéntrica en forma de cruz y con los brazos rectos predomina. Sigue luego otra variante que se diferencia de la primera por contar con brazos ligeramente curvos. Con poca frecuencia se observan cruces como las descritas, pero con brazos ligeramente ondulados. El borde consiste en una doble línea, oscura la externa y clara la interna. Este rasgo no es prominente en los almidones analizados. Las facetas de presión son muy comunes en las formas irregulares (cuadrangulares a hexagonales) contando con entre 3 y 5 de ellas.

Rango de tamaño (µm)	4.33 – 23.33
Media (µm) y desviación estándar	13.06 (± 4.89)

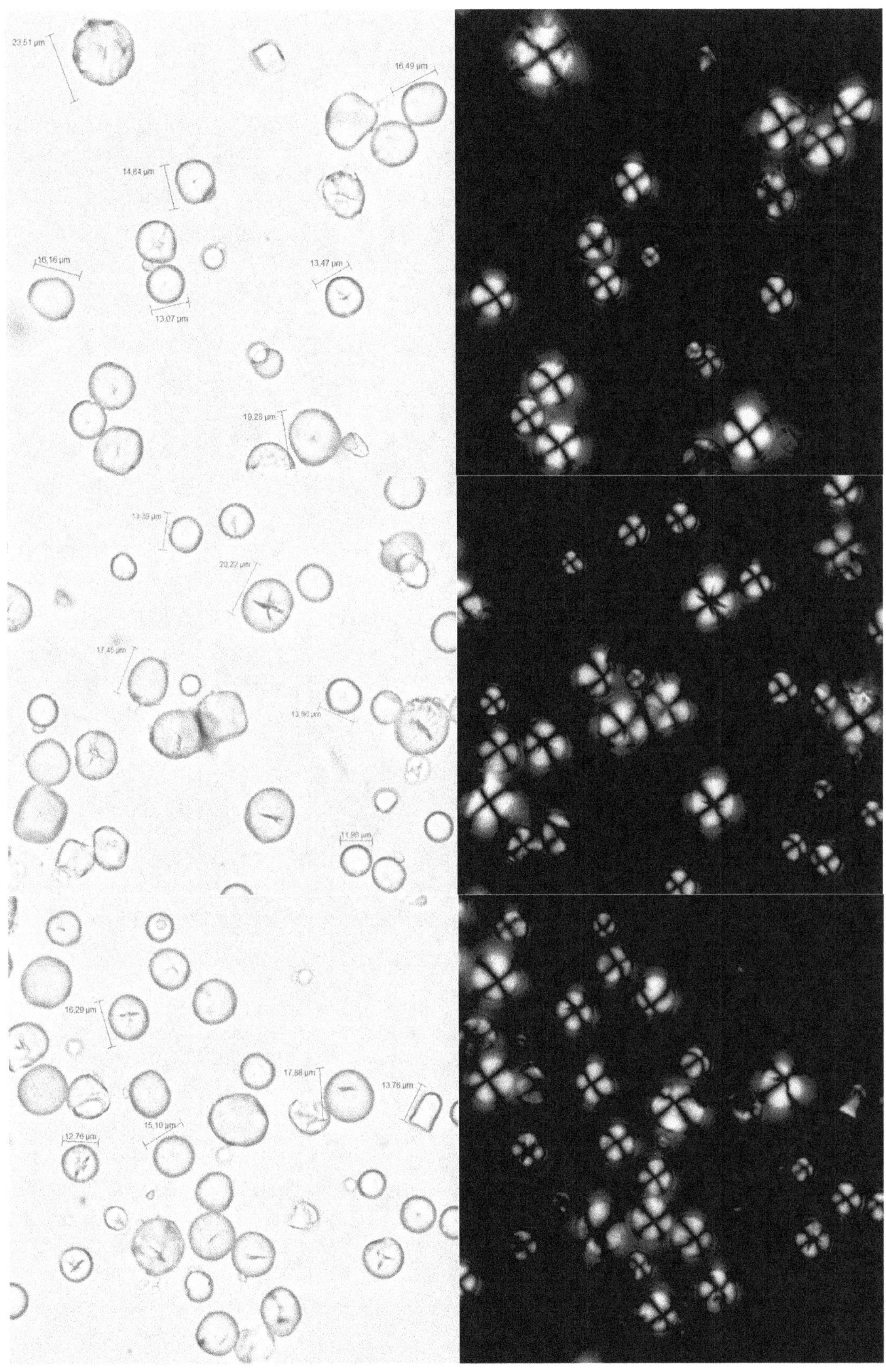

Almidones: guía de material comparativo moderno del Ecuador para los estudios paleoetnobotánicos en el neotrópico

Poaceae

Mazorcas   5cm

Almidones mayormente simples entre los que predominan las formas ovaladas regulares o de márgenes ligeramente ondulados. Con menor frecuencia existen formas trasovadas, cuadrangulares, pentagonales y hexagonales con ángulos obtusos, de márgenes convexos u ondulados. También existen pocos almidones truncados alargados ("elongated bell-shape"). El hilum se observa en pocos casos, siendo principalmente abierto y céntrico. No se observa laminado alguno. Las fisuras casi no ocurren y cuando se observan son líneas transversales o fisuras en forma de "Y". La cruz de extinción es bastante homogénea. La más común es la cruz céntrica y con brazos rectos. Pocas veces se observa esta misma cruz, pero con brazos ligeramente curvos. El borde consiste en una doble línea, oscura la externa y clara la interna. Este rasgo no es prominente en los almidones analizados. Las facetas de presión son muy comunes en las formas poligonales contando usualmente con entre 2 y 5 de ellas.

Rango de tamaño (µm)	3.97 – 19.9
Media (µm) y desviación estándar	12.8 (± 3.6)

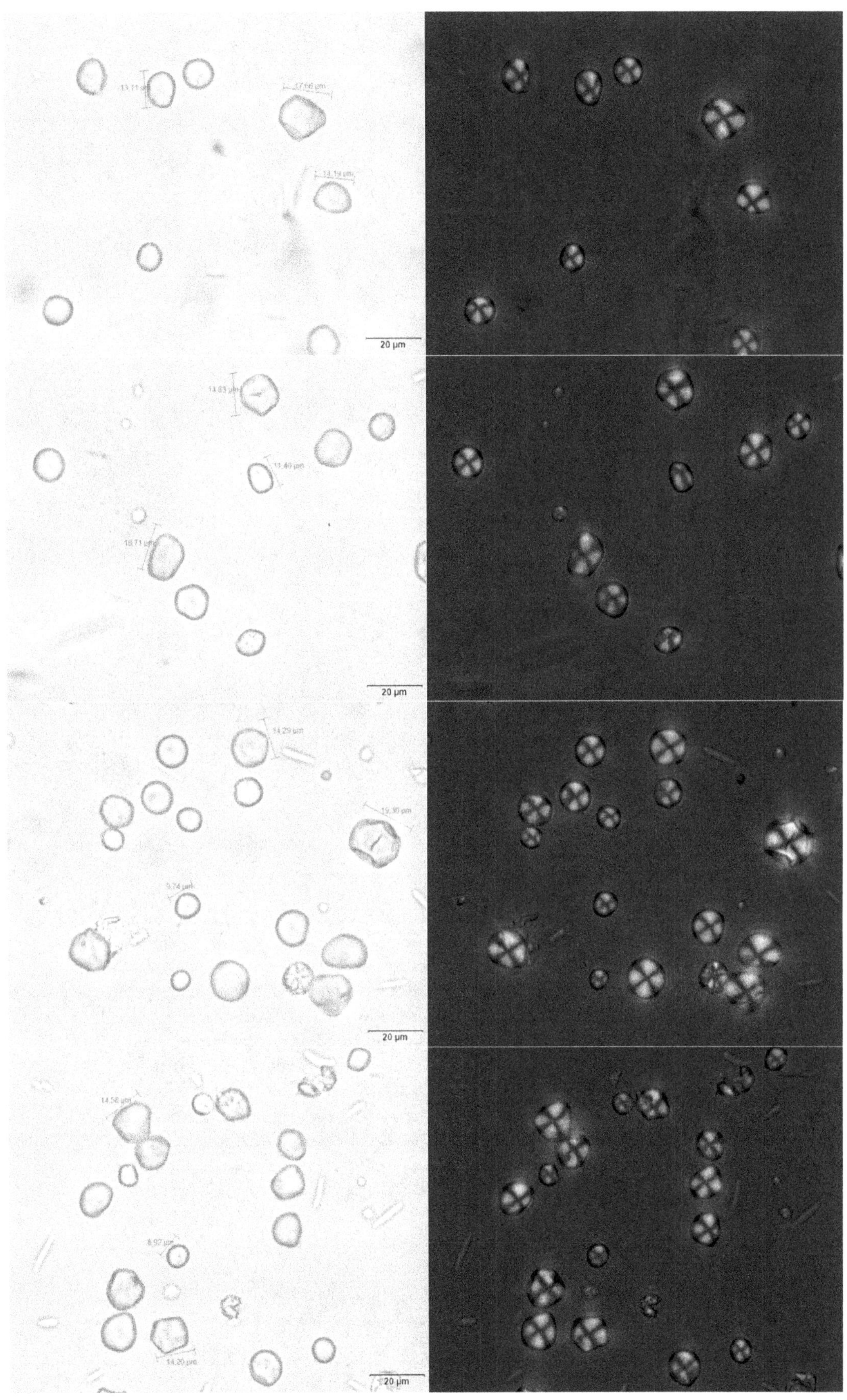

Poaceae

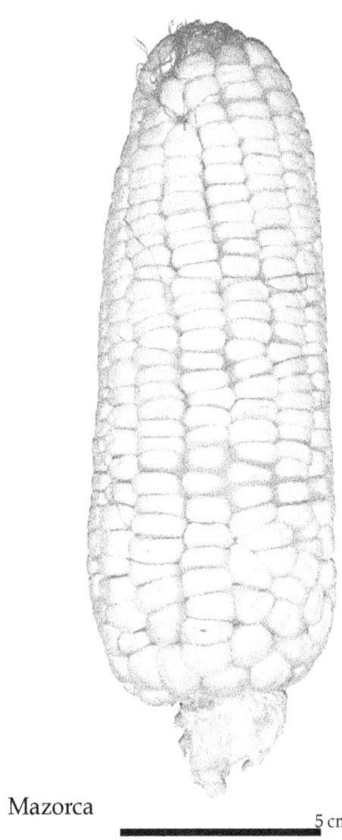

Mazorca   5 cm

Almidones mayormente simples, siendo casi todos de forma ovalada irregular con márgenes ligera o marcadamente ondulados. Con menor frecuencia existen formas trasovadas o trapezoidales con ángulos obtusos, de márgenes convexos u ondulados. Existen muy pocos almidones truncados alargados ("elongated bell-shape"). El hilum se observa en pocos casos, siendo principalmente abierto y excéntrico. No se observa laminado alguno. Las fisuras son muy comunes consistiendo principalmente en líneas transversales o fisuras en forma de "Y". La cruz de extinción más frecuente es una cruz ligeramente excéntrica y con brazos rectos. Pocas veces se observa esta misma cruz, pero con brazos parcialmente curvos. El borde consiste en una doble línea, oscura la externa y clara la interna. Este rasgo es prominente en los almidones analizados. Las facetas de presión, entre 1 y 3, son muy comunes.

Rango de tamaño (μm)	7.1 – 23.5
Media (μm) y desviación estándar	15.8 (± 3.8)

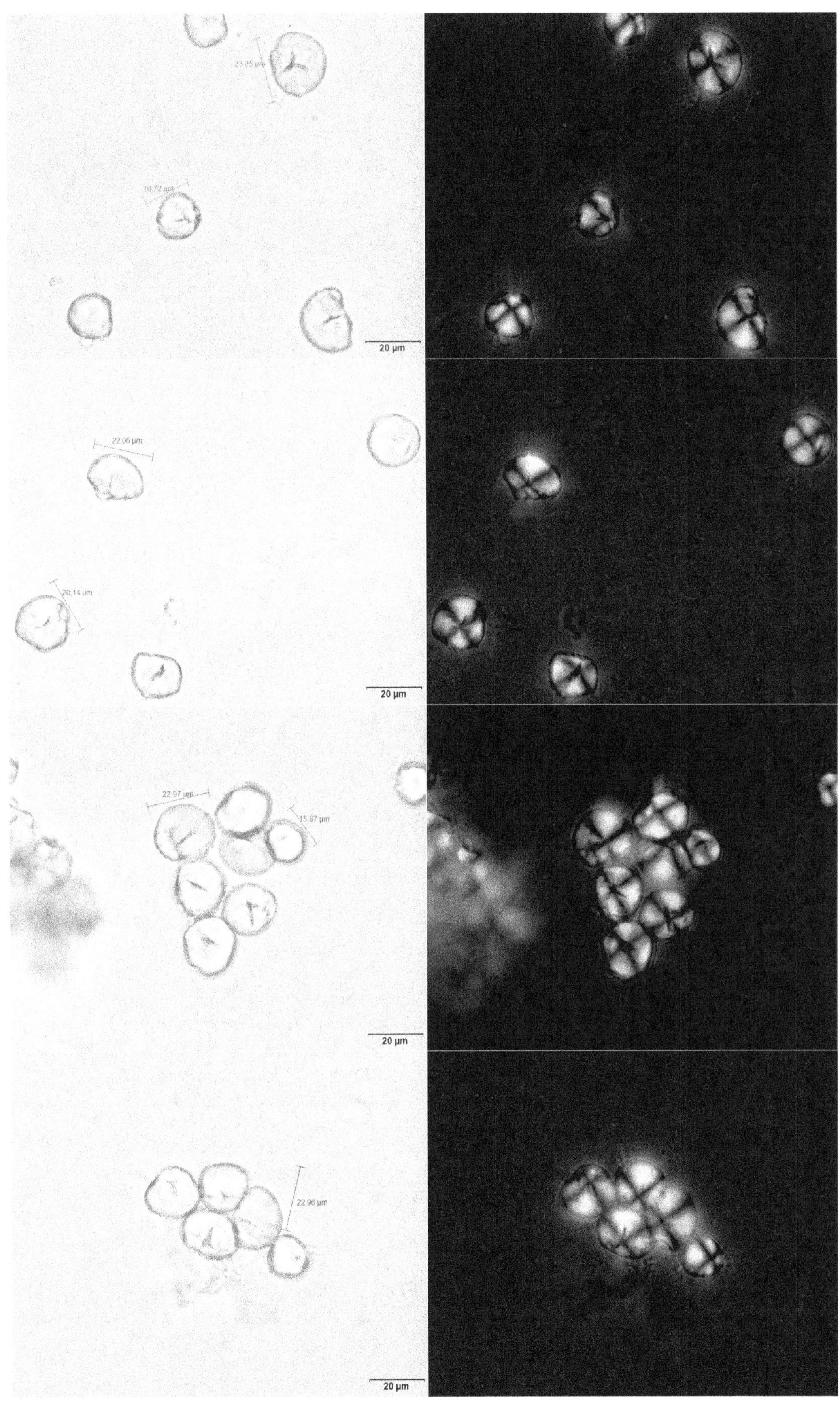

23.25 µm
18.72 µm
22.06 µm
20.14 µm
22.97 µm
15.87 µm
22.96 µm
20 µm
20 µm
20 µm
20 µm

Poaceae

Zea mays, Sabanero

Nombre común: Maíz Sabanero (Id. #9050)
Estado: cultivada
Localidad: Venezuela-Colombia (CIMMyT, México)
Almidones de las semillas

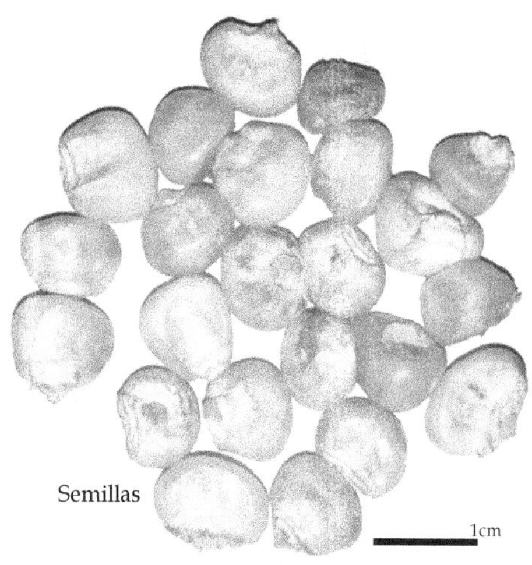

Almidones mayormente simples, notablemente poligonales (entre cuadrangulares y hexagonales), infrecuentemente ovalados o circulares. Formas truncadas ("elongated bell-shape") casi imperceptibles. El hilum se observa en pocos casos. Es abierto y típicamente céntrico o ligeramente excéntrico. No se observa laminado alguno. Las fisuras no son comunes y entre ellas predomina abrumadoramente la línea transversal. La fisura en forma de "Y" se observa en muy pocos casos. La cruz de extinción de mayor frecuencia es la cruz céntrica o ligeramente excéntrica con brazos totalmente rectos. Muy pocas veces se observa la misma cruz con brazos suavemente ondulados y en menos casos se aprecia la forma de equis excéntrica y con brazos ondulados. El borde consiste en una doble línea, oscura la externa y clara la interna. Este rasgo a veces es prominente en algunos almidones grandes. Las facetas de presión, entre 1 y 6, son muy comunes en todos los almidones poligonales.

Rango de tamaño (μm)	5.29 – 29.22
Media (μm) y desviación estándar	16.28 (± 5.74)

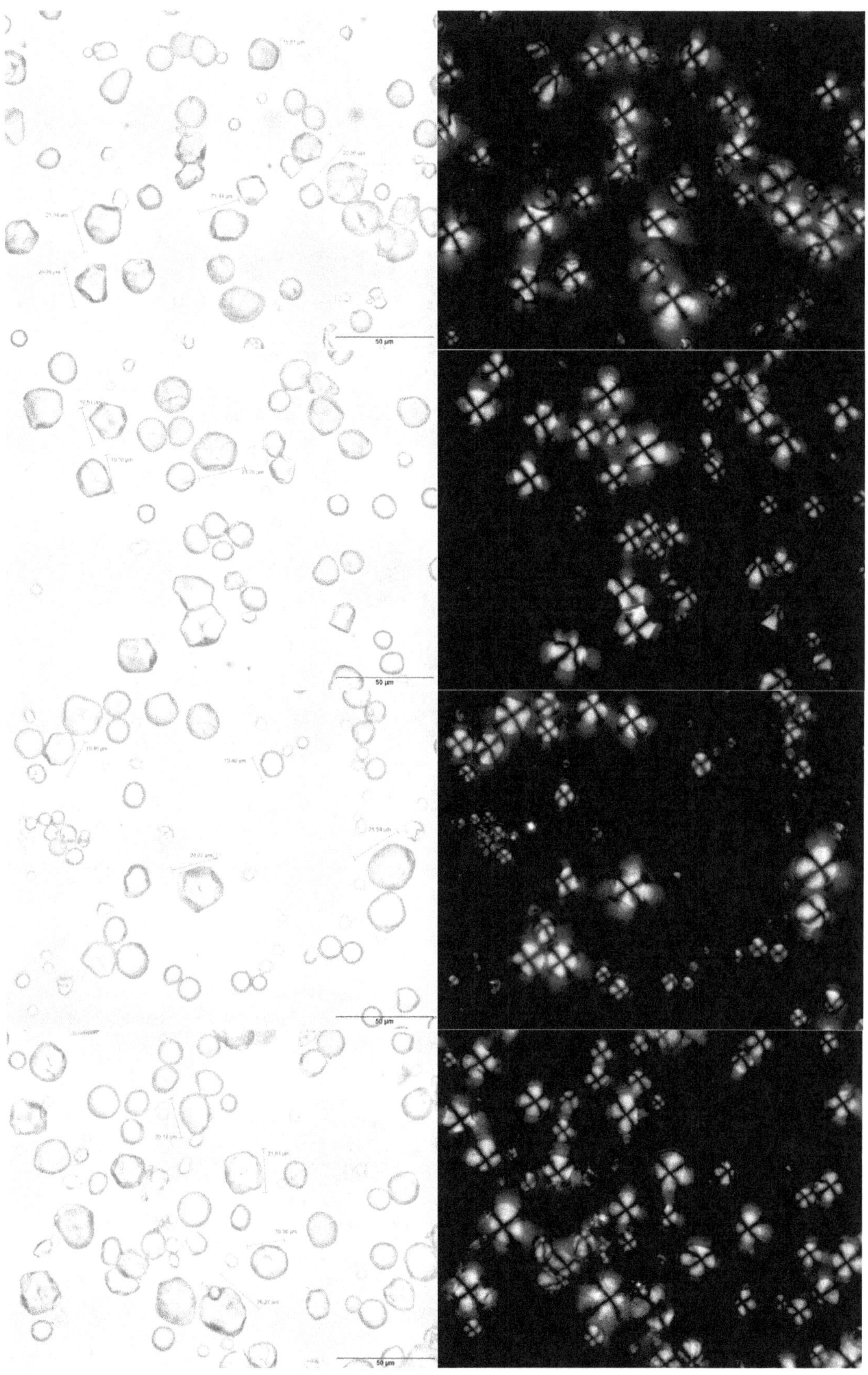

Poaceae

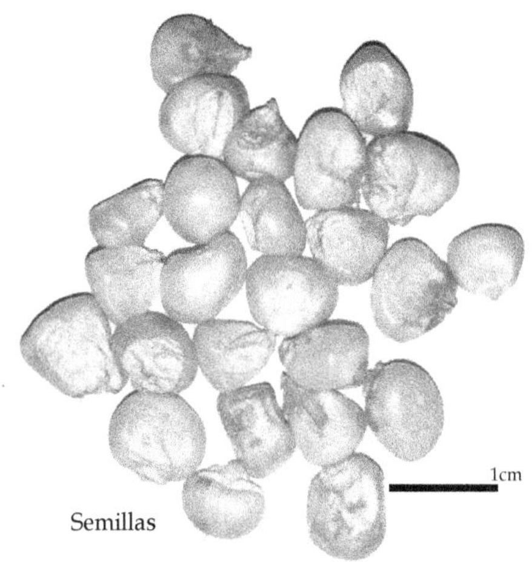

Semillas

1cm

Almidones mayormente simples, casi siempre entre ovalados y circulares, en ocasiones con márgenes sutilmente ondulados. Son recurrentes las formas cuadrangulares, pentagonales y truncadas (generalmente expandidas en la sección proximal) con ángulos obtusos y márgenes rectos o convexos. El hilum es común, pero difícilmente puede apreciarse con claridad. Es abierto y ligeramente excéntrico. No se observa laminado alguno. Las fisuras en forma de línea transversal son relativamente abundantes. La cruz de extinción se exhibe en dos variantes: la más común es la cruz excéntrica y con brazos curvos; la menos común una equis excéntrica con brazos ondulados. El borde consiste en una doble línea, oscura la externa y clara la interna. Este rasgo a veces es prominente en algunos almidones, sobre todo en aquellos de mayor tamaño. Las facetas de presión son generalmente muy tenues, entre 1 y 3, siendo visibles principalmente en algunos almidones ovalados o poligonales.

Rango de tamaño (µm)	3.16 – 21.15
Media (µm) y desviación estándar	12.55 (± 3.8)

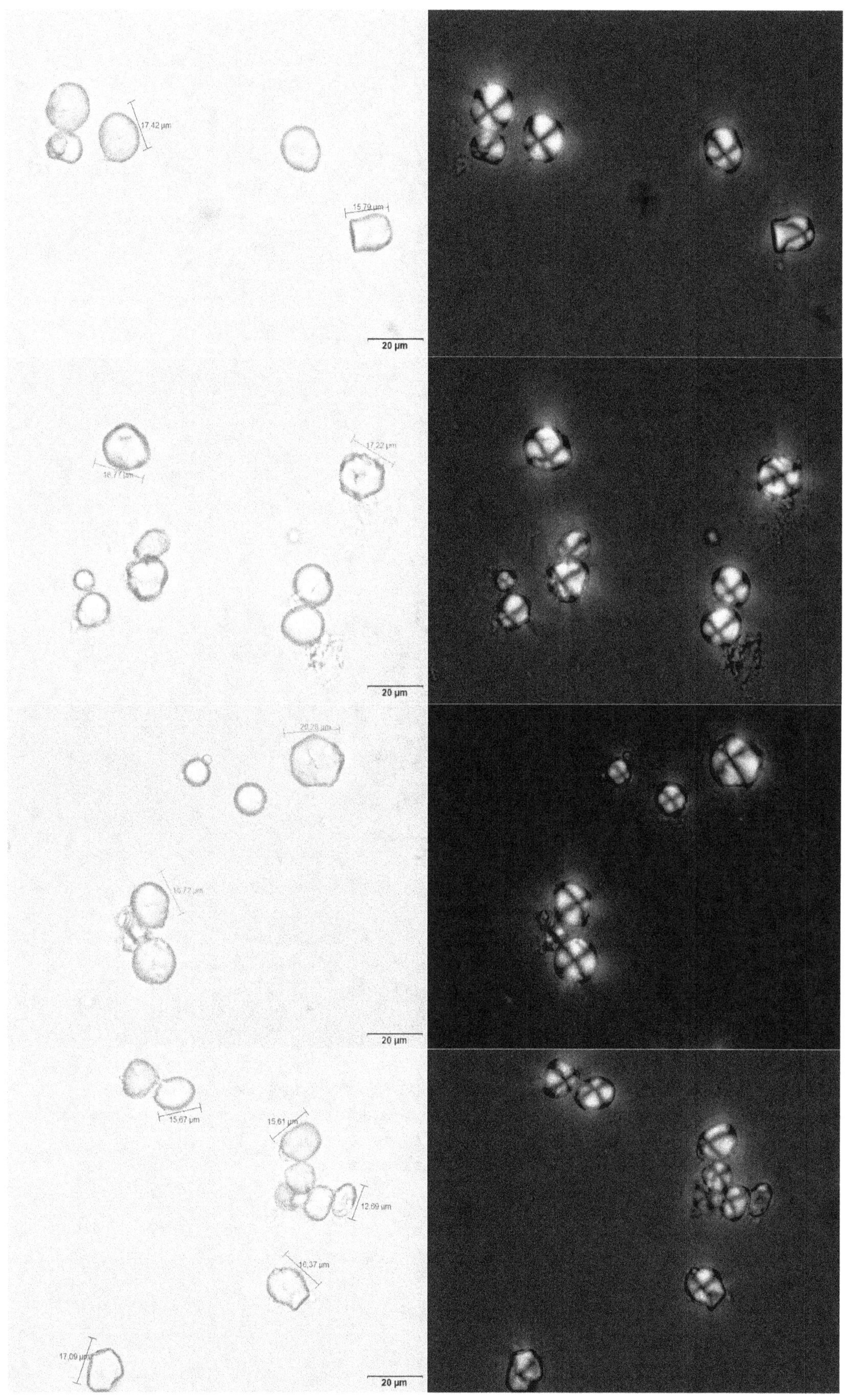

Poaceae

Almidones mayormente simples, muy homogéneos y casi siempre ovalados y circulares con márgenes ocasionalmente ondulados. Las formas poligonales son infrecuentes, así como las formas truncadas. Muy pocos almidones pueden contar con una superficie corrugada ("bumpy"). El hilum es común en aquellos casos en los que no hay fisuras sobre éste, siendo abierto y predominantemente excéntrico. No se observa laminado. Las fisuras en forma de "Y" o de "T" son muy comunes. Se documenta también la fisura transversal aunque con menor frecuencia que las anteriores. La cruz de extinción mayormente una cruz ligeramente excéntrica con brazos rectos. Muy pocos casos son cruces excéntricas con brazos curvos u ondulados. El borde consiste en una doble línea, oscura la externa y clara la interna. Este rasgo es prominente en muy pocos casos. Las facetas de presión son generalmente muy tenues, entre 1 y 3, siendo visibles principalmente en muy pocos almidones ovalados irregulares o poligonales.

Rango de tamaño (μm)	7.09 – 23.8
Media (μm) y desviación estándar	14.78 (± 3.9)

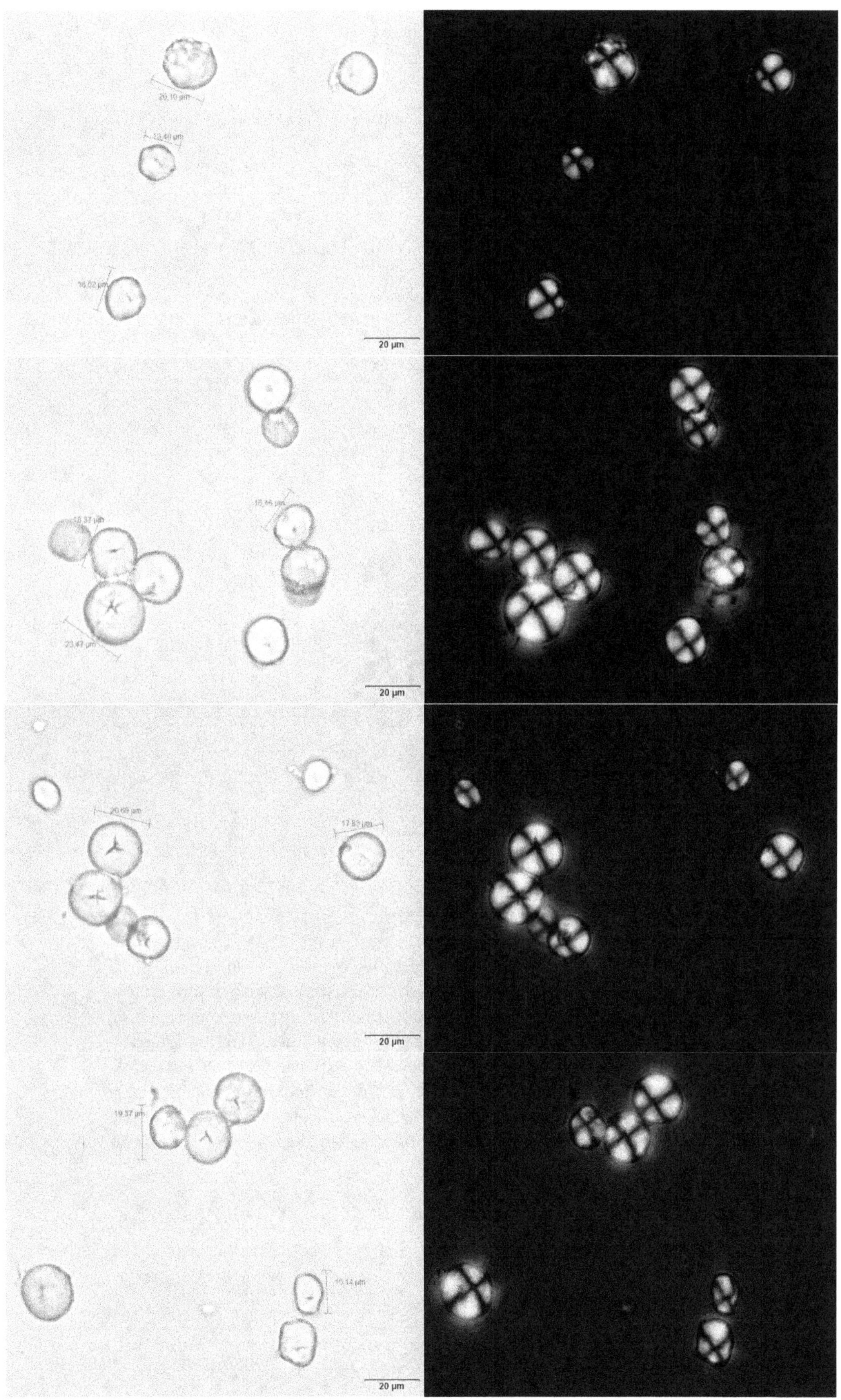

Poaceae

Zea mays, Alazán

Nombre común: Maíz Alazán (Id. #8955)
Estado: cultivada
Localidad: Perú (CIMMyT, México)
Almidones de las semillas

Semillas   1cm

Almidones mayormente simples, muy regulares, casi siempre entre ovalados y circulares con márgenes sutilmente ondulados. Formas cuadrangulares, pentagonales o truncadas infrecuentes. El hilum se observa en aquellos casos en los que no hay fisuras sobre éste. Es abierto y típicamente céntrico. No se observa laminado alguno. Las fisuras son bastante comunes y predominan las líneas transversales y luego las que cuentan con forma de "Y". La cruz de extinción es muy homogénea. Casi siempre son cruces céntricas con los brazos totalmente rectos. Muy pocas veces se observa la misma cruz con brazos ligeramente curvos. El borde consiste en una doble línea, oscura la externa y clara la interna. Este rasgo a veces es prominente en algunos almidones analizados. Las facetas de presión, entre 1 y 3, son poco comunes, observándose en unos cuantos almidones ovalados con márgenes ondulados, o en ciertos almidones poligonales.

Rango de tamaño (μm)	3.98 – 29.67
Media (μm) y desviación estándar	14.34 (± 6.7)

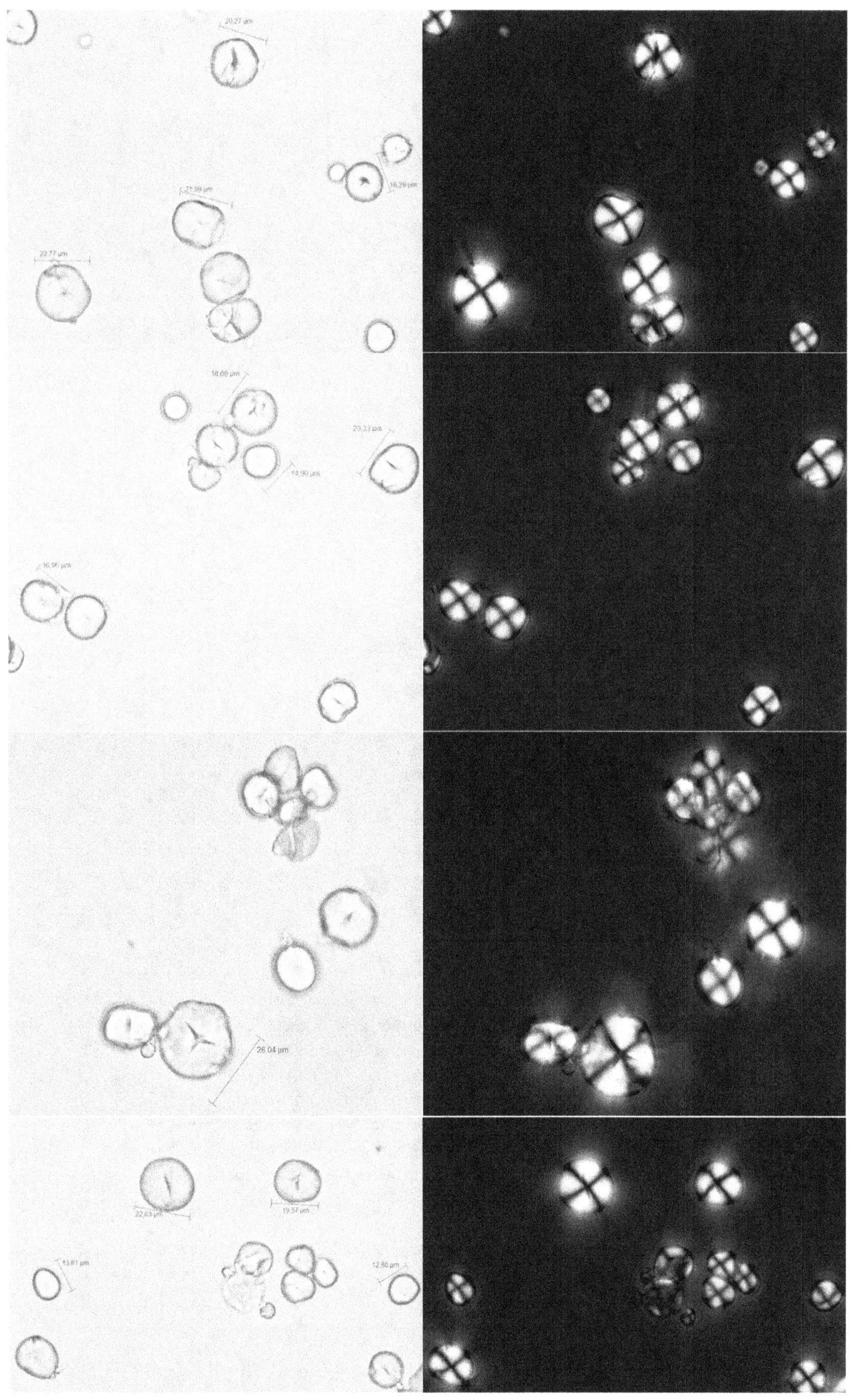

Poaceae

Zea mays, Cabuya
Nombre común: Maíz Cabuya (Id. #3152)
Estado: cultivada
Localidad: Colombia (CIMMyT, México)
Almidones de las semillas

Semillas

Almidones mayormente simples, ovalados irregulares y poligonales (trasovados, cuadrangulares, pentagonales) con márgenes comúnmente ondulados. Son comunes las formas truncadas alargadas o parcialmente hinchadas en la sección proximal. El hilum difícilmente se aprecia; es abierto y casi siempre excéntrico. No se observa laminado. Las fisuras son bastante comunes y predominan las líneas transversales. La cruz de extinción es en forma de cruz y con brazos tanto rectos como ondulados. Pocas veces esta misma cruz cuenta con brazos curvos. Igualmente se documenta este rasgo en forma de equis y con brazos ondulados. El borde consiste en una doble línea, oscura la externa y clara la interna. Este rasgo a veces es prominente en algunos almidones. Las facetas de presión, entre 1 y 3, son bastante comunes, principalmente en las formas fuertemente poligonales.

Rango de tamaño (µm)	6.99 – 27.66
Media (µm) y desviación estándar	15.77 (± 5.33)

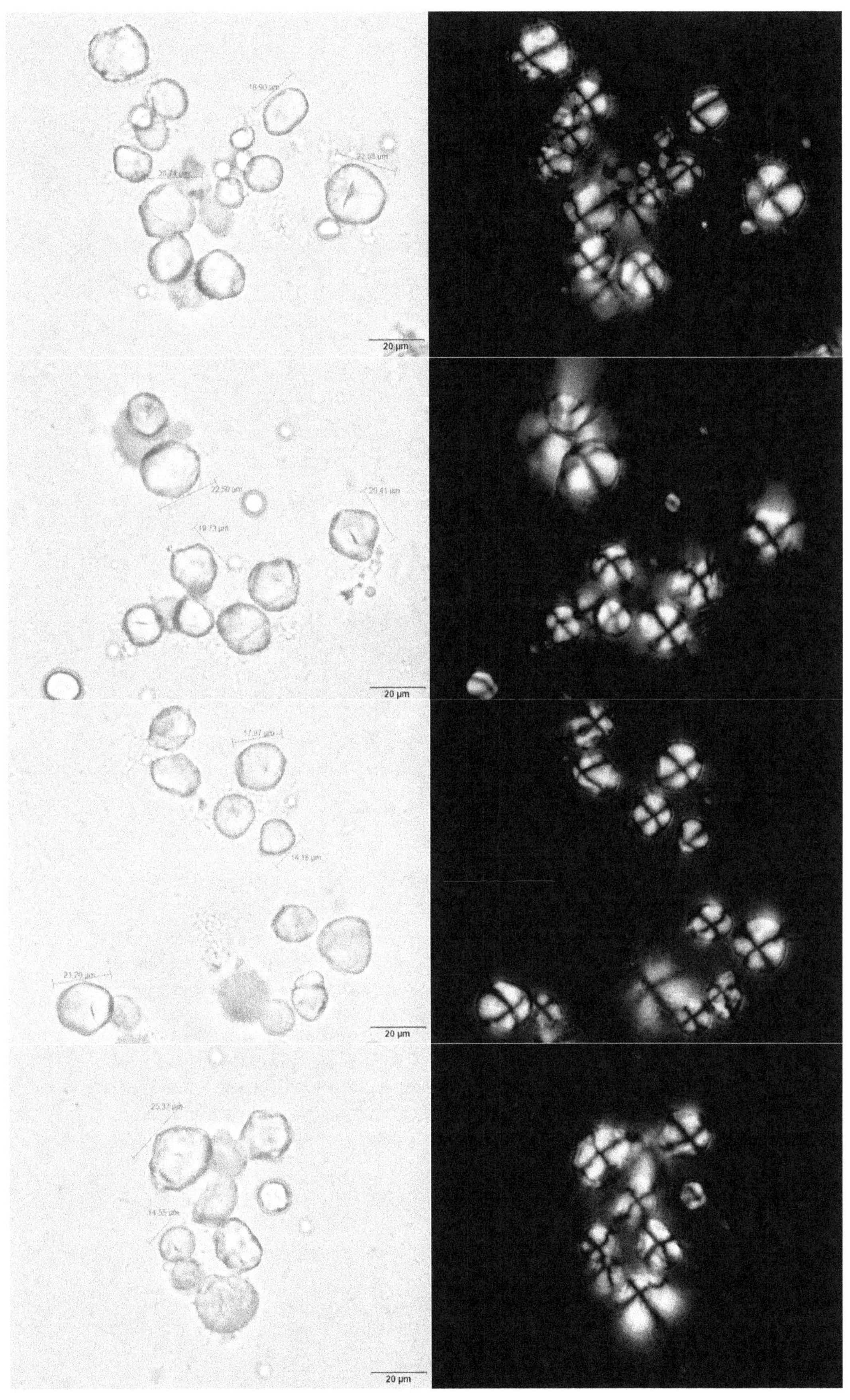

Poaceae

Zea mays, Chaparreño

Nombre común: Maíz Chaparreño (Id. #8922)
Estado: cultivada
Localidad: Perú (CIMMyT, México)
Almidones de las semillas

Almidones simples de formas muy consistentes, casi siempre ovalados y en menor frecuencia circulares. Existen formas poligonales (pentagonales) o truncadas, pero son poco comunes. El hilum se observa regularmente, es abierto y ubica en posición céntrica o ligeramente excéntrica de manera indistinta. No se observa laminado alguno. Las fisuras son abrumadoramente transversales. Son menos frecuentes las fisuras en forma de "Y" o "T", mientras que otra en forma de "X" se observa en muy pocos casos. La cruz de extinción es muy homogénea. Casi siempre son cruces céntricas o ligeramente excéntricas con los brazos totalmente rectos o suavemente curvos. El borde consiste en una doble línea, oscura la externa y clara la interna. Este rasgo a veces es prominente en algunos almidones. Las facetas de presión, entre 2 y 3, son poco comunes, pero se observan en casi todos los almidones poligonales o en algunos truncados.

Rango de tamaño (µm)	3.73 – 27.09
Media (µm) y desviación estándar	18.33 (± 5.78)

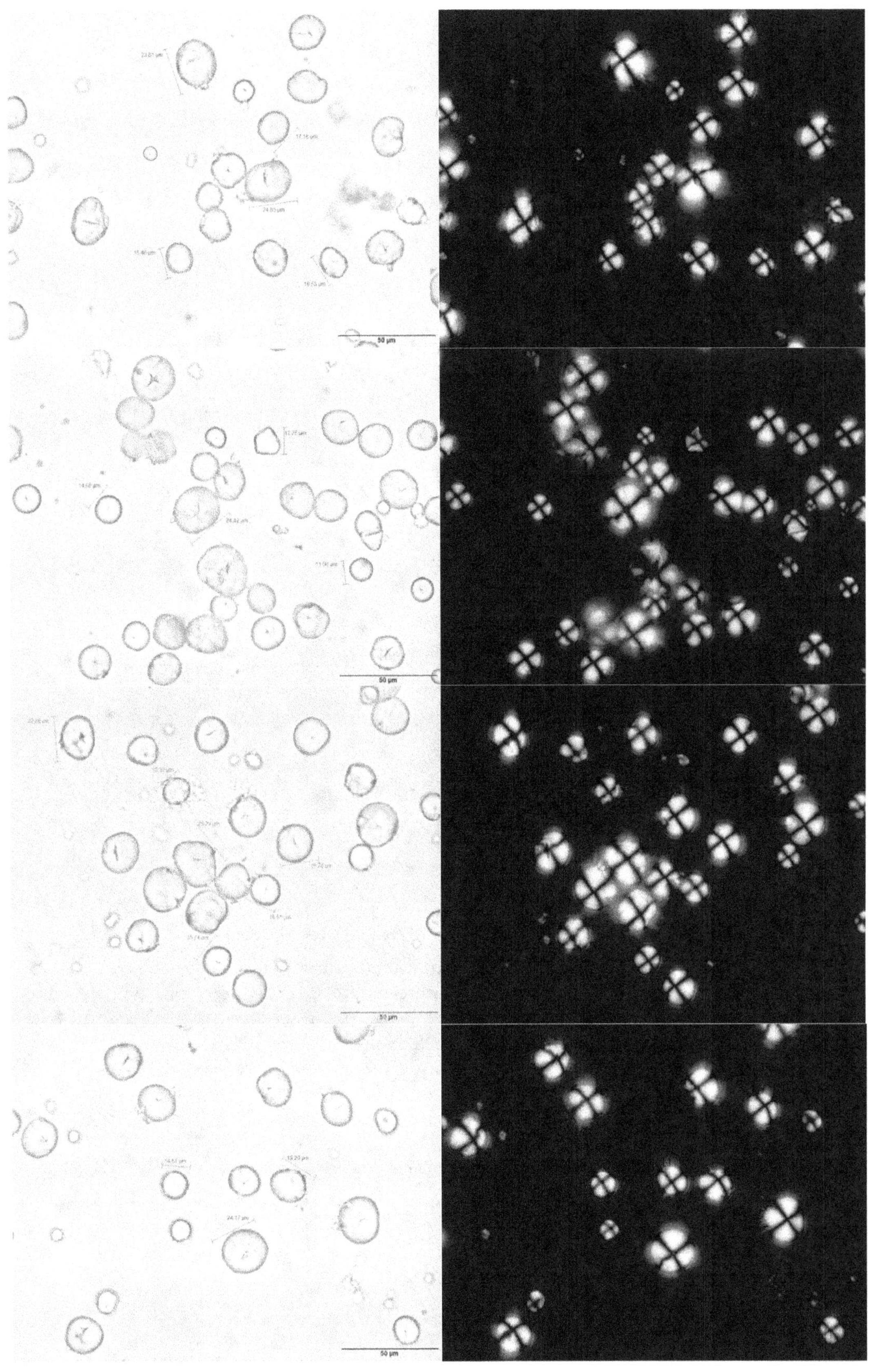

Poaceae

Almidones mayormente simples, tanto ovalados regulares como poligonales (cuadrangulares a hexagonales) en similar proporción. Son poco comunes las formas truncadas. El hilum se observa regularmente, es abierto y ubica indistintamente en posición céntrica o ligeramente excéntrica. No se observa laminado alguno. Las fisuras son casi siempre transversales. Son menos frecuentes las fisuras en forma de "Y". La cruz de extinción consta de dos variantes: forma de cruz céntrica o algo excéntrica con brazos rectos o sutilmente ondulados; forma de cruz céntrica o algo excéntrica con brazos curvos. El borde consiste en una doble línea, oscura la externa y clara la interna. Este rasgo no es prominente en esta raza de maíz. Las facetas de presión, entre 2 y 4, ocurren en casi todos los almidones poligonales y en algunos de formas ovalada irregular.

Rango de tamaño (µm)	5.48 – 19.73
Media (µm) y desviación estándar	12.82 (± 3.51)

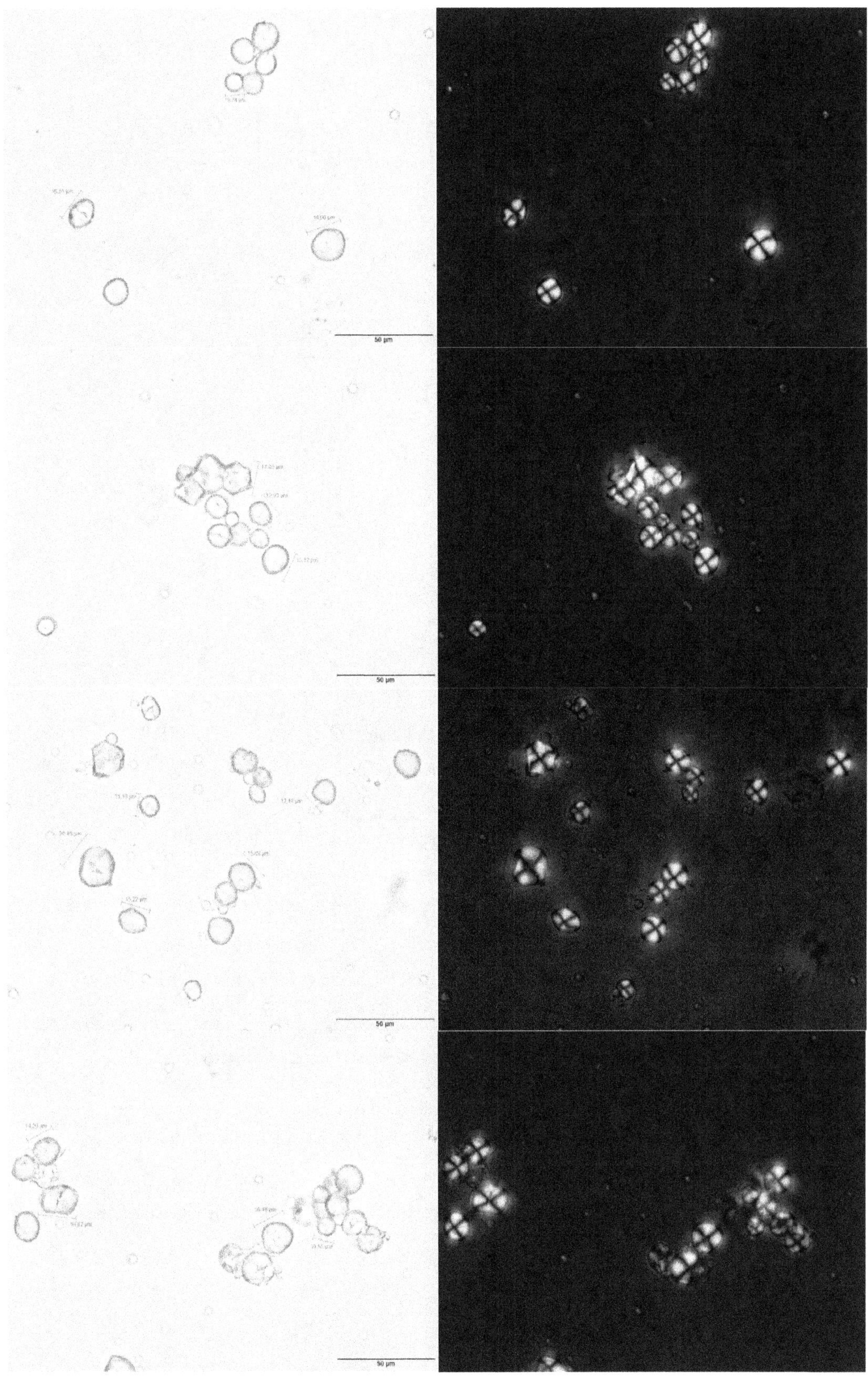

Poaceae

Almidones mayormente simples y ovalados regulares e irregulares. Son poco comunes las formas truncadas o poligonales (cuadrangulares a hexagonales). Es común que la superficie de estos almidones sea rugosa y corrugada ("bumpy"). El hilum se observa regularmente cuando no hay fisuras, es abierto y ubica indistintamente en posición céntrica o ligeramente excéntrica. No se observa laminado alguno. Las fisuras son casi siempre transversales. Son menos frecuentes las fisuras en forma de "Y" o "T". La cruz de extinción es bastante homogénea siendo la variante en forma de cruz céntrica (o excéntrica) y con brazos rectos la que predomina. Muy pocos casos como son los almidones truncados, pueden mostrar la forma de equis excéntrica con brazos rectos. El borde consiste en una doble línea, oscura la externa y clara la interna. Este rasgo no es prominente en esta raza de maíz. Las facetas de presión, entre 1 y 3, ocurren en casi todos los almidones poligonales observados y en algunos de formas ovaladas irregulares.

Rango de tamaño (μm)	6.27 – 26.26
Media (μm) y desviación estándar	19.08 (± 5.28)

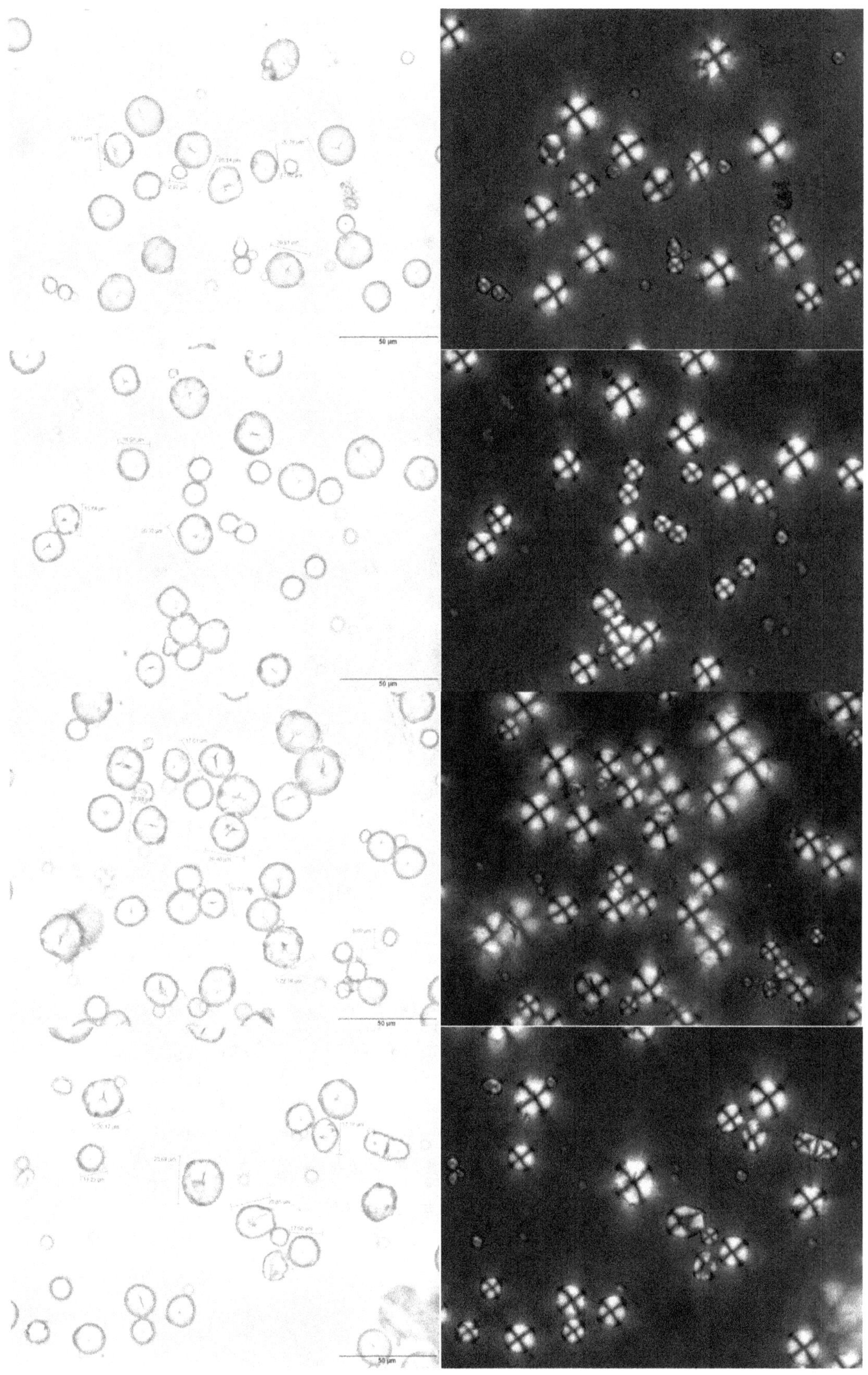

Poaceae

Zea mays, Confite Puntiagudo

Nombre común: Maíz Confite Puntiagudo (Id. #21504)
Estado: cultivada
Localidad: Perú (CIMMyT, México)
Almidones de las semillas

Almidones mayormente simples, ovalados o circulares regulares e irregulares. Hay formas poligonales (cuadrangulares a hexagonales) y truncadas, aunque son poco comunes. Es usual que la superficie de algunos de estos almidones sea rugosa y corrugada ("bumpy"). El hilum se observa con bastante regularidad cuando no hay fisuras; es abierto y se encuentra casi siempre en posición céntrica. No se observa laminado. Las fisuras son mayormente transversales. Son menos frecuentes las fisuras en forma de "Y" o "T". La cruz de extinción es bastante homogénea siendo la variante en forma de cruz céntrica y con brazos rectos la que predomina. A veces, estas mismas cruces muestran los brazos ligeramente curvos. Muy pocos casos como son los almidones truncados, pueden mostrar la forma de equis con brazos rectos. El borde consiste en una doble línea, oscura la externa y clara la interna. Este rasgo puede ser prominente en algunos almidones de mediano o mayor tamaño. Las facetas de presión, entre 2 y 4, se observan en aquellos almidones ovalados irregulares o poligonales.

Rango de tamaño (μm)	4.94 – 21.96
Media (μm) y desviación estándar	17.03 (± 3.96)

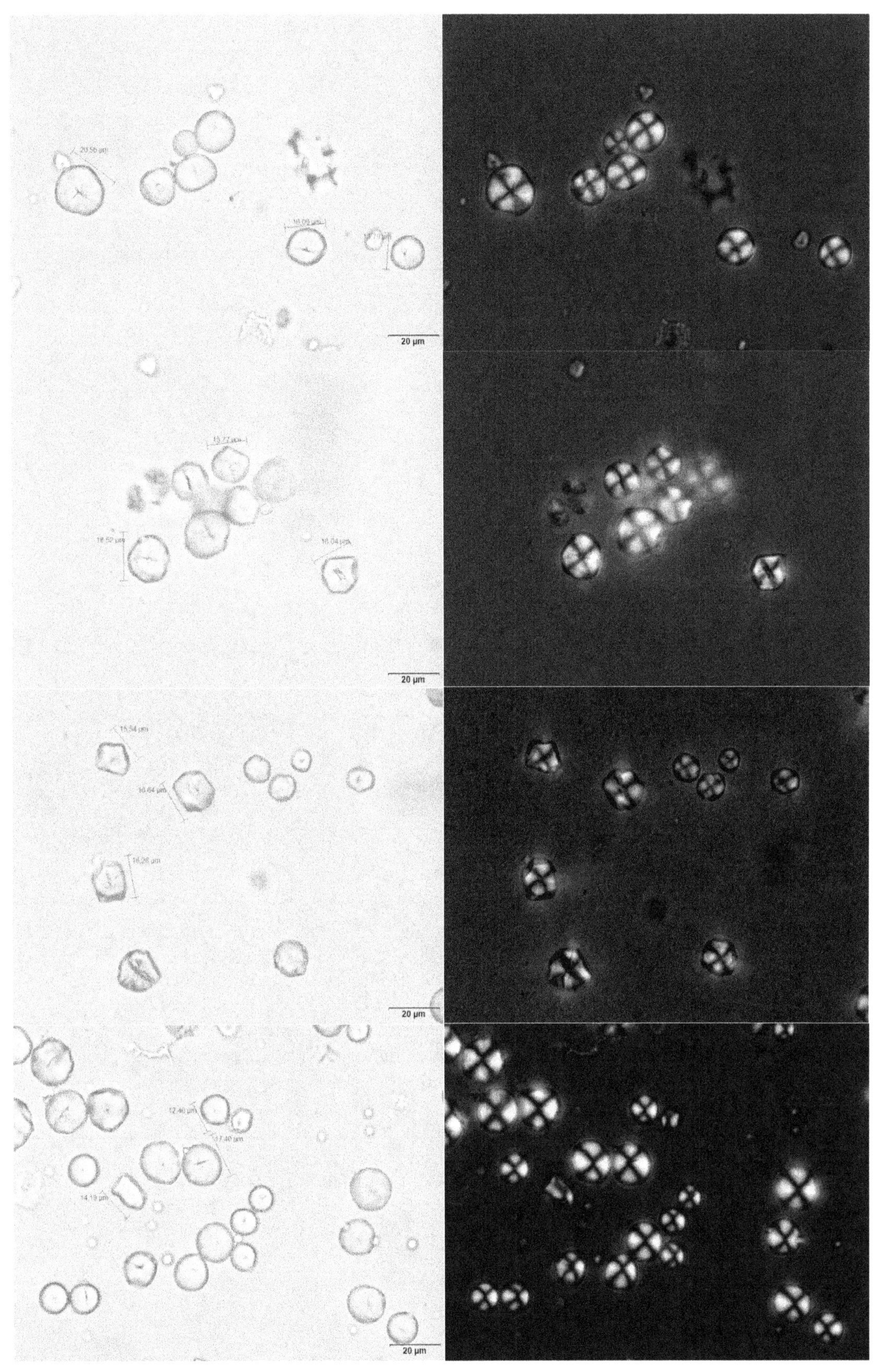

Poaceae

Zea mays, Enano

Nombre común: Maíz Enano (Id. #9025)
Estado: cultivada
Localidad: Perú (CIMMyT, México)
Almidones de las semillas

Semillas

1cm

Almidones mayormente simples y considerablemente irregulares (entre ovalados y poligonales). Son poco comunes las formas truncadas. Es usual que la superficie de estos almidones sea rugosa y corrugada ("bumpy"). El hilum se observa frecuentemente en aquellos almidones que no cuentan con fisura o que no tienen su superficie extremadamente rugosa. Es abierto y se encuentra casi siempre en posición céntrica. No se observa laminado. Las fisuras son mayormente transversales, aunque existen otras en forma de "Y" o "T" con bastante frecuencia. La cruz de extinción es poco variable, consistiendo principalmente en una cruz usualmente céntrica y con brazos rectos o ligeramente curvos. A veces los brazos de esta cruz pueden ser ondulados. El borde consiste en una doble línea, oscura la externa y clara la interna. Este rasgo es prominente en pocos almidones de mediano o mayor tamaño. Las facetas de presión, entre 2 y 4, se observan en aquellos almidones ovalados irregulares o poligonales.

Rango de tamaño (µm)	4.3 – 23.7
Media (µm) y desviación estándar	12.28 (± 4.8)

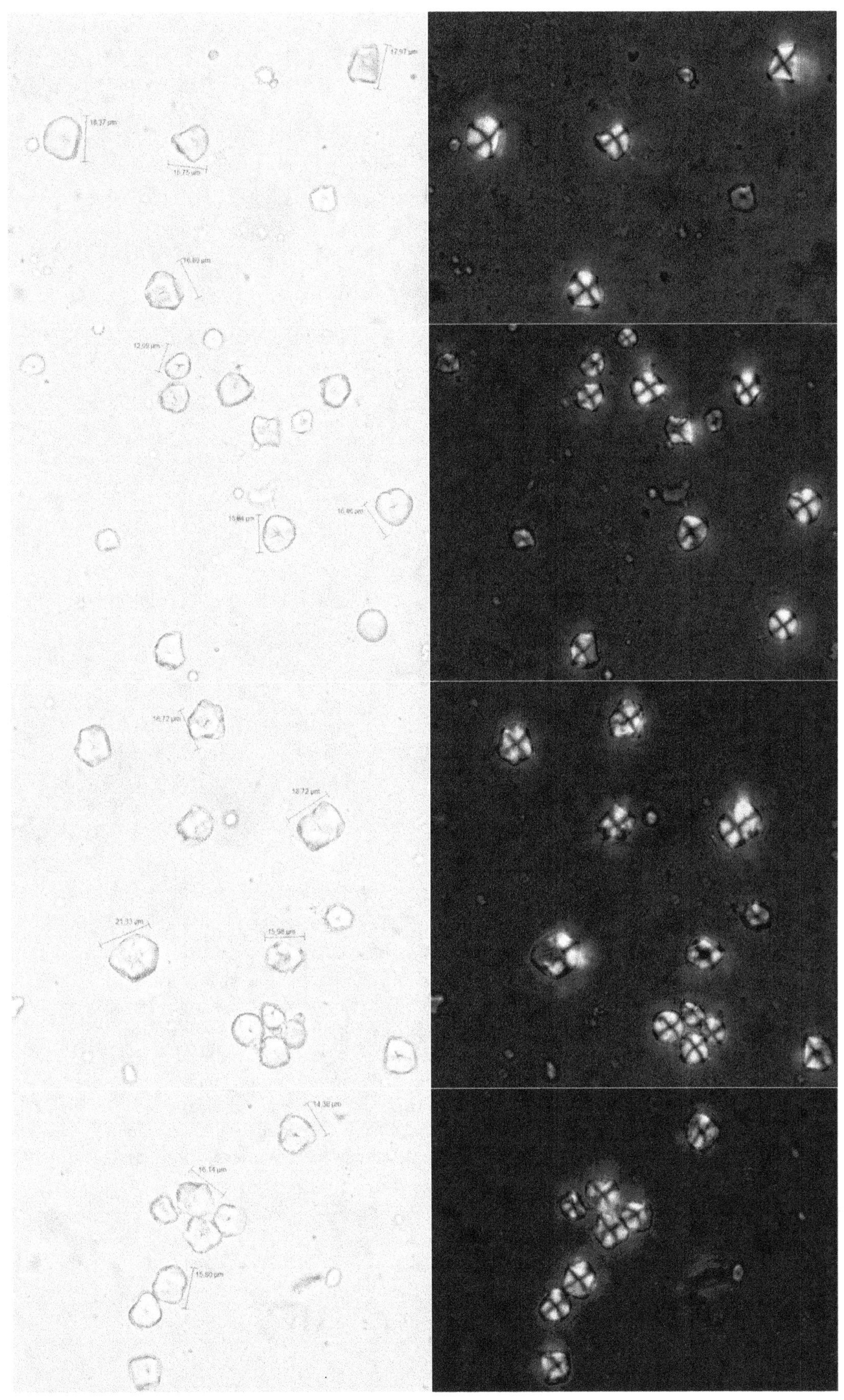

Poaceae

Almidones mayormente simples, indistintamente ovalados y circulares (regulares e irregulares) o poligonales (cuadrangulares a hexagonales con ángulos obtusos). Formas truncadas infrecuentes. El hilum se observa en muy pocos casos, es abierto y se encuentra casi siempre en posición céntrica o ligeramente excéntrica. No se observa laminado. Las fisuras son poco comunes y son mayormente transversales. La cruz de extinción exhibe algunas variantes en similar proporción: en forma de cruz céntrica o ligeramente excéntrica con brazos rectos; en forma de cruz céntrica o ligeramente excéntrica con brazos ondulados; en forma de cruz céntrica o ligeramente excéntrica con brazos curvos. Con menor frecuencia se observa la cruz de extinción en forma de equis excéntrica y con brazos ondulados. El borde consiste en una doble línea, oscura la externa y clara la interna. Este rasgo no es prominente en esta raza de maíz. Las facetas de presión, entre 2 y 5, se observan en aquellos almidones ovalados irregulares o poligonales.

Rango de tamaño (µm)	5.6 – 24.14
Media (µm) y desviación estándar	15.41 (± 4.83)

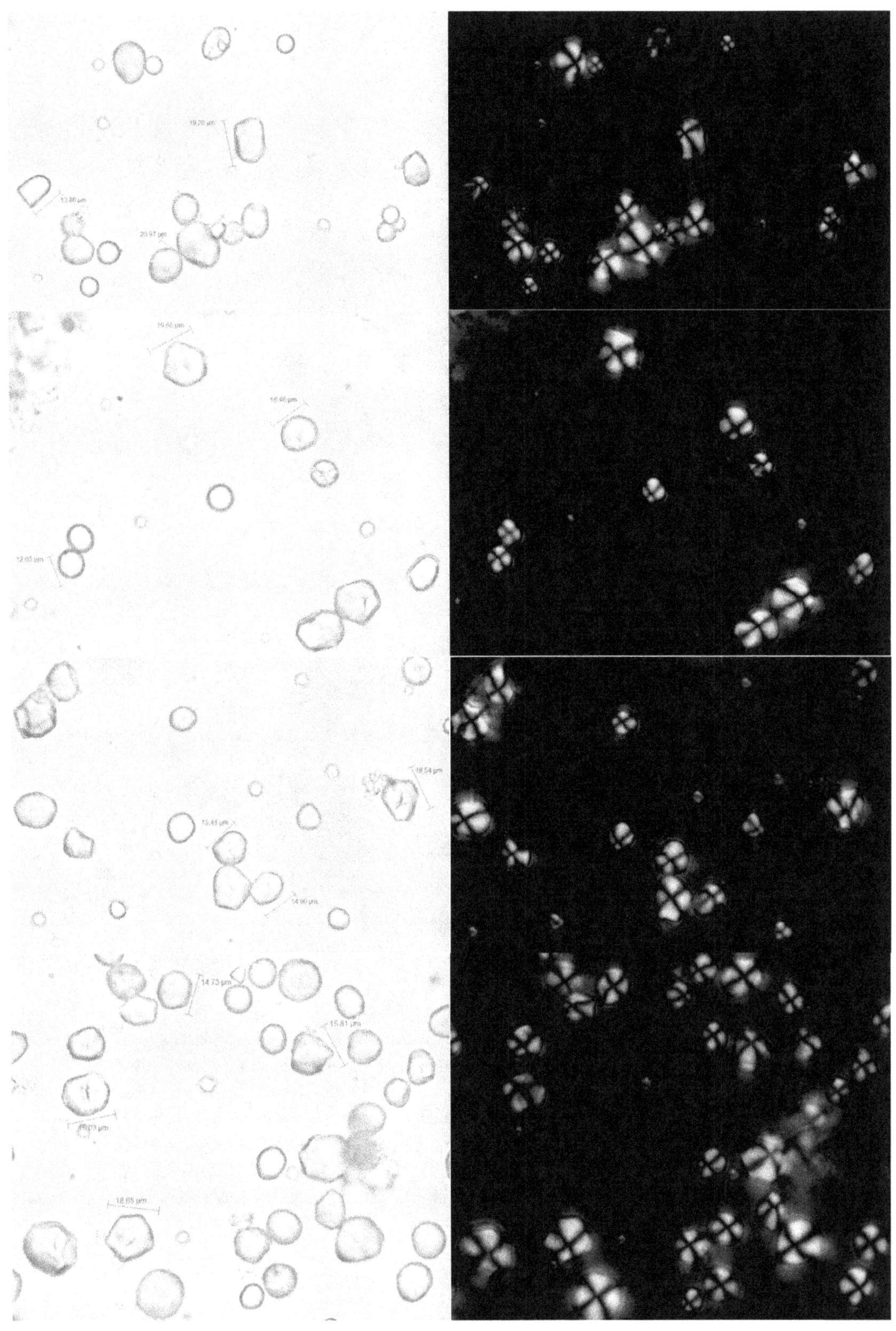

Poaceae

Almidones mayormente simples, indistintamente ovalados o poligonales (cuadrangulares a hexagonales con ángulos obtusos). Formas truncadas infrecuentes. Existe una forma ovalado "riñón" con uno de los márgenes notablemente ondulado. Algunos almidones cuentan con la superficie levemente corrugada ("bumpy"). El hilum se observa regularmente, es abierto y se encuentra casi siempre en posición céntrica. No se aprecia laminado. Las fisuras son frecuentes siendo transversales o en forma de "T" en similar proporción. La cruz de extinción es principalmente una cruz céntrica con brazos rectos; en otros casos menos frecuentes es una cruz ligeramente excéntrica con brazos curvos u ondulados. Finalmente existen cruces de extinción en forma de equis, excéntrica y con brazos rectos o ligeramente curvos. El borde consiste en una doble línea, oscura la externa y clara la interna. Este rasgo puede ser prominente en almidones de mediano o mayor tamaño. Las facetas de presión, entre 2 y 4, se observan en aquellos almidones ovalados irregulares o poligonales.

Rango de tamaño (µm)	7.93 – 23.99
Media (µm) y desviación estándar	12.88 (± 3.44)

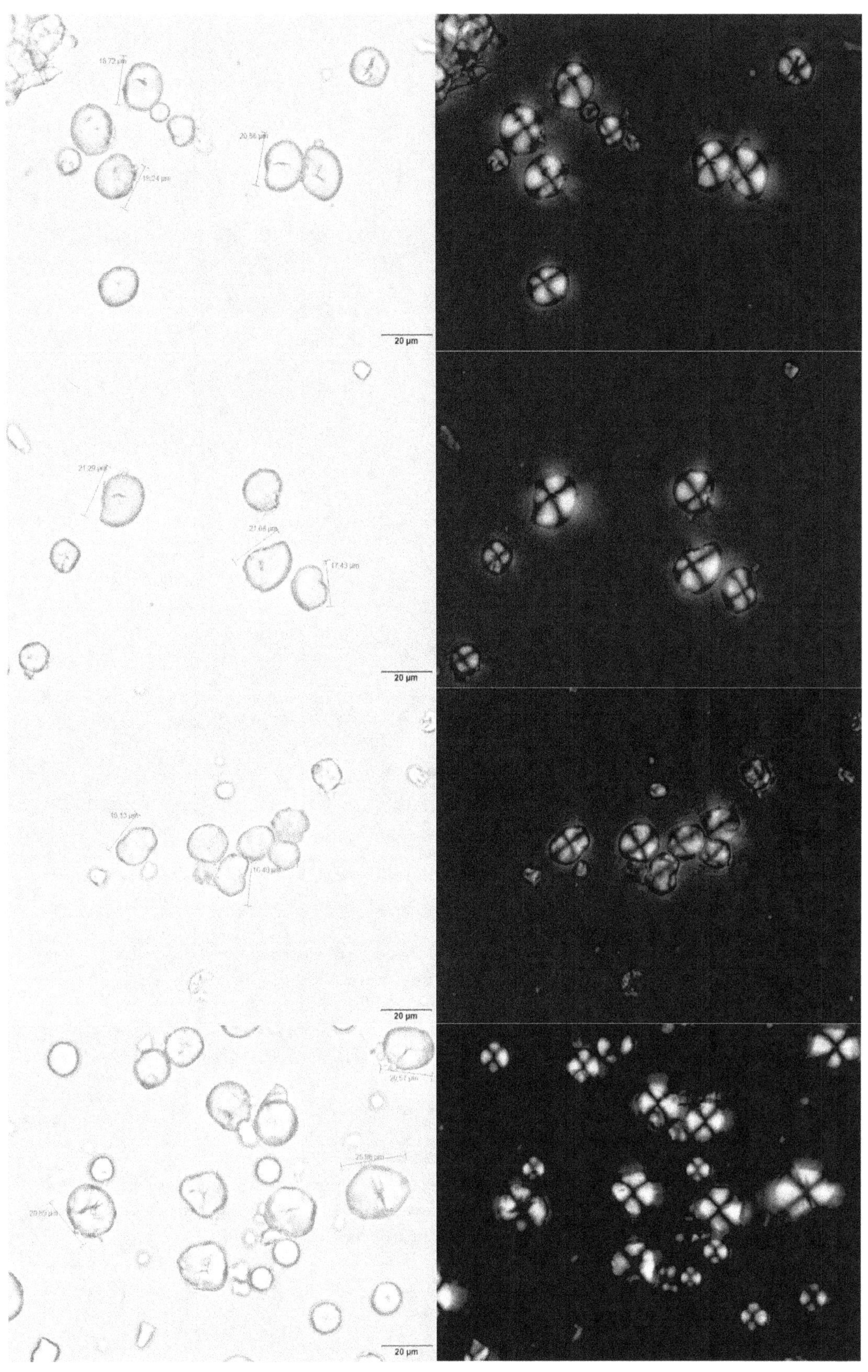

Poaceae

Semillas

1cm

Almidones mayormente simples, ovalados, circulares y, en menor medida, trasovados y poligonales (cuadrangulares a hexagonales con ángulos obtusos). Las formas truncadas y ensanchadas en la sección proximal son infrecuentes. Es común que la superficie de los almidones sea levemente corrugada ("bumpy"). El hilum difícilmente se observa, aunque es abierto y se encuentra indistintamente en posición céntrica o ligeramente excéntrica. No se aprecia laminado. Las fisuras son frecuentes siendo principalmente transversales. La fisura en forma de "T" ocurre con poca frecuencia. La cruz de extinción es principalmente una cruz céntrica o ligeramente excéntrica con brazos rectos; en menos casos es una cruz ligeramente excéntrica con brazos curvos u ondulados. Finalmente existen pocos casos de cruces de extinción en forma de equis, excéntrica y con brazos rectos o ligeramente curvos. El borde consiste en una doble línea, oscura la externa y clara la interna. Este rasgo puede ser prominente en almidones de mediano o mayor tamaño. Las facetas de presión, entre 1 y 3, se observan en aquellos almidones ovalados muy irregulares o en otros poligonales.

Rango de tamaño (μm)	4.25 – 25.35
Media (μm) y desviación estándar	14.16 (± 3.28)

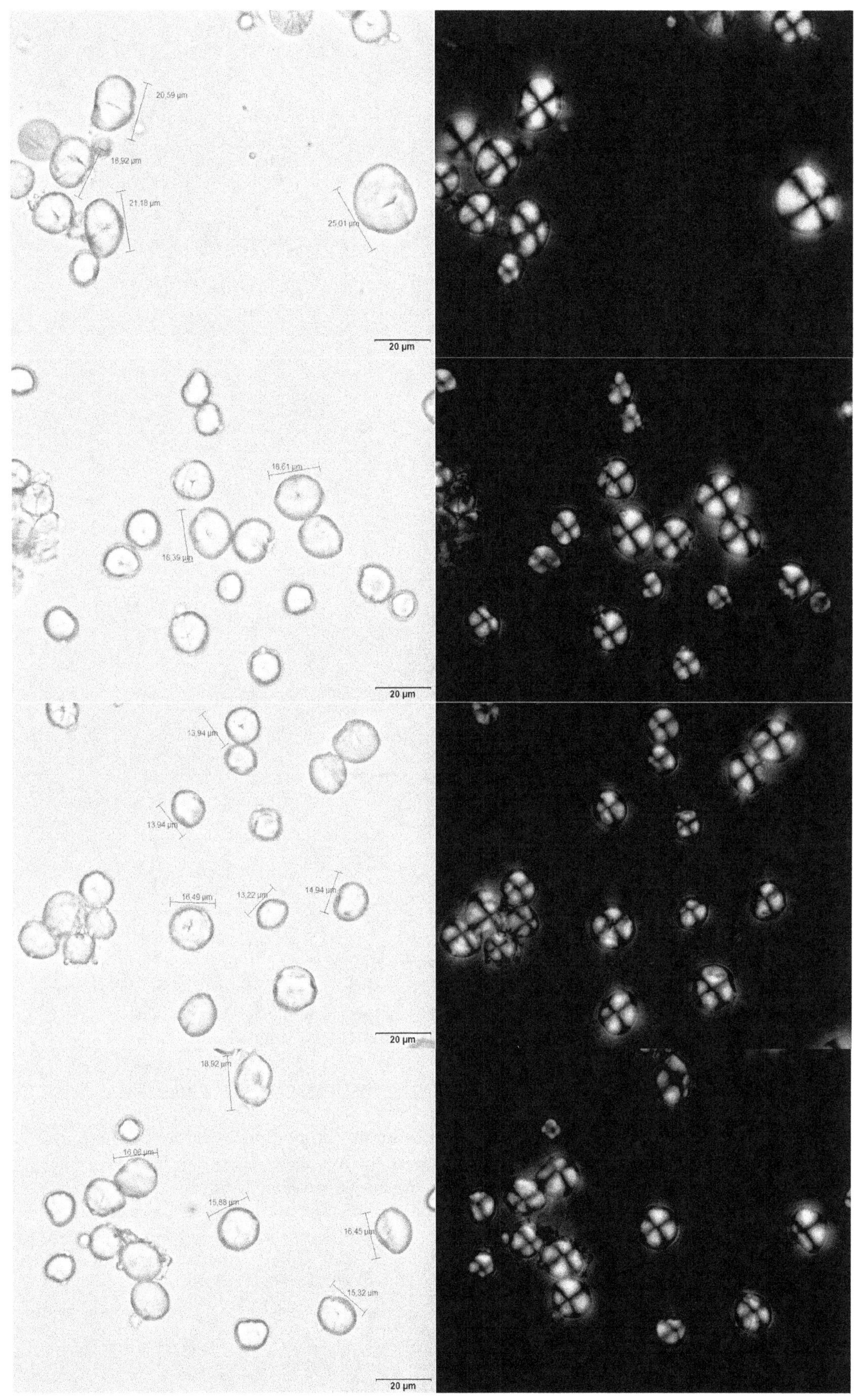

Almidones: guía de material comparativo moderno del Ecuador para los estudios paleoetnobotánicos en el neotrópico

Poaceae

Zea mays, Montaña

Nombre común: Maíz Montaña (Id. #3155)
Estado: cultivada
Localidad: Colombia (CIMMyT, México)
Almidones de las semillas

Almidones mayormente simples y notablemente irregulares. Existen formas ovaladas y trasovadas, pero también formas poligonales entre triangulares con ángulos agudos hasta hexagonales con ángulos obtusos. Existen formas truncadas alargadas ("elongated bell-shape") o ensanchadas en la sección proximal, aunque no son comunes. El hilum difícilmente se observa, aunque al documentarlo es abierto y se encuentra principalmente en posición excéntrica. No se observa laminado. Las fisuras son muy comunes siendo las más frecuentes en forma de "T" o de "Y"; las fisuras transversales ocurren en menos casos. La cruz de extinción es principalmente una cruz ligeramente excéntrica con brazos ondulados; en menos casos es una cruz ligeramente excéntrica con brazos rectos o curvos. Existen pocos casos de cruces de extinción en forma de equis, excéntrica y con brazos ondulados. El borde consiste en una doble línea, oscura la externa y clara la interna. Este rasgo puede ser prominente en la mayoría de los almidones observados. Las facetas de presión, entre 1 y 6, se observan en la mayoría de los almidones al ser éstos marcadamente irregulares.

Rango de tamaño (μm)	5.28 – 25.88
Media (μm) y desviación estándar	13.58 (± 4.08)

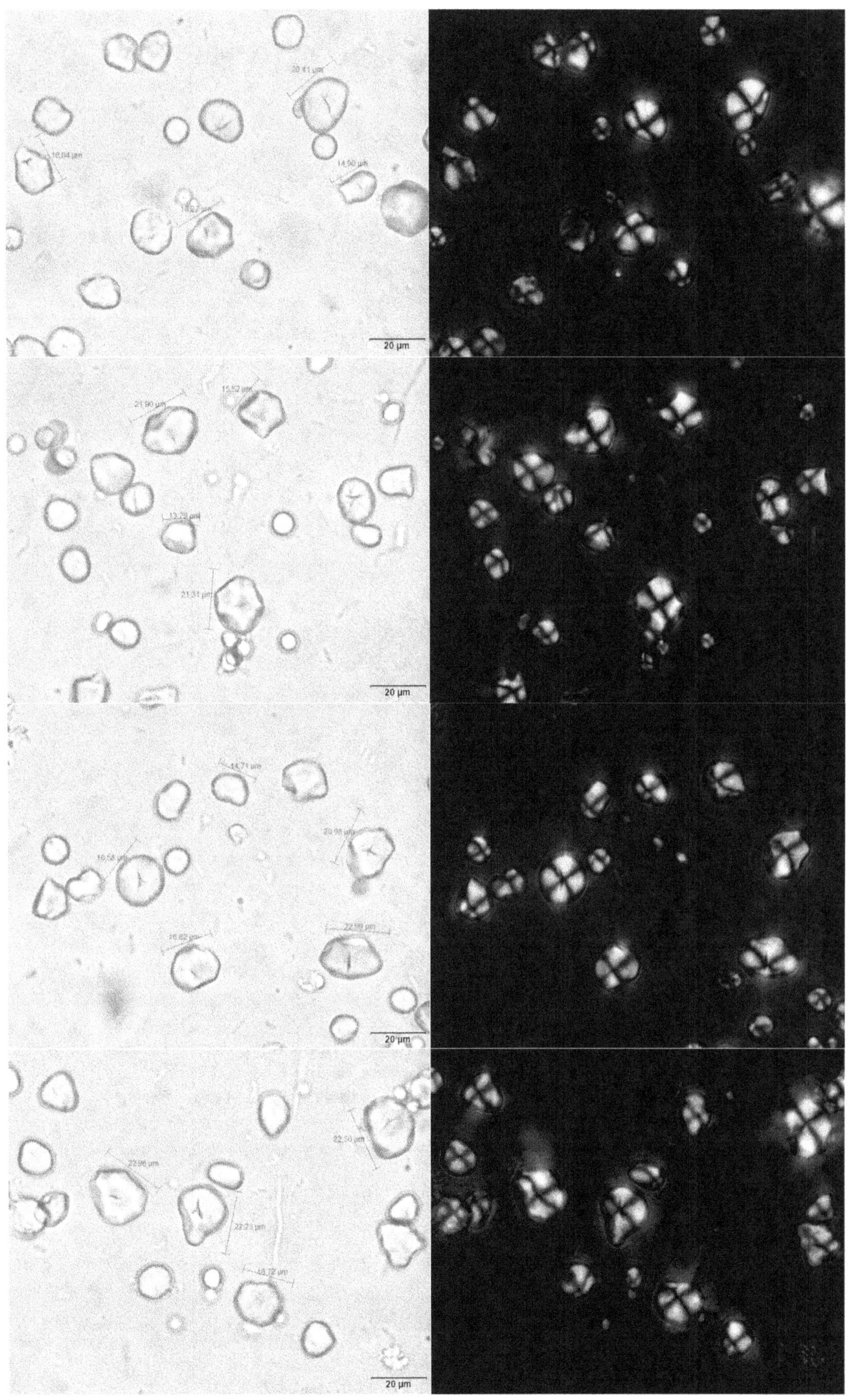

Poaceae

Zea mays, Negrito

Nombre común: Maíz Negrito (Id. #3375)
Estado: cultivada
Localidad: Colombia (CIMMyT, México)
Almidones de las semillas

Semillas

Almidones mayormente simples, de formas ovaladas y trasovadas, aunque son comunes otras formas poligonales (cuadrangulares y trapezoidales hasta hexagonales de ángulos obtusos). Son infrecuentes las formas truncadas de cualquier tipo. En ocasiones la superficie de los almidones es levemente rugosa. El hilum difícilmente se observa, aunque al documentarlo es abierto y se encuentra principalmente en posición céntrica. No se observa laminado. Las fisuras son frecuentes siendo principalmente transversales. Otras fisuras menos recurrentes son en forma de "T" o de "Y". La cruz de extinción es principalmente una cruz céntrica con brazos rectos; es común también la cruz céntrica con brazos ligeramente ondulados. En muy pocas ocasiones ocurre la cruz en forma de equis y con brazos ondulados. El borde consiste en una doble línea, oscura la externa y clara la interna. Este rasgo es prominente en la mayoría de los almidones de mayor tamaño. Las facetas de presión, entre 1 y 5, se observan en la mayoría de los almidones poligonales o en aquellos que son ovalados y notablemente irregulares.

Rango de tamaño (µm)	5.48 – 27.01
Media (µm) y desviación estándar	16.38 (± 4.96)

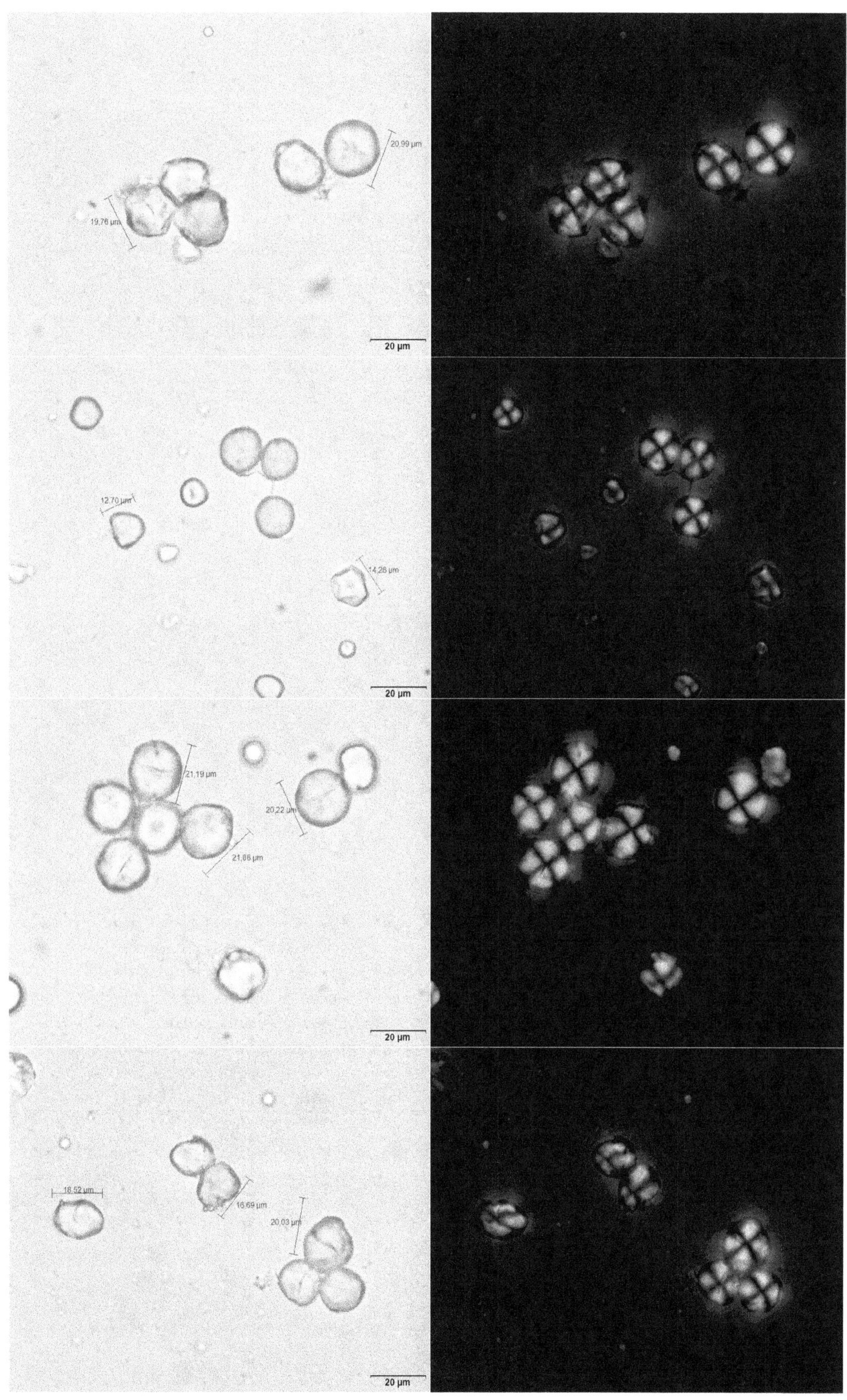

Almidones: guía de material comparativo moderno del Ecuador para los estudios paleoetnobotánicos en el neotrópico

Poaceae

Almidones mayormente simples, invariablemente de formas ovaladas, trasovadas y poligonales (cuadrangulares hasta hexagonales de ángulos obtusos). Son poco comunes las formas truncadas de cualquier tipo. En ocasiones la superficie de los almidones es levemente rugosa. El hilum difícilmente se observa, aunque al documentarlo es abierto y se encuentra principalmente en posición céntrica. No se observa laminado. Las fisuras son frecuentes siendo abrumadoramente transversales. La cruz de extinción es principalmente una cruz céntrica con brazos rectos; pocos casos son cruces céntricas con brazos ligeramente ondulados. El borde consiste en una doble línea, oscura la externa y clara la interna. Este rasgo no es prominente en los almidones analizados. Las facetas de presión, entre 1 y 4, se observan en la mayoría de los almidones que son poligonales.

Rango de tamaño (µm)	4.5 – 21.95
Media (µm) y desviación estándar	12.09 (± 3.79)

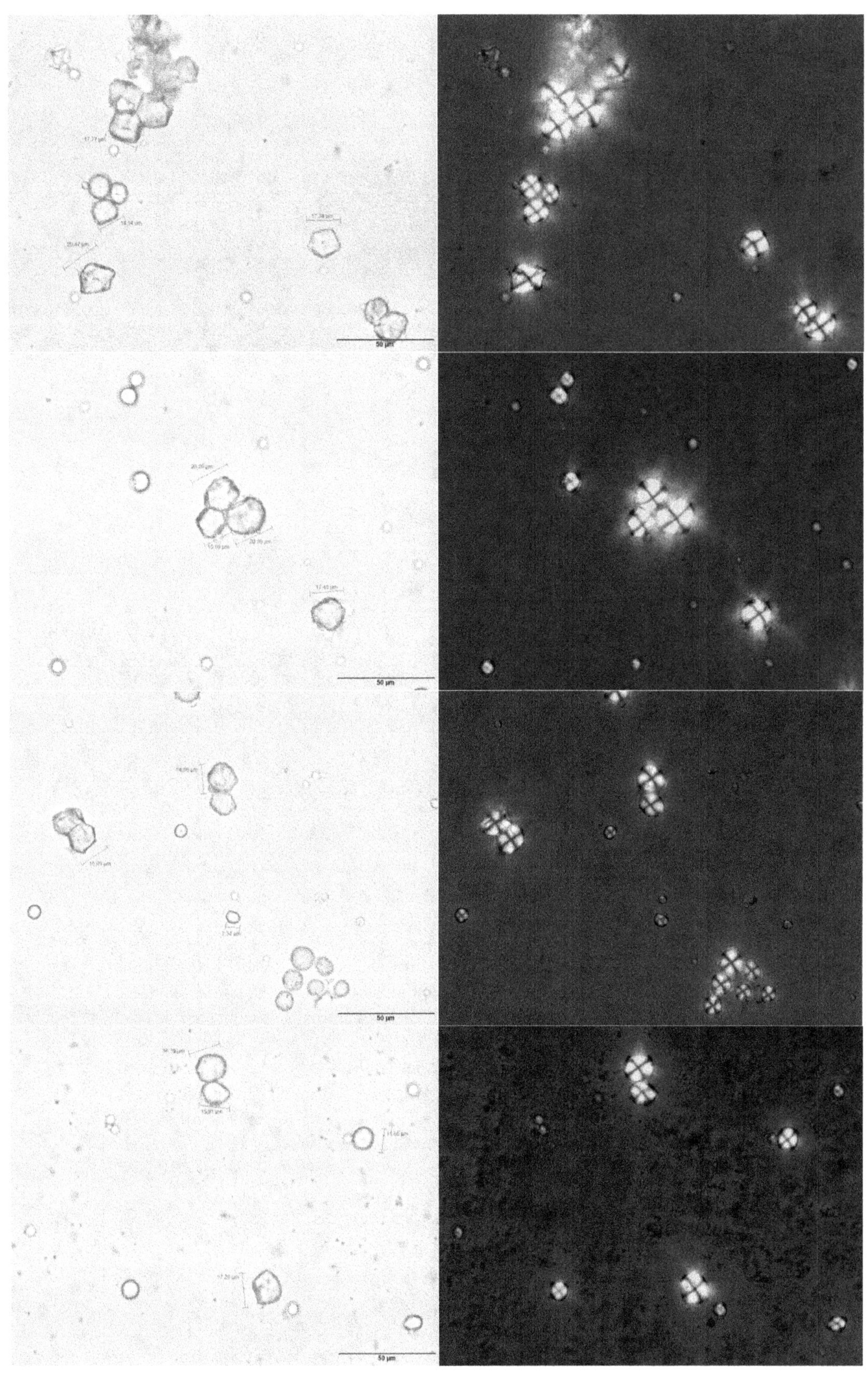

Poaceae

Almidones mayormente simples, generalmente ovalados y, en menor medida, trasovados expandidos y poligonales (cuadrangulares, trapezoidales y pentagonales con ángulos obtusos) de márgenes suaves. Son poco comunes las formas truncadas de cualquier tipo. En ocasiones la superficie de los almidones es levemente rugosa. El hilum difícilmente se observa, aunque al documentarlo es abierto y se encuentra principalmente en posición céntrica. No se observa laminado. Las fisuras son frecuentes siendo casi siempre líneas transversales. La cruz de extinción es principalmente una cruz céntrica con brazos rectos. En muy pocas ocasiones este mismo tipo de cruz exhibe brazos ligeramente curvos. El borde consiste en una doble línea, oscura la externa y clara la interna. Este rasgo es prominente en pocos almidones de mediano o mayor tamaño. Las facetas de presión, entre 1 y 4, son muy tenues y se observan en la mayoría de los almidones que son poligonales.

Rango de tamaño (µm)	4.34 – 23.99
Media (µm) y desviación estándar	14.06 (± 5.4)

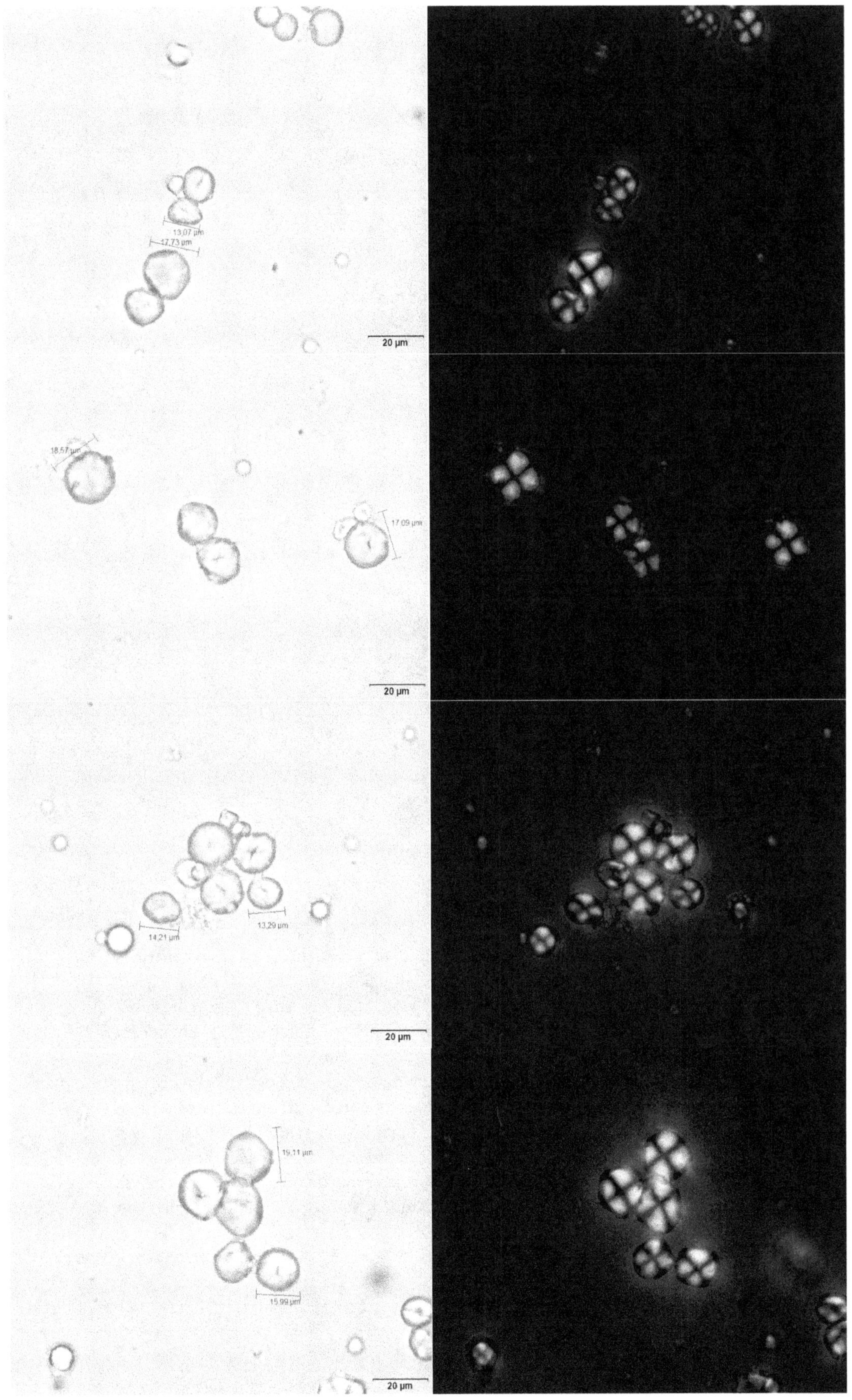

13,07 µm
17,73 µm
18,57 µm
17,09 µm
14,21 µm
13,29 µm
19,11 µm
15,99 µm
20 µm
20 µm
20 µm
20 µm

Poaceae

Zea mays, Puya Grande

Nombre común: Maíz Puya Grande (Id. #14719)
Estado: cultivada
Localidad: Colombia (CIMMyT, México)
Almidones de las semillas

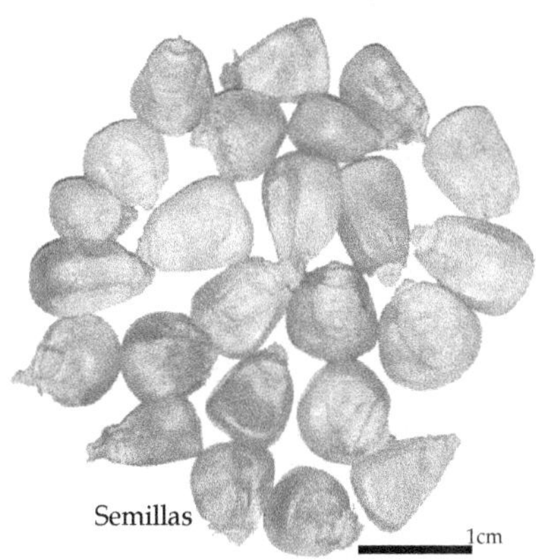

Semillas   1cm

Almidones mayormente simples, de formas ovaladas notablemente irregulares, así como formas poligonales (triangulares, cuadrangulares, trapezoidales y pentagonales con ángulos obtusos) de márgenes suaves y abruptos. Las formas truncadas alargadas ("elongated bell-shape") son bastante comunes. El hilum difícilmente se observa, aunque al documentarlo es abierto y se encuentra principalmente en posición ligeramente excéntrica. No se observa laminado. Las fisuras son frecuentes siendo casi siempre líneas transversales y, en menor medida, en forma de "Y". La cruz de extinción es principalmente una cruz ligeramente excéntrica, tanto con brazos rectos como con brazos ondulados en similar proporción. En muy pocas ocasiones (almidones truncados) se aprecia la forma de equis excéntrica y con brazos ondulados. El borde consiste en una doble línea, oscura la externa y clara la interna. Este rasgo es prominente en los almidones de mayor tamaño. Las facetas de presión, entre 1 y 4, son muy marcadas y se observan en la mayoría de los almidones que son poligonales.

Rango de tamaño (μm)	7.4 – 26.09
Media (μm) y desviación estándar	15.2 (± 4.6)

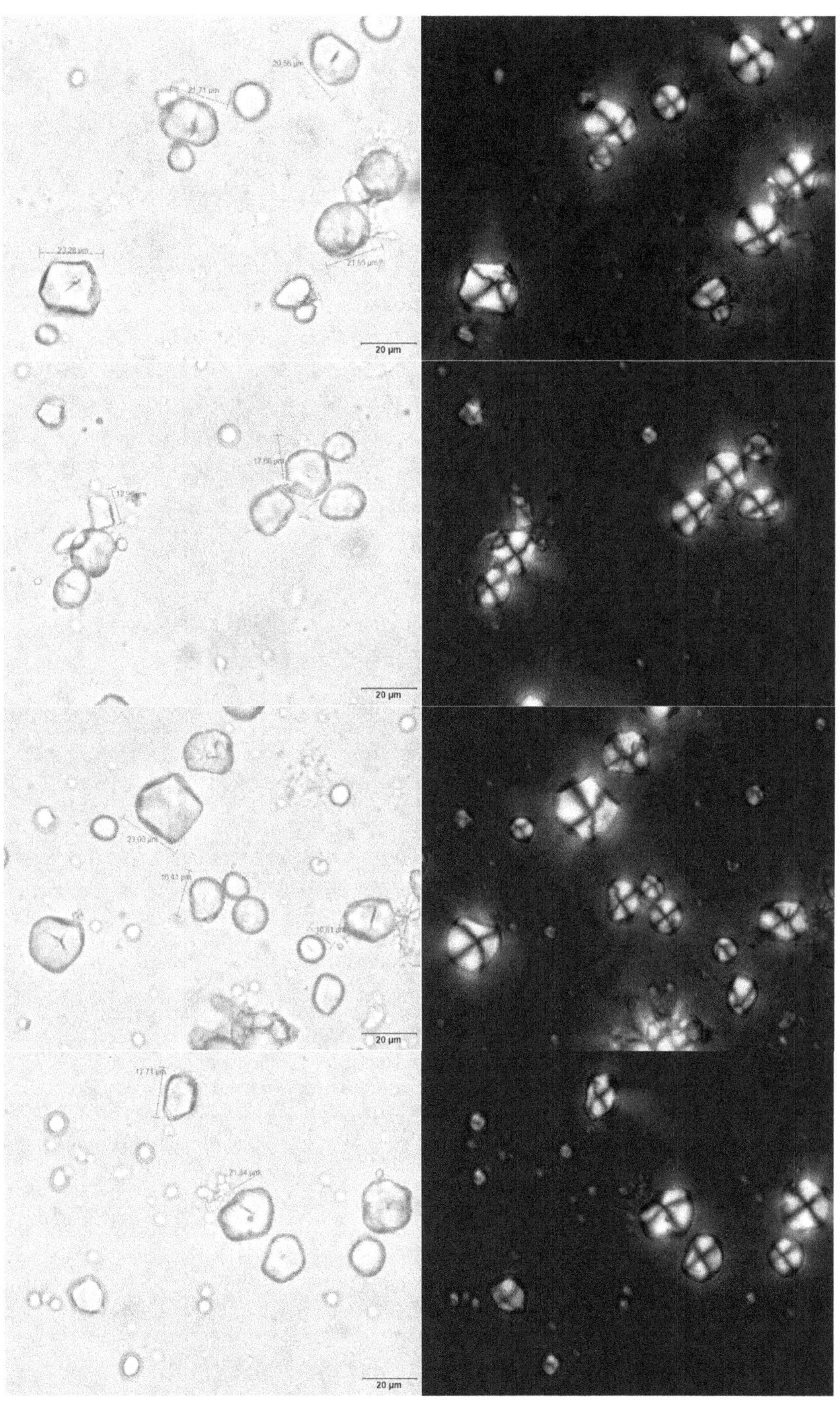

Poaceae

Zea mays, Rienda

Nombre común: Maíz Rienda (Id. #8969)
Estado: cultivada
Localidad: Perú (CIMMyT, México)
Almidones de las semillas

Almidones mayormente simples, recurrentemente ovalados regulares. Con menor frecuencia se encuentran formas trasovadas y poligonales con márgenes poco marcados y ángulos obtusos. Las formas truncadas alargadas ("elongated bell-shape") son casi imperceptibles. El hilum es común en los almidones que no cuentan con fisuras sobre éste. Es abierto y levemente excéntrico. No se observa laminado. Las fisuras, transversales casi todas, son relativamente comunes. La cruz de extinción es principalmente una cruz ligeramente excéntrica, tanto con brazos rectos como con brazos ondulados o curvos. En muy pocas ocasiones (almidones truncados) se aprecia la forma de equis excéntrica y con brazos ondulados. El borde consiste en una doble línea, oscura la externa y clara la interna. Este rasgo es prominente en la mayoría de los almidones. Las facetas de presión, entre 1 y 2, son tenues y se observan en la mayoría de los almidones que son poligonales.

Rango de tamaño (µm)	3.68 – 24.02
Media (µm) y desviación estándar	13.88 (± 3.69)

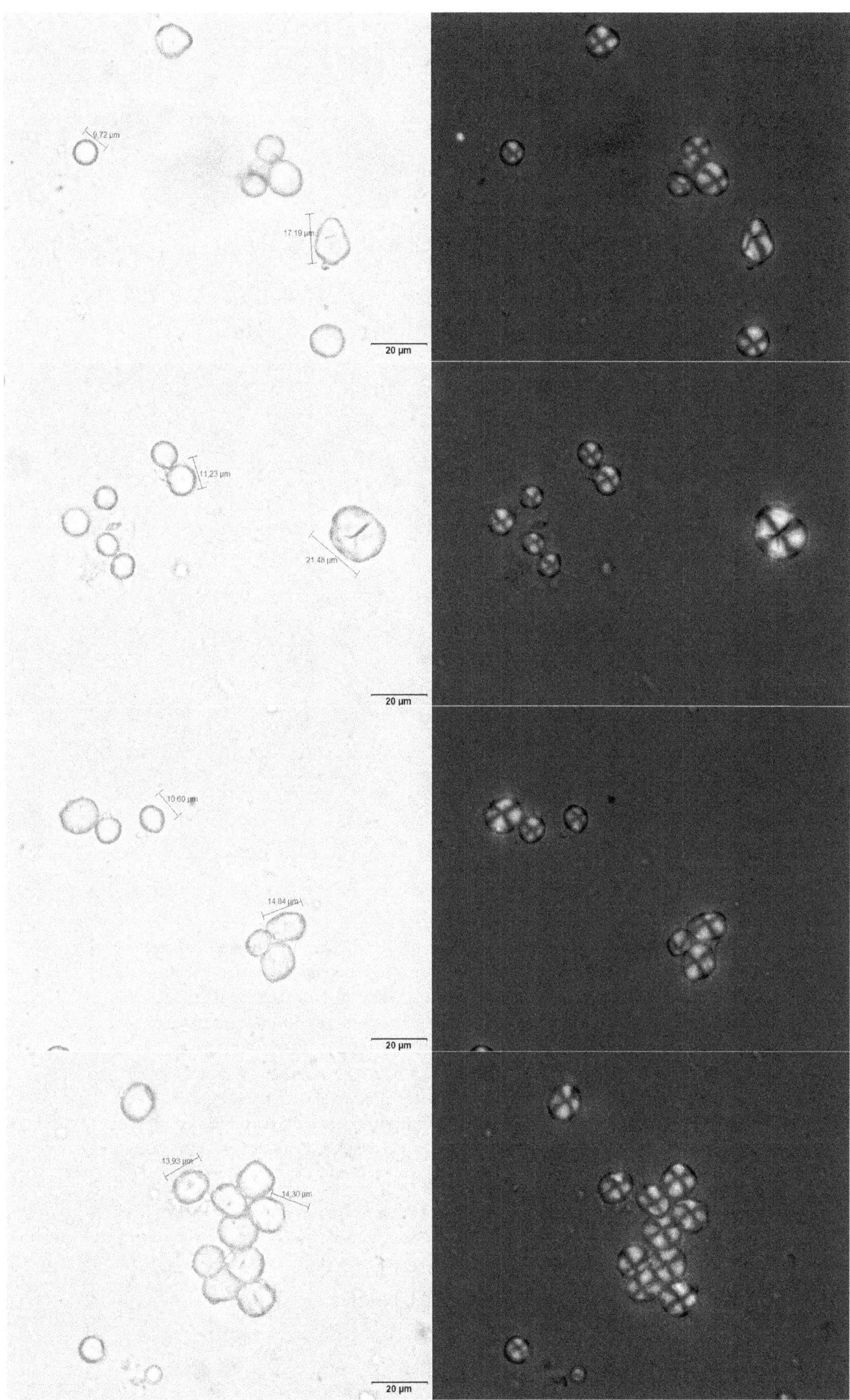

Polypodeaceae

Polypodium aureum
Nombre común: Calaguala
Estado: silvestre
Localidad: Mercado de Santa Clara, Quito
Almidones de los rizomas

Rizomas

Almidones casi siempre individuales, regulares, que varían entre formas ovaladas, elípticas y trasovadas. Las tres formas son bastante comunes y cuentan con márgenes ligeramente ondulados o regulares. Una forma ovalada en particular, con forma de riñón estrecho, es característica de este género y es distinta a esta misma forma ya documentada en Fabaceae, pues en esta última la forma de riñón es generalmente ancha o expandida. No se aprecia hilum alguno, ni fisuras. En muy pocas ocasiones se aprecia un tenue anillo (lámina) que discurre cerca del borde. No se observan más anillos como para poder determinar las características de este arreglo. Las variantes de cruz de extinción son similares a las producidas por algunas Fabaceae, siendo la más común céntrica en forma de equis con brazos curvos. La mayoría de las veces las cruces de extinción son parciales, es decir, no se aprecian en su totalidad. El borde es una doble línea, oscura la externa y clara la interna, sin prominencia alguna. No se registran facetas de presión.

Rango de tamaño (µm)	3.49 – 12.41
Media (µm) y desviación estándar	8.98 (± 2.68)

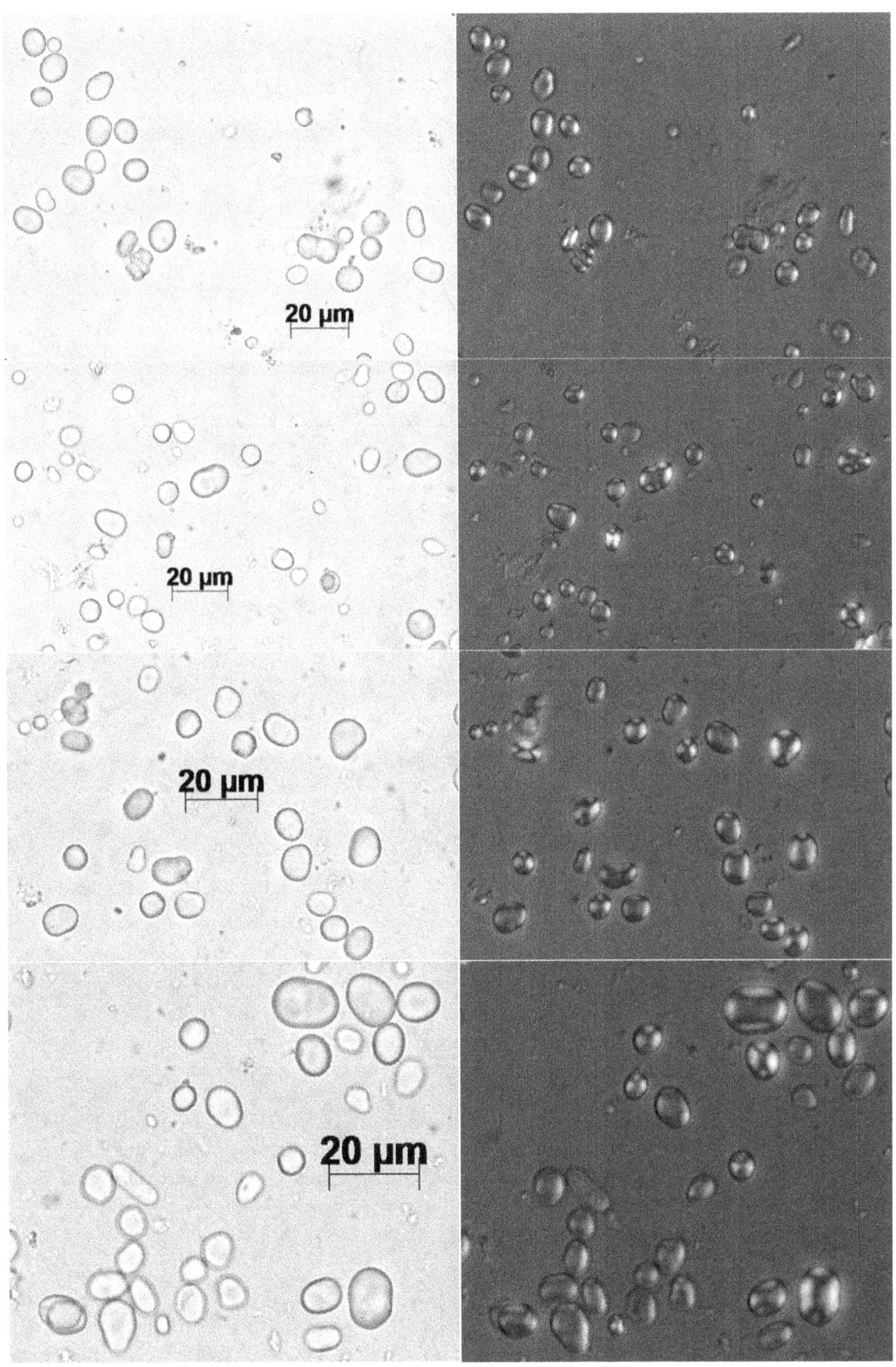

Polypodeaceae

Polypodium decumanum

Nombre común: Rabo de Mono
Estado: silvestre
Localidad: Mercado de El Coca, Orellana
Almidones de los rizomas

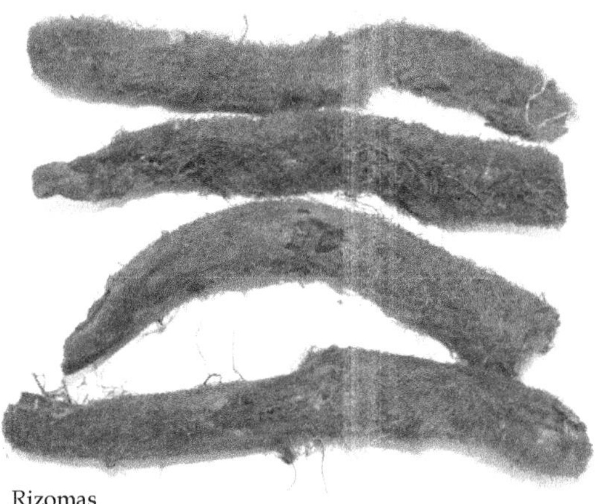

Rizomas

Almidones simples y de formas muy homogéneas, mayormente ovaladas con márgenes suavemente ondulados. Con mucha menor frecuencia se registran almidones elípticos con márgenes regulares o ligeramente ondulados. No se aprecia el hilum, ni fisuras, ni laminado. La cruz de extinción, cuando se forma propiamente, es difusa y céntrica en forma de equis con brazos ligeramente curvos. Pocas veces este elemento es excéntrico en forma de equis con brazos ligeramente curvos. En la mayoría de los casos los brazos no llegan a formar la cruz de extinción debido al ángulo de polarización en el que fueron inspeccionados los almidones. El borde consiste en una doble línea, siendo oscura la externa y clara la interna. No se observan facetas de presión.

Rango de tamaño (µm)	3.64 – 11.09
Media (µm) y desviación estándar	8.02 (± 1.76)

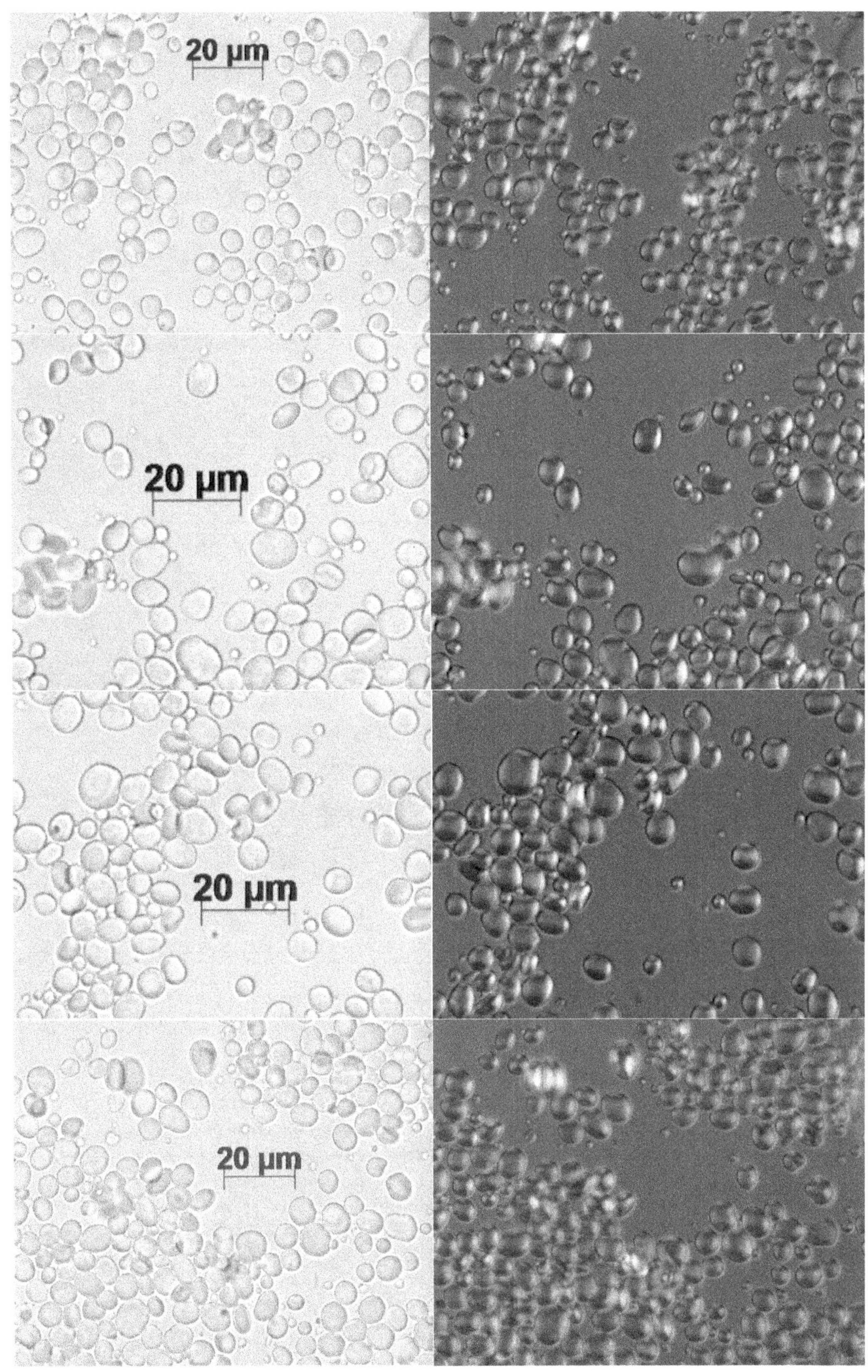

Smilacaceae

Almidones generalmente simples, regulares, de formas mayormente triangulares, pocas veces ovaladas, con ángulos obtusos. Su sección más estrecha es la proximal. Entre las formas triangulares se encuentran dos variantes que en su sección distal asemejan proyectar pedúnculos y, a veces acanalados, algo similar a las rudimentarias puntas de flecha de piedra. Este rasgo observado en las formas triangulares puede ser diagnóstico de la especie. El hilum es común en los almidones, siendo abierto y excéntrico. El laminado es tenue y consiste en círculos y anillos concéntricos regulares. Sobre el hilum, en la sección proximal, generalmente se forman pequeñas fisuras lineales transversales. La cruz de extinción es bastante homogénea en estos almidones, siendo la variante excéntrica en forma de equis y con brazos curvos la que predomina. Pocas veces se observa la variante excéntrica en forma de cruz con brazos curvos. El borde consiste en una doble línea, siendo oscura la externa y clara la interna. No se documenta faceta de presión alguna.

Rango de tamaño (µm)	15.45 – 49.88
Media (µm) y desviación estándar	29.46 (± 7.99)

Smilacaceae

Rizomas

Almidones casi siempre simples, notablemente irregulares, consistiendo en formas poligonales de márgenes rectos o convexos. Predominan las formas cuadrangulares, las pentagonales, y en menor medida las hexagonales. Ocurren comúnmente formas ovaladas con márgenes ondulados, así como formas circulares regulares. El hilum pocas veces se aprecia, aunque es tanto cerrado como abierto y ubica en posición céntrica. No se aprecia laminado alguno y las fisuras son infrecuentes, notándose solo líneas transversales. La cruz de extinción es consistentemente homogénea, aunque muy tenue, siendo la variante céntrica en forma de cruz con brazos rectos la más importante. Otras variantes son la excéntrica en forma de cruz con brazos rectos o con brazos curvos. El borde es una doble línea, siendo oscura la externa y clara la interna. Debido a la irregularidad de las formas documentadas, es común observar entre 1 y 4 facetas de presión, y hasta 6 facetas aparentes (puntos de flexión), sobre todo, en aquellas formas poligonales.

Rango de tamaño (μm)	3.53 – 15.39
Media (μm) y desviación estándar	9.61 (± 3.14)

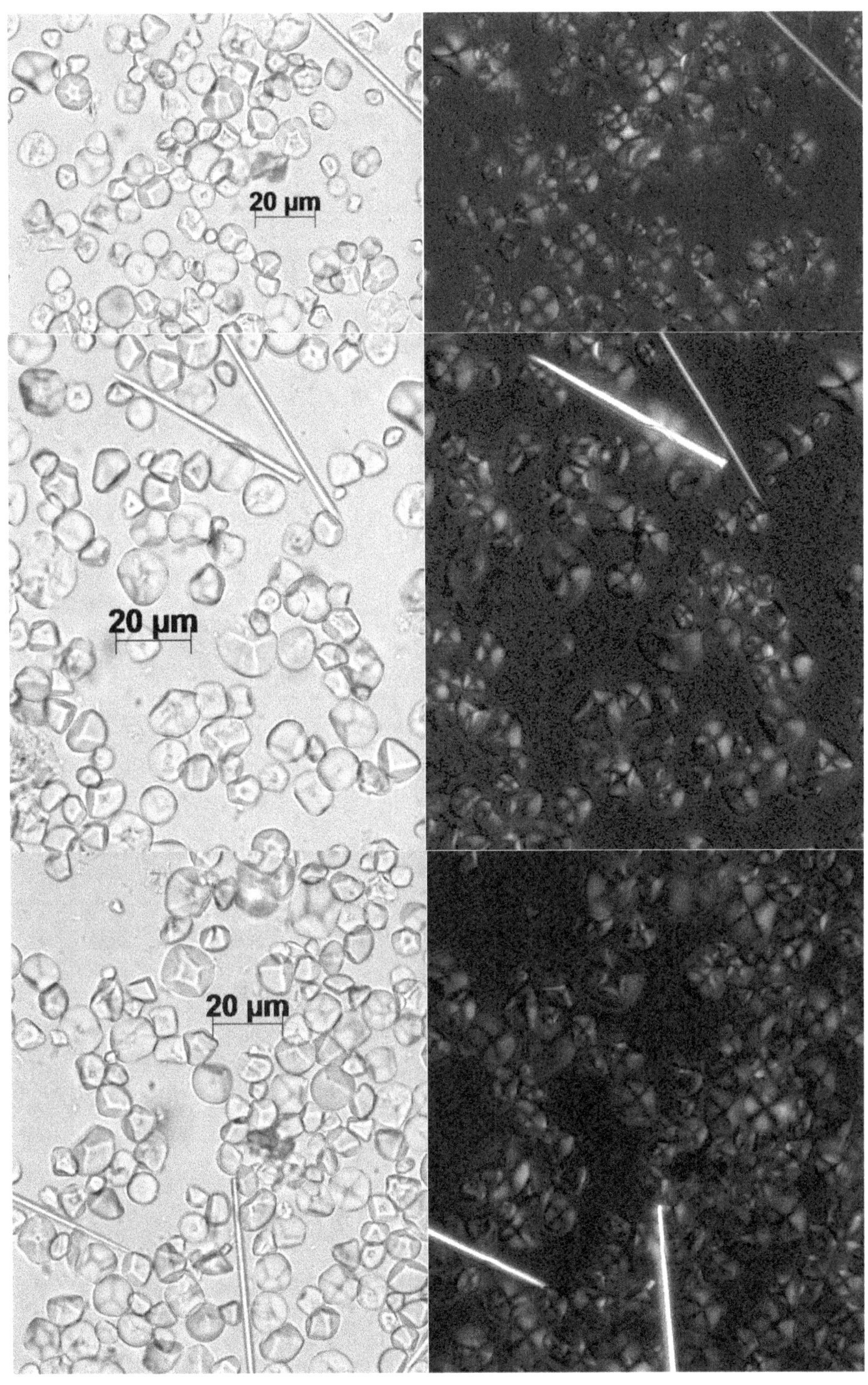

20 µm
20 µm
20 µm

Tropaeolaceae

Tropaeolum tuberosum

Nombre común: Mashua
Estado: cultivada
Localidad: Mercado de Santa Clara, Quito
Almidones de los rizomas

Planta

Rizomas

Almidones usualmente simples, con formas predominantemente truncadas de distinto tipo. Entre ellas se encuentra la forma truncada hinchada en la sección proximal y con márgenes ondulados, a veces de manera abrupta. Otras veces son almidones truncados regulares con margen distal angular. Las formas ovaladas tienden a ser casi siempre regulares, al igual que las formas triangulares, siendo estas últimas usualmente de márgenes convexos y sección distal con margen recto. Pocos casos son almidones polimorfos constituidos, de manera distinta a los almidones vistos en otras especies, por un solo gránulo. El hilum es común y mayormente abierto entre los almidones, aunque el mismo es tanto céntrico como excéntrico. El laminado es casi siempre un conjunto de círculos y anillos concéntricos regulares y, en menor medida, círculos y anillos concéntricos ondulados. Pocas veces se observan fisuras en estos almidones, y cuando se aprecian ubican sobre el hilum en forma de pequeñas y finas líneas transversales. La cruz de extinción es tanto céntrica, como excéntrica, en forma de cruz con brazos ondulados. Pocas veces se observa la variante excéntrica en forma de equis con brazos ondulados. El borde es una doble línea, oscura la externa y clara la interna. De las dos líneas, la oscura se proyecta mucho más. Las formas truncadas con la sección proximal "hinchada" o amplia cuentan generalmente con 2 y 3 facetas de presión en el margen distal. Lo mismo ocurre en otras formas truncadas, como aquella de margen distal angular.

Rango de tamaño (μm)	5.97 – 28.31
Media (μm) y desviación estándar	19.02 (± 6.8)

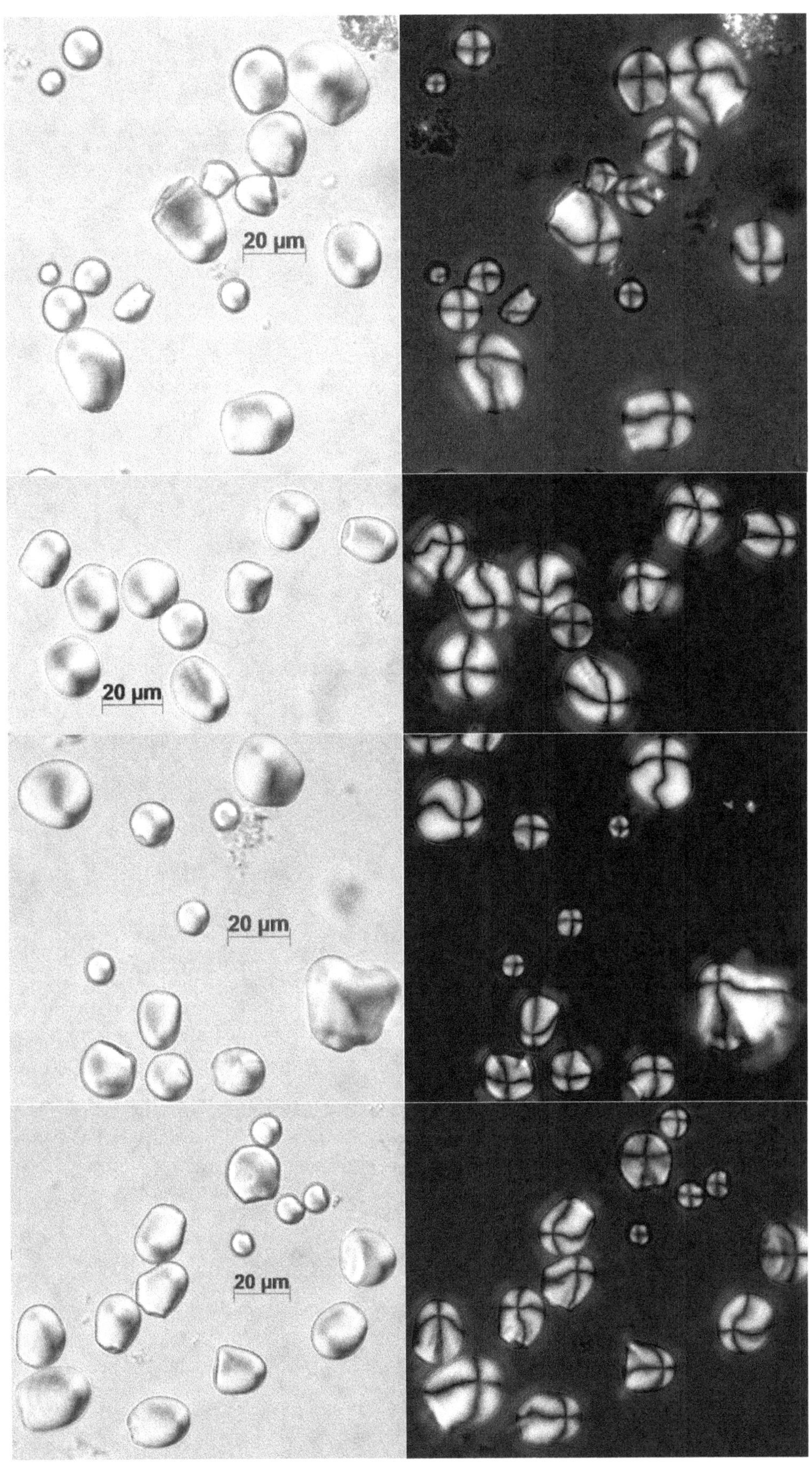

Urticaceae

Raíces

Almidones simples y compuestos, sumamente irregulares con formas triangulares, pentagonales, truncadas y, en menor medida, ovaladas y circulares. En las formas poligonales son frecuentes los márgenes cóncavos. Existen almidones truncados que cuentan con 5 y hasta 6 pequeños gránulos adheridos en el margen distal. El hilum es principalmente cerrado y excéntrico. Pocas veces se aprecia laminado y este consiste en conjuntos de círculos concéntricos regulares. No se observan fisuras. La cruz de extinción es excéntrica en forma de equis con brazos ligeramente curvos o rectos. Son infrecuentes los almidones con cruz de extinción en forma de cruz y brazos ligeramente curvos. El borde es una doble línea, siendo oscura la externa y clara la interna; este rasgo es comúnmente prominente y radiante. El afacetado en estos almidones es muy característico de la especie. Muchas veces es muy marcado y ocurre, sobre todo, en la sección distal.

Rango de tamaño (µm)	3.78 – 10.82
Media (µm) y desviación estándar	6.92 (± 1.74)

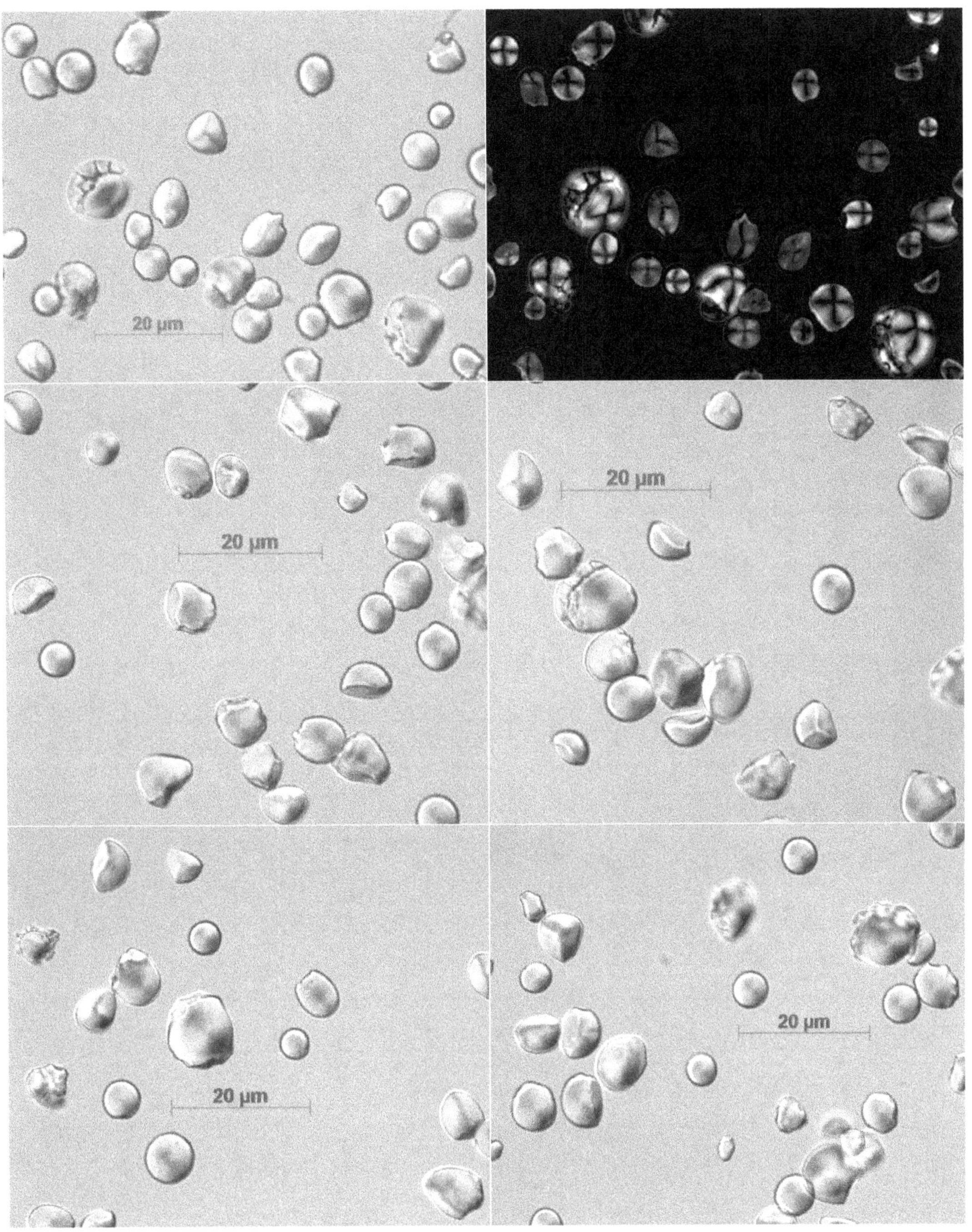

Lista de referencias

Barton, H., R. Torrence y R. Fullagar
1998   Clues to stone tool function re-examined: comparing starch grain frequencies on used and unused obsidian artifacts. *Journal of Archaeological Science* 25:1231-1238.

Bello, L. y O. Paredes
1999   El almidón: lo comemos, pero no lo conocemos. *Perspectivas* 50(3):29-33.

Bennett, B.
1990   *Useful plants of Amazonian Ecuador*. U.S. Agency for International Development, Nueva York.

Berman, M.J. y D.M. Pearsall
2000   Plants, people, and culture in the prehistoric central Bahamas: a view from the Three Dog Site, an early Lucayan settlement on San Salvador Island, Bahamas. *Latin American Antiquity* 11(3):219-239.

2008   At the Crossroads: Starch Grain and Phytolith Analyses in Lucayan Prehistory. *Latin American Antiquity* 19(2):181-203.

Bonfil Batalla, G.
2002   *El maíz: fundamento de la cultura popular mexicana*. Dirección General de Culturas Populares e Indígenas, México, D.F.

Briuer, F.L.
1976   New Clues to Stone Tool Function: Plant and Animal Residues. *American Antiquity* 41(4):478-483.

Buléon, Alain, Paul Colonna, Véronique Planchot y Steven Ball
1998   Starch granules: structure and biosynthesis. *International Journal of Biological Macromolecules* 23: 85-112.

Carvajal, G. de
1894   *Descubrimiento del río de las Amazonas*. Edición de Juan B. Bueno Medina. Prensas de la Biblioteca Nacional, Bogotá. Consultado en Bibiloteca Virtual Miguel de Cervantes: http://www.cervantesvirtual.com/obra/descubrimiento-del-rio-de-las-amazonas--0/. (página consultada en el mes de noviembre de 2014)

Cieza de León, P.
1994   *Crónicas del Perú (vol. III). Guerra de Quito*. Pontificia Universidad Católica del Perú y Academia Nacional de la Historia, Lima.

Cortella, A.R. y M.L. Pochettino
1994   Starch grain analysis as a microscopic diagnostic feature in the identification of plant material. *Economic Botany* 48(2):171-181.

Czaja, A.Th.

1978   Structure of starch grains and the classification of vascular plant families. *Taxon* 27(5-6):463-470.

De la Torre, L., H. Navarrete, P. Muriel, M. Macía y H. Balslev

2008   *Enciclopedia de las plantas útiles del Ecuador.* Herbario de la Escuela de Ciencias Biológicas de la Pontificia Universidad Católica del Ecuador, Quito.

Dickau, R., A.J. Ranere y R. Cooke

2007   Starch grain evidence for the Preceramic dispersals of maize and root crops into tropical dry and humid forests of Panama. *Proceedings of the National Academy of Science of the United States of America* 104(9):3651-3656.

Espinosa, P., R. Vaca, J. Abad y C. Crissman

1996   *Raíces y tubérculos andinos , cultivos marginados en el Ecuador. Situación actual y limitaciones para la producción.* Ediciones Abya Yala, Quito.

Espinoza, W.

1999   *Etnohistoria ecuatoriana. Estudios y documentos.* Ediciones Abya-Yala, Quito.

Ethnobotanical Leaflets Starch Research Page

1998a   Kraemer's (1907) Classification of Starches. http://www.siu.edu/~ebl/kraemer.htm. Southern Illinois University, Carbondale (página consultada en el mes de diciembre del 2000).

1998b   Meyer's (1895) Classification of Starch-Grains. http://www.siu.edu/~ebl/meyer.htm. Southern Illinois University, Carbondale (página consultada en el mes de diciembre del 2000).

1998c   Muter's (1905) Classification of Starches. http://www.siu.edu/~ebl/muter.htm. Southern Illinois University, Carbondale (página consultada en el mes de diciembre del 2000).

1998d   Nägeli's Classification of Starches from Different Sources. http://www.siu.edu/~ebl/nageli.htm. Southern Illinois University, Carbondale (página consultada en el mes de diciembre del 2000).

1998e   Schleiden's (1849) Classification of Starch-Grains. http://www.siu.edu/~ebl/schleid.htm. Southern Illinois University, Carbondale (página consultada en el mes de diciembre del 2000).

1998f   Winton's (1906) Classification of Starches. http://www.siu.edu/~ebl/winton.htm. Southern Illinois University, Carbondale (página consultada en el mes de diciembre del 2000).

Fullagar, R.

1986   *Use-wear and Residues on Stone Tools: Functional Analysis and Its Application to Two Southeastern Australian Archaeological Assemblages.* Disertación doctoral. La Trobe University, Melbourne.

Fullagar, R. (ed.)

1998   *A Closer Look: Recent Australian Studies of Stone Tools.* Sydney University Archaeological Methods Series 6, Sydney.

Gallegos, R.

1988   *Etnobotánica de los Quichuas de la Amazonia Ecuatoriana.* Museos del Banco Central del Ecuador, Guayaquil.

Gott, B., H. Barton, D. Samuel, R. Torrence
2006   Biology of starch. R. Torrence y H. Barton (eds.), *Ancient Starch Research*, pp. 35-45. Left Coast Press, Walnut Creek.

Hardy, K., T. Blakeney, L. Copeland, J. Kirkham, R. Wrangham y M. Collins
2009   Starch granules, dental calculus and new perspectives on ancient diet. *Journal of Archaeological Science* 36:248-255.

International Code for Starch Nomenclature
2011   *The International Code for Starch Nomenclature*. http://fossilfarm.org/ICSN/Code.html (página consultada en el mes de febrero de 2014).

Iriarte, J., I. Holst, O. Marozzi, C. Listopad, E. Alonso, A. Rinderknecht y J. Montaña
2004   Evidence for Cultivar Adoption and Emerging Complexity during the Mid-Holocene in the Plata Basin. *Nature* 432:614-617.

Jørgensen, P.M. y S. León-Yánez
1999   *Catalogue of the Vascular Plants of Ecuador*. Missouri Botanical Garden Press, St. Louis.

Lentfer, C., M. Therin y R. Torrence
2002   Starch grains and environmental reconstruction: a modern test case from west New Britain, Papua, New Guinea". *Journal of Archaeological Science* 29:687-698.

López de Velasco, J.
1894   *Geografía y descripción universal de las Indias*. Establecimiento Tipográfico de Fortanet, Madrid.

Loy, T., M. Spriggs y S. Wickler
1992   Direct Evidence for Human Use of Plants 28,000 years ago: Starch Residues on Stone Artefacts from the Northern Solomon Islands. *Antiquity* 66: 898-912.

Mickleburgh, H.L. y J.R. Pagán-Jiménez
2012   New insights into the consumption of maize and other food plants in the Pre-Columbian Caribbean from starch grains trapped in human dental calculus. *Journal of Archaeological Science* 39:2468-2478.

Moore, P.D., J.A. Webb y M.E. Collinson
1991   *Pollen Analysis*. Blackwell Scientific Publications, Oxford.

Oliver, José R.
2001   The Archaeology of Forest Foraging and Agricultural Production in Amazonia. C. McEwan, C. Barreto y E. Neves (eds.), *Unknown Amazon*, pp. 50-85, The British Museum Press, Londres.

Pagán-Jiménez, J.R.
2007   *De antiguos pueblos y culturas botánicas en el Puerto Rico indígena. El archipiélago borincano y la llegada de los primeros pobladores agroceramistas*. Paris Monographs in American Archaeology 18, BAR International Series, Archaeopress, Oxford.

Pearsall, D.M.
2000   *Paleoethnobotany: A Handbook of Procedures*. Academic Press, San Diego.

Pearsall, D.M., K. Chandler-Ezell y J.A. Zeidler
2004   Maize in ancient Ecuador: results of residue analysis of stone tools from the Real Alto site. *Journal of Archaeological Science* 31(4):423-442.

Perry, L., R. Dickau, S. Zarrillo, I. Holst, D. Pearsall, D. Piperno, M.J. Berman, R.G. Cooke, K. Rademaker, A.J. Ranere, J. Scott Raymond, D.H. Sandweiss, F. Scaramelli, K. Tarble y J.A. Zeidler
2007   Starch fossils and the domestication and dispersal of chili peppers (Capsicum spp.) in the Americas. *Science* 315:986-988.

Piperno, D.
1988   *Phytolith Analysis: An Archaeological and Geological Perspective*. Academic Press, San Diego.

Piperno, D. e I. Holst
1998   The presence of starch grain on prehistoric stone tools from the humid Neotropics: indications of early tuber use and agriculture in Panama. *Journal of Archaeological Science* 25:765-776.

Piperno, D. y D.M. Pearsall
1998   *The Origins of Agriculture in the Lowland Neotropics*. Academic Press, San Diego.

Piperno, D., A.J. Ranere, I. Holst y P. Hansell
2000   Starch grains reveal early root crop horticulture in the Panamanian tropical forest. *Nature* 407:894-897.

Piperno, D., A.J. Ranere, I. Holst, J. Iriarte y R. Dickau
2009   Starch Grain and Phytolith Evidence for Early Ninth Millennium BP Maize from the Central Balsas River Valley, Mexico. *Proceedings of the National Academy of Science of the United States of America* 106(13):5019-5024.

Reichert, E.T.
1913   *The Differentiation and Specificity of Starches in Relation to Genera, Species, Etc.* Carnegie Institution of Washington, Washington D.C.

Salomon, F.
1997   *Los Yumbos, Niguas y Tsáchila o "Colorados" durante la colonia española: etnohistoria del noroccidente de Pichincha, Ecuador*. Ediciones Abya Yala, Quito.

Sánchez, O., L.P. Kvist y Z. Aguirre
2006   Bosques secos en el Ecuador y sus plantas útiles. En *Botánica Económica de los Andes Centrales*. M. Moraes, B. Ollgaard, L. P. Kvist, F. Borchsenius y H. Balslev (eds.), pp. 188-204. Universidad Mayor de San Andrés, La Paz.

Santos Granero, F.
1992   *Etnohistoria de la Alta Amazonia, siglos XV-XVIII*. Ediciones Abya Yala, Quito.

Sauer, C.O.
1950   Cultivated Plants of South and Central America. En *Handbook of South American Indians*, Volumen 6. J.H. Steward (ed.), pp. 487-543. Smithsonian Institution, Washington, D.C.

Tapia, M. y A. Fries
2007   *Guía de campo de los cultivos andinos*. Organización de las Naciones Unidas para la Agricultura y la Alimentación, Asociación Nacional de Productores Ecológicos del Perú, Lima.

Timothy, D.H., W.H. Hatheway, U.J. Grant, M. Torregoza, D. Sarria y D. Varela
1963   *Races of maize in Ecuador*. National Academy of Sciences/National Research Council, Washington DC.

Torrence, R., R. Wright y R. Conway
2004   Identification of Starch Granules Using Image Analysis and Multivariate Techniques. *Journal of Archaeological Science* 31:519-532.

Torres, F.G., O.P. Troncoso, D.A. Díaz y E. Amaya
2011   Morphological and thermal characterization of native starches from Andean crops. *Starch/Stärke* 63:381-389.

Trujillo, W. y M. Correa
2010   Plantas usadas por una comunidad indígena Coreguaje en la Amazonia colombiana. *Caldasia* 32(1):1-20.

Ugent, D., T. Dillehay y C. Ramírez
1987   Potato remains from late Pleistocene settlement in Southcentral Chile. *Economic Botany* 41(1):17-27.

Ugent, D., S. Pozorski y T. Pozorski
1982   Archaeological potato tuber remains from the Casma Valley of Peru. *Economic Botany* 36:182-192.

1986   Archaeological manioc (*Manihot*) from Coastal Peru". *Economic Botany* 40(1):78-102.

van der Hammen, M.C.
1992   *El manejo del mundo. Naturaleza y sociedad entre los Yukuna de la Amazonia colombiana.* Tropenbos, Colombia.

Villacrés, E. y F. Ruiz
2002   *Raíces y tubérculos andinos: alimentos de ayer para la gente de hoy.* INIAP, Quito.

Wolf, T.
1892   *Geografía y geología del Ecuador.* F.A. Brockhaus. Leipzig.

Zarrillo, S.
2012   *Human Adaptation, Food Production, And Cultural Interaction during the Formative Period in Highland Ecuador.* Disertación doctoral. Department of Archaeology, University of Calgary, Calgary.

Zarrillo, S., D.M. Pearsall, J. Scott Raymond, M.A. Tisdale y D.J. Quon
2008   Directly dated starch residues document early formative maize (Zea mays L.) in tropical Ecuador. *Proceedings of the National Academy of Science of the United States of America* 105(13):5006-5011.